清华电脑学堂

Visio 绘图软件标准教程

全彩微课版

王曼◎编著

清華大学出版社
北京

内 容 简 介

本书以Visio为基础，以知识应用为重心，用通俗易懂的语言对Visio绘图软件进行详细阐述。全书共10章，主要介绍Visio的发展历史、应用特点、基础操作、形状和文本的使用、图像和图表的使用、图部件和文本对象的使用、主题和样式的使用、Visio数据的使用、基本图表的使用、与其他软件的协同使用等内容。书中给出并详细讲解大量贴近实际的应用案例，同时加入大量的小提示，帮助读者全面、深入地对Visio 的使用方法和技巧进行学习。

本书结构严谨，理论系统，全程图解，即学即用。不仅适合办公自动化人员以及Visio爱好者使用，还适合各行业文案人员、策划人员学习，同时也可作为各高等院校及电脑培训机构的教学用书。

图书在版编目（CIP）数据

Visio绘图软件标准教程：全彩微课版 / 王曼编著. —北京：清华大学出版社, 2021.7（2024.9重印）
（清华电脑学堂）
ISBN 978-7-302-58354-7

Ⅰ. ①V…　Ⅱ. ①王…　Ⅲ. ①图形软件－教材　Ⅳ. ①TP391.41

中国版本图书馆CIP数据核字（2021）第113870号

责任编辑：袁金敏
封面设计：杨玉兰
责任校对：胡伟民
责任印制：宋　林

出版发行：清华大学出版社
网　　址：https://www.tup.com.cn，https://www.wqxuetang.com
地　　址：北京清华大学学研大厦A座　　**邮　　编：**100084
社 总 机：010-83470000　　**邮　　购：**010-62786544
投稿与读者服务：010-62776969，c-service@tup.tsinghua.edu.cn
质 量 反 馈：010-62772015，zhiliang@tup.tsinghua.edu.cn
印 装 者：天津鑫丰华印务有限公司
经　　销：全国新华书店
开　　本：170mm×240mm　　**印　　张：**14.5　　**字　　数：**340千字
版　　次：2021年7月第1版　　**印　　次：**2024年9月第4次印刷
定　　价：69.80元

产品编号：089017-01

前言

Visio 是Microsoft公司推出的图表绘制软件，可以用来绘制各种流程图、组织图、逻辑图、平面布置图、灵感触发图、网络图等，广泛应用于软件设计、项目管理、办公、广告、建筑、通信、电子等行业。

Visio 2019在以往版本的基础上，添加了数十种模板和数千种可自定义的形状，并可以和Office系列其他软件相互协作，功能更加实用，而且软件本身更加成熟和稳定。本书通过丰富的案例，结合各种知识点的讲解，以介绍Visio的操作和在各领域的实际应用为指导思想，通过翔实细致的讲解与说明，全面展示了Visio在图表绘制领域中的特点和优势。

书中穿插“知识点拨”“注意事项”“动手练”等板块，为主要内容做更详细的补充。每章最后安排“新手答疑”板块，对常见问题进行汇总与解答，使读者知其然更知其所以然。

本书特色

- **全面翔实。**本书知识点涵盖了Visio使用的各方面，并使用大量案例，介绍Visio在各个领域的应用。
- **由浅入深。**本书从基础知识讲解开始，由实际案例逐渐深入，学习后可以独立制作精美的Visio图表。
- **全程图解。**各章内容采用图解方式，对图片做了大量的加工，信息丰富，效果精美，阅读体验极佳。

内容概述

全书共10章，各章内容如下。

章	内容导读	难点指数
第1章	介绍Visio的发展历史，Visio 2019的新功能，Visio的应用领域，Visio 2019的界面，Visio新建窗口，多窗口的查看，窗口的切换等	★☆☆
第2章	介绍空白Visio文档的创建，使用内置模板创建文档，打开Visio文档，保存Visio文档，设置页面尺寸，设置文档的属性，删除文档个人信息，创建绘图页前景及背景页，为背景页添加图片，文档的打印等	★★☆
第3章	介绍Visio的形状分类，形状手柄，第三方工具集的使用，形状的选项，形状的移动、翻转、对齐和分布，手动绘制形状，自动及手动连接形状，更改连接线，形状的组合和叠放，内置样式的使用，自定义样式的操作等	★★☆
第4章	介绍为形状添加文本，添加纯文本，文本的编辑，文本的查找与替换，图表注释的创建，标注形状的使用，标题块的使用，图例的创建，设置文本的字体格式及段落格式，项目符号的添加等	★★☆

（续表）

章	内容导读	难点指数
第5章	介绍本地及联机图片的调入，图片的大小和位置的设置，图片的旋转和叠放次序的设置，图片的裁剪，图片色彩的调整，图片效果的设置，线条样式的设置，图片的插入、调整、类型的更换，图片布局的设置，图表元素的设置，分析线的添加，图表区格式的设置，数据系列的格式设置，坐标轴格式设置的步骤等	★★★
第6章	介绍超链接的插入，链接其他文件的方法，其他文档链接到Visio的方法，容器的插入，容器尺寸的调整，容器样式的设置，成员资格的设置，标注的插入和编辑，标注样式的设置，屏幕提示的添加，其他对象的插入，批注的创建，批注的编辑和删除等	★★☆
第7章	介绍内置主题的使用，形状的保护，自定义主题中的颜色、效果、连接线和装饰，新建主题颜色，主题的复制，添加样式，使用样式，定义样式，自定义填充图案、线条图案、线条端点图案样式等	★★☆
第8章	介绍形状数据的定义，外部数据的导入，更改显示的数据内容，更改形状数据，刷新数据，选择数据图形样式和显示位置，编辑数据图形，使用图标集增强数据，查看形状表数据，函数与公式的使用，创建数据报告等	★★★
第9章	介绍块图的创建、编辑，三维块图的编辑，条形图的创建，饼状图的创建，功能比较图表的创建，条形图和饼状图的编辑，中心辐射图表的创建，三角形的创建，金字塔图形的创建，灵感触发图的创建，标题的导入与导出，灵感触发图的编辑等	★★★
第10章	介绍将Visio文档发布成Web格式的方法和设置，作为附件发送，以PDF及XPS形式发送的方法，导出绘图为其他格式的方法，Visio与Word、Excel、PowerPoint的协同工作，Visio与AutoCAD协同工作的操作等	★★☆

附赠资源

● **案例素材及源文件**。附赠书中所用到的案例素材及源文件，方便读者学习实践，扫描图书封底的“资源下载”二维码即可下载。

● **扫码观看教学视频**。本书涉及的疑难操作均配有高清视频讲解，共42段、90分钟，扫描文中相应位置的二维码即可观看。

● **作者在线答疑**。作者具有丰富的实战经验，在学习过程中如有任何疑问，可进QQ群（群号在本书资源包中）与作者交流。

本书由王曼老师编著。感谢郑州轻工业大学教务处在编写过程中给予的支持。全书力求严谨细致，但由于编者时间与精力有限，书中疏漏之处在所难免，望广大读者批评指正。

编　者

目 录

第1章 全面了解Visio软件

Visio入门操作

形状功能的应用

文本的使用

图片和图表功能的应用

图部件和文本对象功能的应用

主题和样式功能的应用

Visio数据功能的应用

块图与基本图表功能的应用

办公协同应用

第1章 全面了解Visio软件

Visio软件是Office办公软件中的一个组件，可以绘制各类流程图和示意图。本章将对Visio软件进行简单介绍，包括Visio版本、Visio应用领域、Visio操作界面、Visio窗口操作等。

1.1 Visio简介

Visio是一款矢量绘图软件，可以绘制各种流程图、示意图、时间图、思维导图等。它能够将用户的思想、设计与最终产品演变成形象化的图像，还可以帮助用户创建具有专业外观的图表，便于理解、记录和分析信息。使用具有专业外观的Visio 图表，可以促进对系统和流程的了解，深入了解复杂信息，并利用这些知识做出更好的业务决策。

1.1.1 Visio 的发展历史

Visio公司成立于1990年，最初名字为Axon。1992年，公司更名为Shapeware，发布了用于制作商业图标的专业绘图软件Visio 1.0，如图1-1所示。该软件一上市就取得了巨大成功。研发人员在该版本基础上又陆续开发了Visio 2.0、Visio 3.0、Visio 4.0、Visio 5.0等版本。

1999年微软公司并购了Visio公司，几乎在同一时间发布了Visio 2000，该版本分为标准版、技术版、专业版、企业版。在当时，Visio 2000成为世界上最快捷、最容易使用的流程图软件，同时也添加了更多的功能，图1-2是Visio 2000截图。

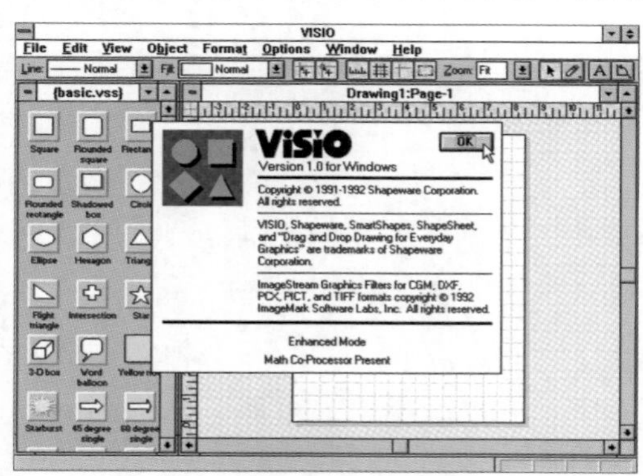

图 1-1

图 1-2

2001年微软公司发布了Visio 2002，它与Microsoft Office XP具有相同的外观，熟练Office的用户可以迅速掌握其操作技能。这也是Visio的第一个中文版本。

2003年11月13日，简体中文版Microsoft Office 2003发布，其中就包括Visio 2003。Visio 2003分为标准版和专业版，具有超强的功能和全新的设计，更易于用户发现和使用其功能。

2006年，随着Office 2007的发布，Visio 2007不仅在易用性、实用性与协同工作等方面，有了实质性的提升，而且其新增功能和增强功能使得创建Visio图表更简单、快捷，令人印象更加深刻。增加了快速入门、自动连接形状、集成数据和协同工作等功能。

Visio 2010包括三个版本，分别为标准版、专业版和高级版。采用Microsoft Office Fluent界面功能区取代旧版本中的命令工具栏，新增数据图形图例等功能。

Visio 2013版可对各类信息进行可视化处理等操作，可以通过Visio 365订阅，与团队合作创建多用途图表。

Visio 2016版包含标准版、专业版、Visio Pro for Office 365版，拥有非常丰富的内置模具和强大的图表绘制功能，包含用于业务、基本网络图表、组织结构图、基本流程图和通用多用途图表的模具。

1.1.2　认识Visio 2019

目前，Visio 2019是Visio软件的最新版本，如图1-3所示。它分为标准版和专业版。

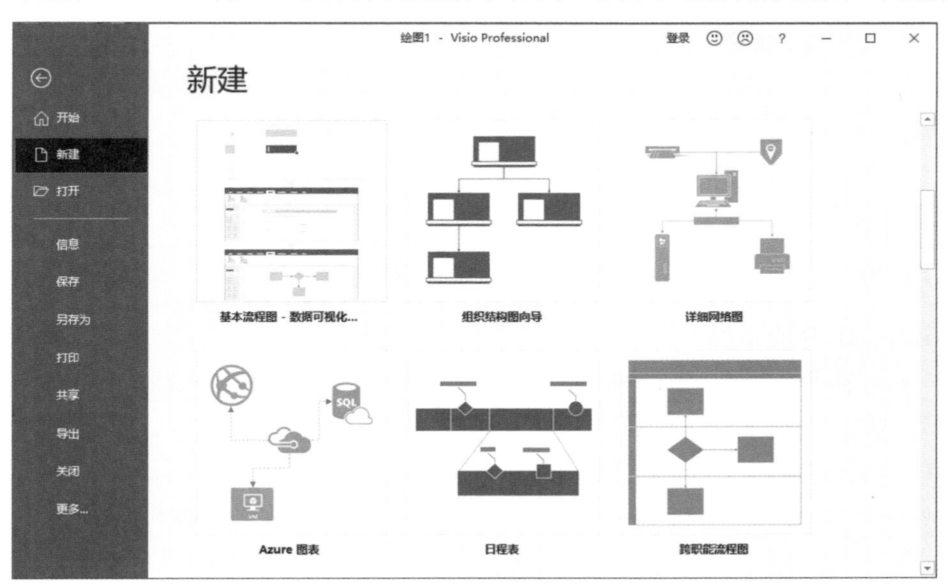

图 1-3

知识点拨

Visio 2019标准版让用户通过一系列丰富的形状和模板轻松创建图表、组织结构图、地图、工作流程及家庭或办公计划。熟悉的Office体验令用户绘制常见的流程图变得简单。用户还可在组织机构内轻松实现对图表的评论和共享。

借助Visio 2019专业版自带的模板和数以千计的形状选项，团队成员可以轻松创建、协作并共享链接到数据的图表，简化复杂的信息，快速为项目覆盖数据，并且随着所关联数据的更新，图表及数据可视化呈现也随之自动更新。

1. Visio 2019 的特色功能

（1）图形修改更为轻松。

Visio 2019可轻松修改现有图表中的形状，不会影响整体布局及形状连接。

（2）实时在线状态指示器。

Visio 2019中的实时Skype for Business在线状态指示器会显示目前在线的用户状态，也可在应用程序中快速启动语音或视频会议。

（3）多用户协同操作。

轻松查看各用户协同处理的内容，获取有关更改的通知，以及选择何时将这些更改合并到主文件中。还可以与他人协作并无缝共享图表。

（4）支持多个数据源。

Visio 2019支持Microsoft Excel工作簿、Microsoft Access数据库、Microsoft SharePoint Foundation列表、Microsoft SQL Server数据库、Microsoft Exchange Server目录、Azure Active Directory信息以及其他OLE DB或ODBC数据源。

（5）数据驱动的图表制作。

利用Excel、Exchange或Azure Active Directory等数据源自动生成组织结构图。

（6）支持 AutoCAD 文件。

轻松导入DWG文件，包括增强的文件格式。

（7）简单安全的共享。

例如OneDrive for Business和SharePoint共享图表。

2. Visio 2019 的新增功能

Visio 2019在早期版本的基础上，新增以下几项新功能，方便用户更快、更好地绘制各类图形。

（1）快速使用图表。

组织结构图、灵感触发图和SDL模板新增了一些入门图表，使图表的使用更加便捷，如图1-4所示。

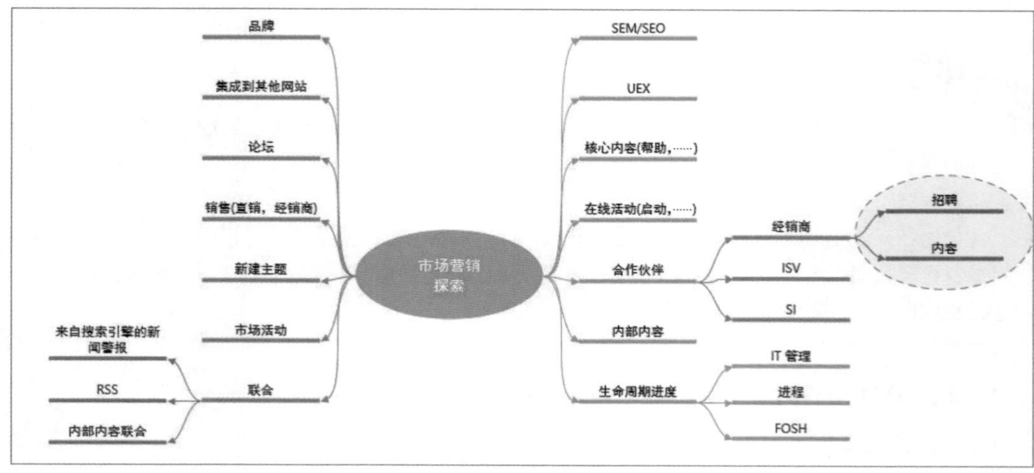

图 1-4

（2）内置数据库模型图。

新的数据库模型图表模板可以准确地将数据库建模为Visio图表，无需加载项，如图1-5所示。

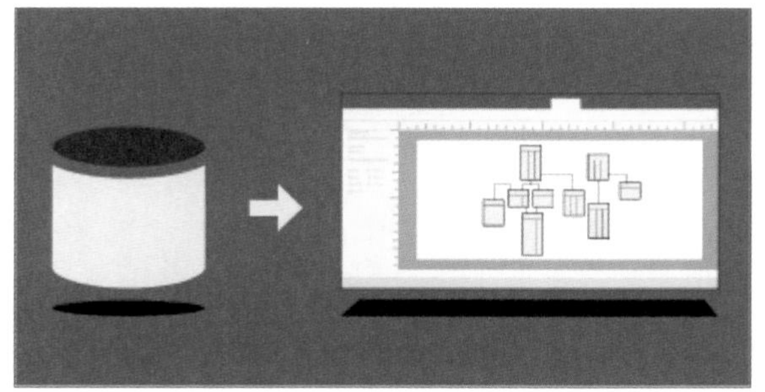

图 1-5

（3）为网站创建线框图。

使用Visio线框可实现应用程序创意，线框类似于功能和内容的蓝图，以创建大概的布局方式来呈现设计创意，从而为构建精确线框打好基础，如图1-6所示。

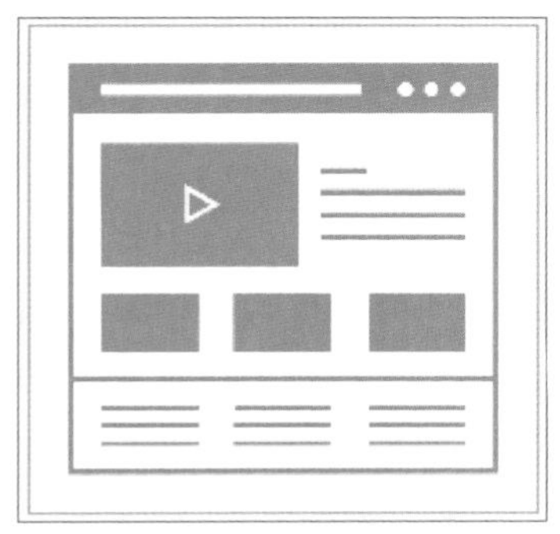

图 1-6

（4）新 UML 工具。

用户可以创建UML组件图，用于显示组件、端口、界面之间的关联，如图1-7所示。

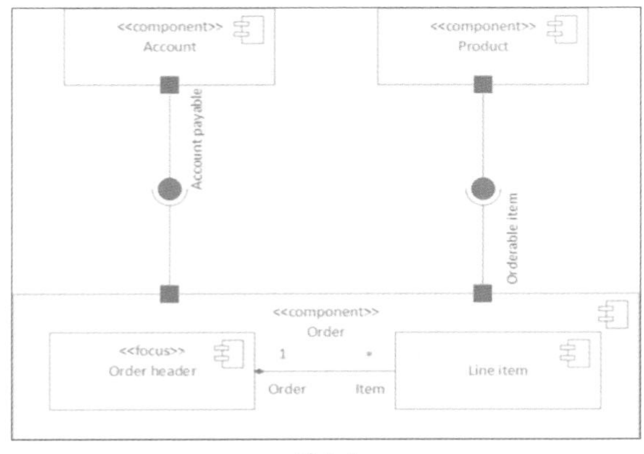

图 1-7

（5）改进的 AutoCAD 支持。

Visio 2019可以导入来自AutoCAD 2017或更早版本的文件。

注意事项

将AutoCAD文件导入Visio软件时，需要注意两点：①导入的DWG文件确保为“布局”视图，而非“模型”视图；②确保导入的DWG文件的绘图比例与Visio绘图比例相同。

3. Visio 2019 的系统要求

Visio 2019具体的系统配置要求如表1-1所示。

表 1-1

操作系统	内存	硬盘空间	显示器	显卡	网络
Windows 10、Windows Server 2019	4GB RAM；2GB RAM（32位）	4GB可用磁盘空间	分辨率为1280×768	用于图形硬件加速的 DirectX 10 显卡	需要联网才能使用网络的相关功能

1.1.3 Visio的应用领域

Visio应用广泛，常用领域包含软件设计、项目管理、企业管理、建筑、电子、机械、通信、科研等。

（1）软件设计。

软件设计包括需求分析、算法研究和代码编写等几个阶段。使用Visio可以通过形象的标记来描述软件中数据的执行过程，以及各种对象的逻辑结构关系，为代码编写提供一个形象的参考，使程序员更容易理解算法，提高代码编写效率。

（2）项目管理。

实际工作中策划一些复杂项目往往需要分析项目的步骤，规划这些步骤的实施顺序。使用Visio可以通过时间线、甘特图以及 PERT（项目评估与评审技术）图等代替纸上作业，提高策划效率。

（3）企业管理。

在企业的管理中，经营者需要通过多种方式分析企业的状况，规划企业运行的各种流程，分析员工、部门之间的关系，理顺企业内部结构等。使用Visio可便捷有效地绘制各种结构图和流程图，快速展示企业的结构体系，发现企业运转中的各种问题。

（4）建筑。

对于建筑设计行业来说，使用Visio可以轻松地规划出楼层平面大概布局，如图1-8所示。

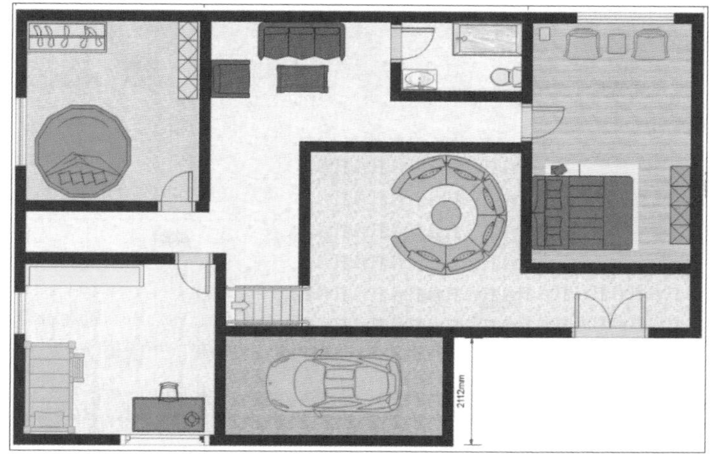

图 1-8

（5）电子。

在制作电子产品前，用户可以利用Visio制作电子产品的结构模型，也可以用Visio直接制作电路图，如图1-9所示。

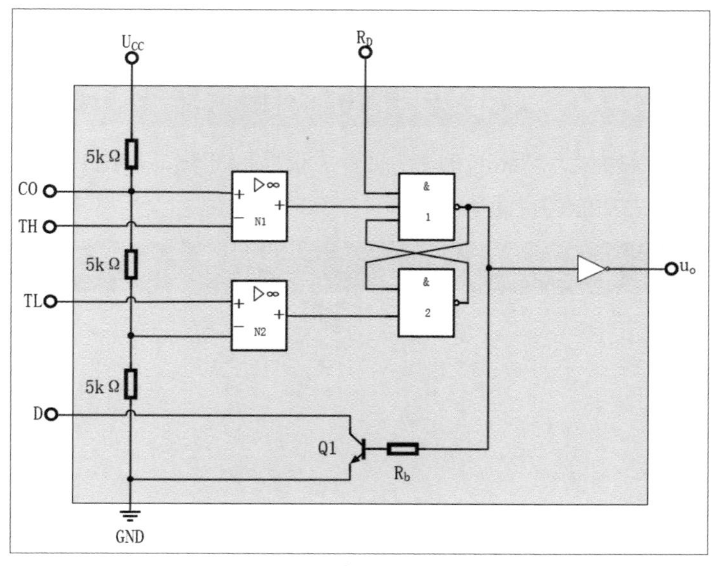

图 1-9

（6）机械。

在机械制图领域，利用Visio可制作精确的机械图。而且Visio还具有AutoCAD的强大的绘图、编辑等功能。

（7）通信。

在现代文明社会中，通信是推动人类社会文明进步与发展的巨大动力。运用Visio还可制作有关通信拓扑图，如图1-10所示。

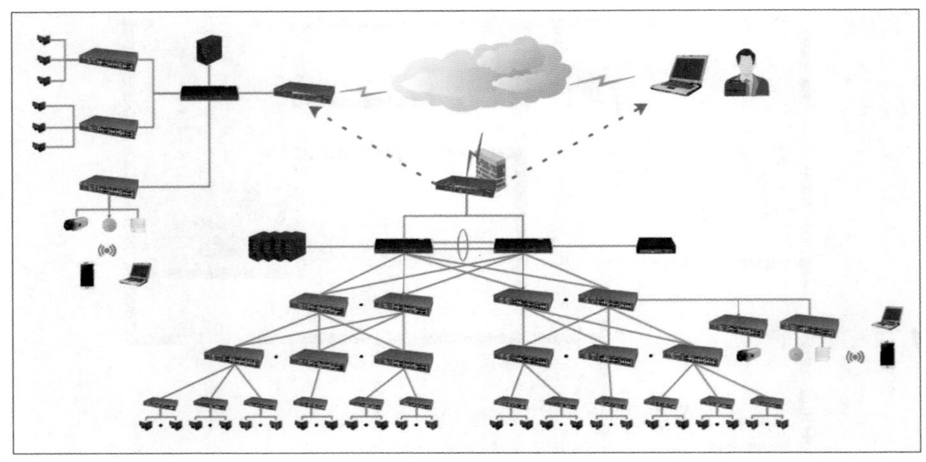

图 1-10

（8）科研。

科研是为了追求知识或解决问题的一系列活动，利用Visio可制作科研活动审核、检查或业绩考核的流程图等。

1.2 Visio 2019界面介绍

经过版本的更新换代，Visio 2019界面有了很大的变化，如图1-11所示。本节将对Visio 2019界面及相关功能进行简单介绍。

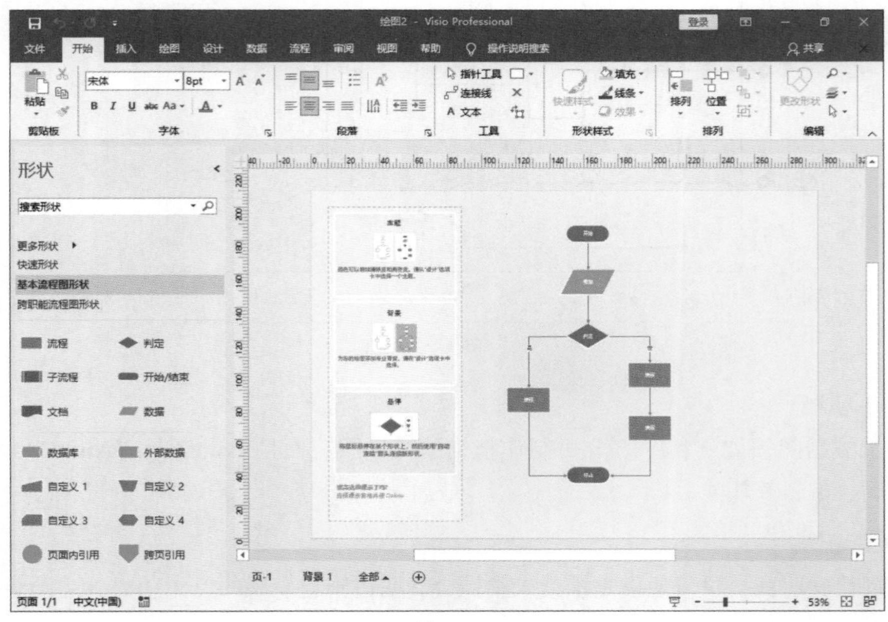

图 1-11

1.2.1 Office通用功能

Visio界面中的大部分功能与其他Office办公组件的功能相同。

1. 标题栏

标题栏位于界面最顶端，从左到右依次为快速访问工具栏、当前文档名称、登录及共享以及窗口控制按钮。

在快速访问工具栏中，用户可进行保存、撤销、重做等操作。此外，单击工具栏右侧三角按钮▾，在打开的“自定义快速访问工具栏”列表中选择所需命令选项，即可将其添加至工具栏中，如图1-12所示。

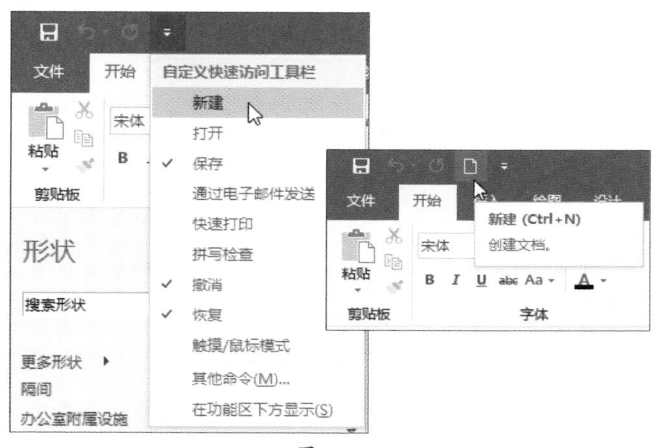

图 1-12

2. “文件”菜单

该菜单用于执行“新建、打开、另存为、打印、共享、导出”等命令。选择“选项”，即可打开“Visio选项”对话框，在此可对“常规”“校对”“保存”“语言”“轻松访问”“高级”“自定义功能区”等选项进行设置，如图1-13所示。

图 1-13

3. 选项卡

Visio默认包含开始、插入、绘图、设计、数据、流程、审阅、视图和帮助9个选项卡。每个选项卡中包含多个选项组，例如在“开始”选项卡中包含剪贴板、字体、段落、工具、形状样式、排列和编辑7个选项组，如图1-14所示。而每个选项组中又包含多个操作命令，单击其中某个操作命令即可启动对应的功能。

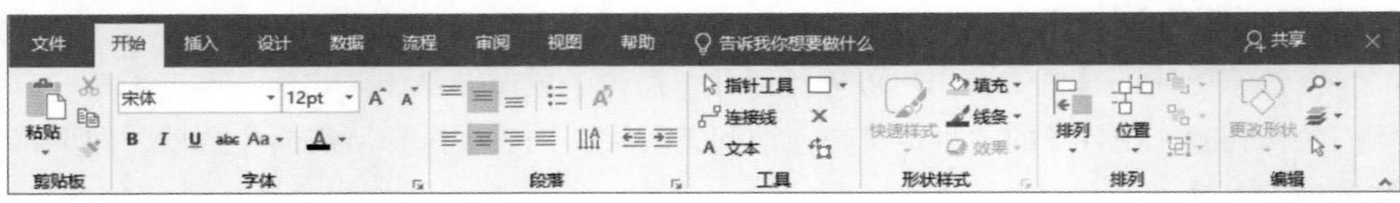

图 1-14

4. 状态栏

状态栏位于界面底部，可显示Visio当前的工作状态，例如当前文件页码、语言状态、录制宏、演示模式、窗口显示比例、窗口切换等信息，如图1-15所示。

图 1-15

1.2.2 Visio专有功能

Visio界面中除了Office通用的功能外，还有自己的专有功能。

1. 绘图区域

在绘图区域中，可通过形状的添加或编辑绘制出各种流程图，是用户主要的工作区。另外，单击该区域底端的标签可查看其他页面内容，如图1-16所示。

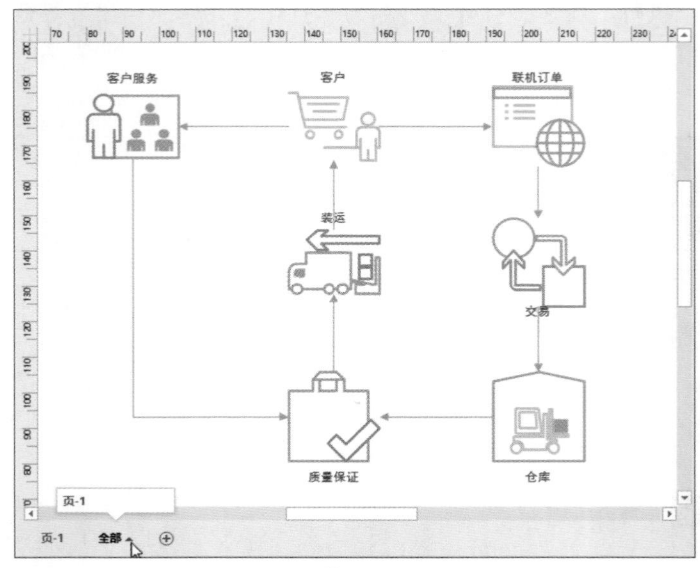

图 1-16

2. 形状窗格

形状窗格默认位于绘图区的左侧，该窗格包含多种类型的形状及模块。拖曳相应的形状或模块至绘图区中，可快速创建各类图表与流程图，如图1-17所示。

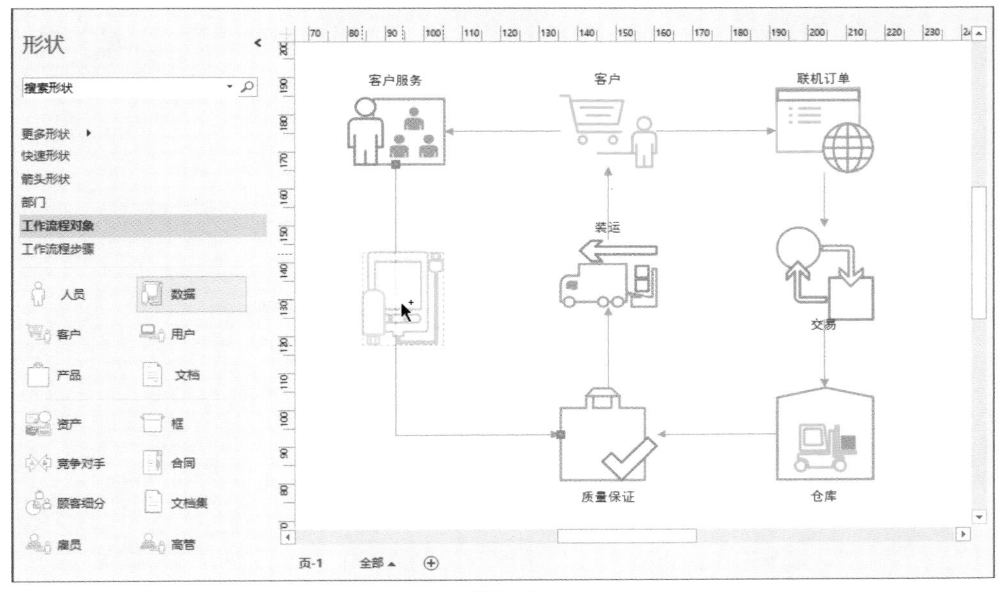

图 1-17

在形状窗格中单击“更多形状”右侧的三角按钮，在打开的列表中选择所需模块类别，此时在窗格中会显示相应的模块选项，如图1-18所示。

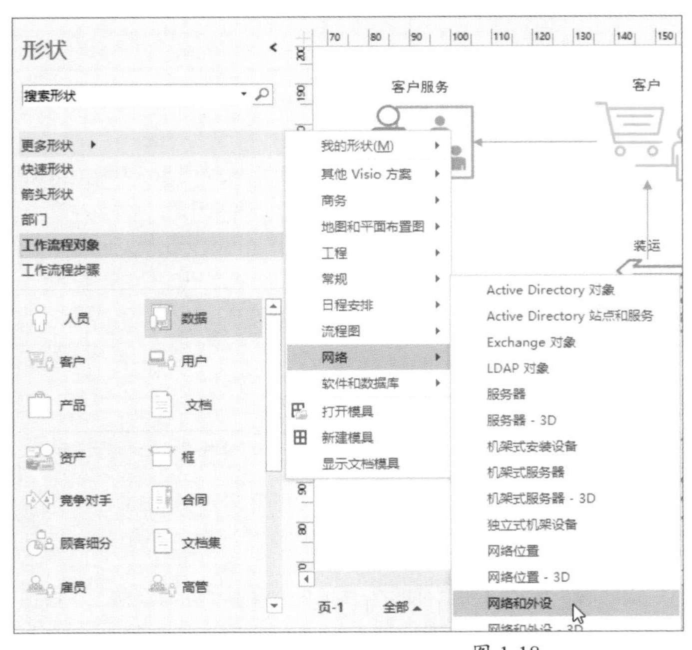

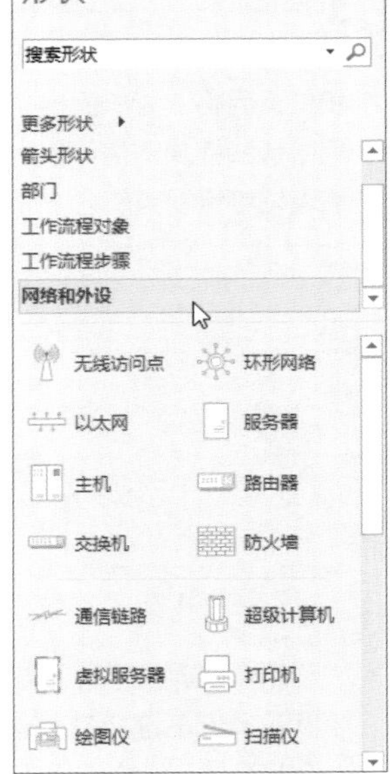

图 1-18

在窗格中选择“快速形状”选项，可显示出当前图表中一些常用的形状和模块，如图1-19所示。在“搜索形状”框中输入所需图表的关键字，即可显示出相应的形状，如图1-20所示。

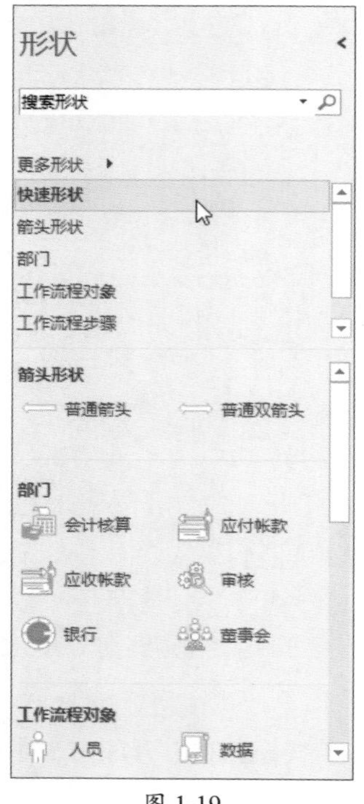

图 1-19

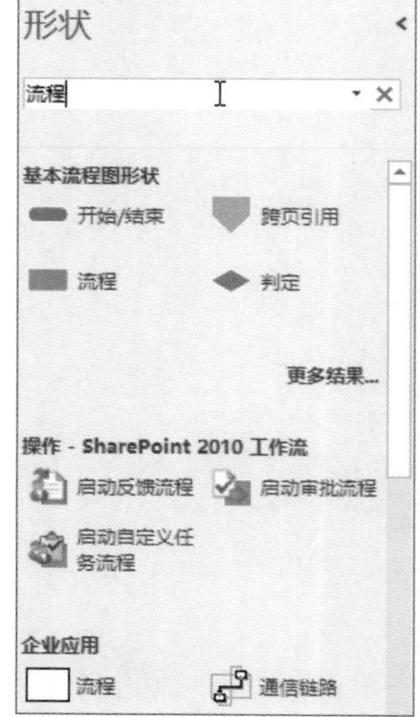

图 1-20

知识点拨

在Visio中除了形状窗格外，还有其他的设置窗格。例如形状数据窗格、平铺和缩放窗格、大小和位置窗格、导航窗格。利用形状数据窗格可对画布中的模块数据进行修改，如图1-21所示；利用平铺和缩放窗格可放大或缩小当前窗格的显示比例和查看位置，如图1-22所示。利用大小和位置窗格可查看当前选中形状的坐标、宽、高数值以及旋转角度，如图1-23所示。

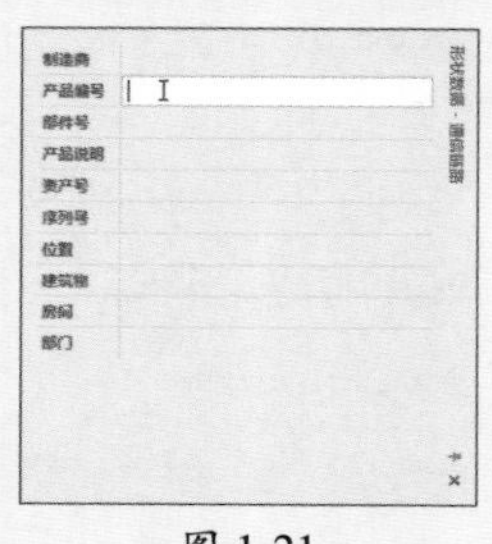

图 1-21

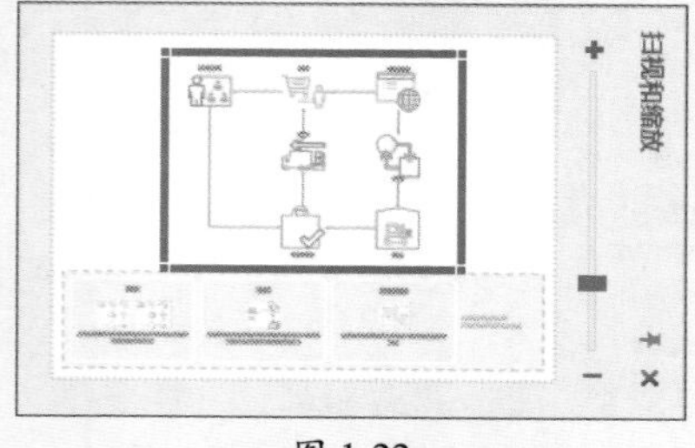

图 1-22

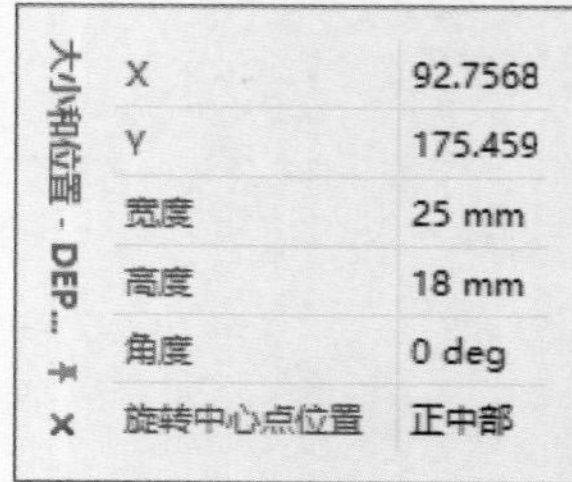

图 1-23

利用导航窗格可查看当前画布中所有图形及模块，如图1-24所示。

默认情况下这些设置窗格为关闭状态，用户可在“视图”选项卡中单击“任务窗格”下拉按钮，在打开的列表中选择所需窗格即可开启，如图1-25所示。

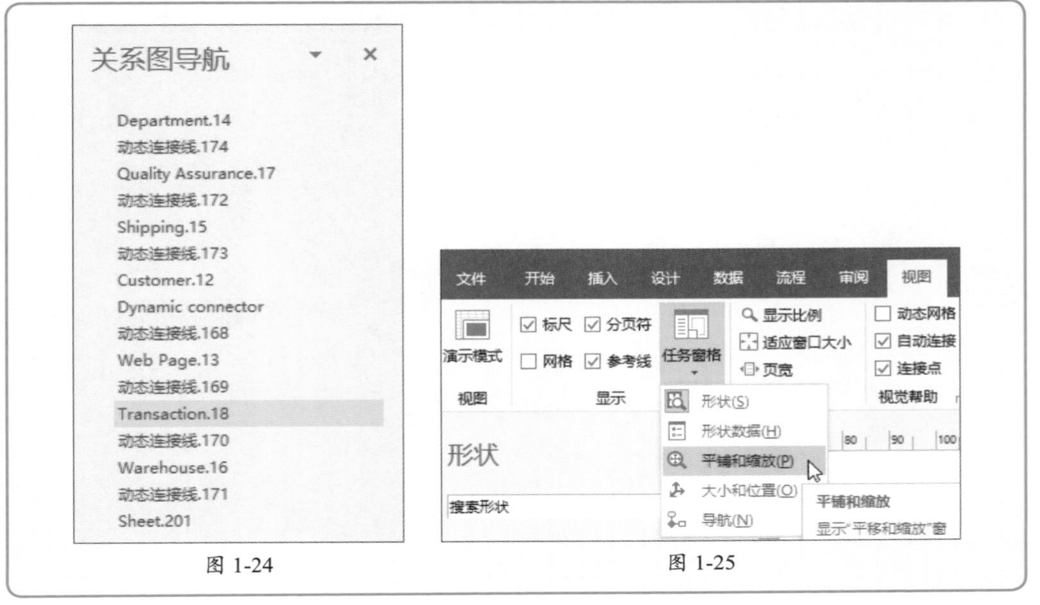

图 1-24　　图 1-25

1.3 Visio 窗口的操作

在Visio中用户可创建多个窗口，多个窗口对应同一个文档，当对一个窗口中的元素进行修改后，其他窗口会实时更新。用户可以在创建的多个窗口中查看画布的不同位置，在多个窗口之间切换和编辑，提高工作效率。

1.3.1 新建窗口

在“视图”选项卡的“窗口”选项组中单击“新建窗口”按钮，可新建一个以“×××2”命名的窗口，如图1-26所示。

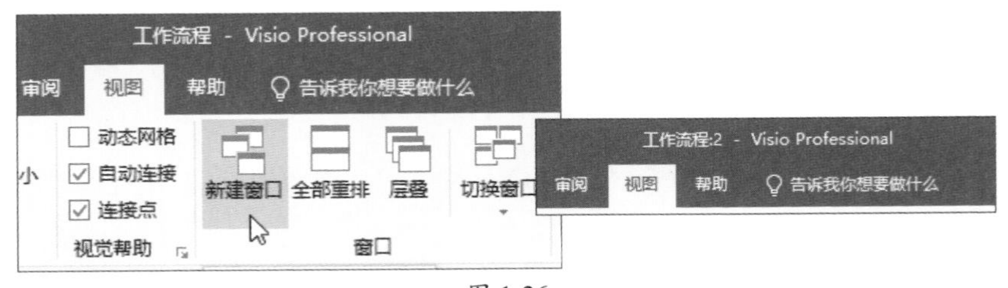

图 1-26

1.3.2 多窗口的查看

在“视图”选项卡的“窗口”选项组中单击“全部重排”按钮，可以将窗口并排显示在界面中，如图1-27所示。单击“层叠”按钮，可以层叠显示多个窗口，如图1-28所示。

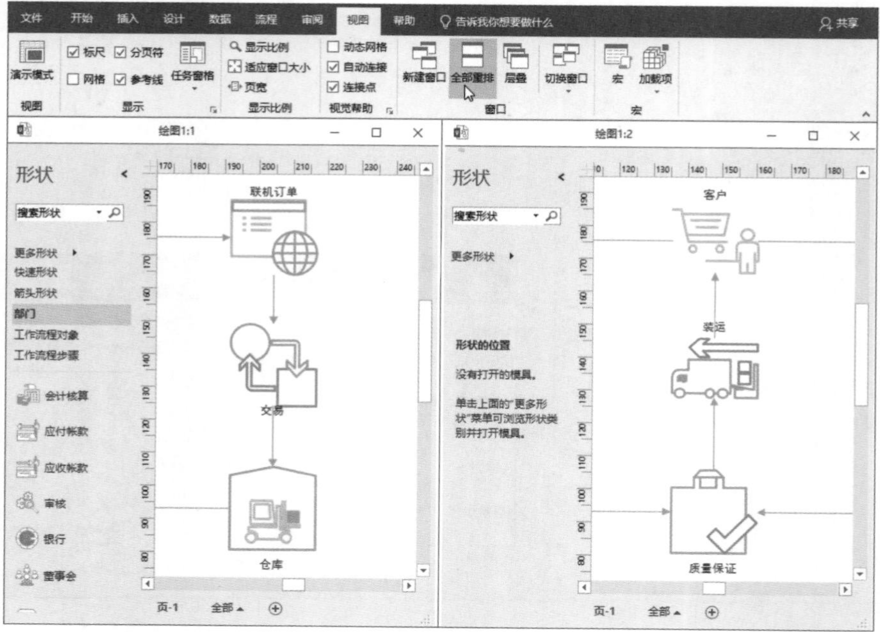

图 1-27

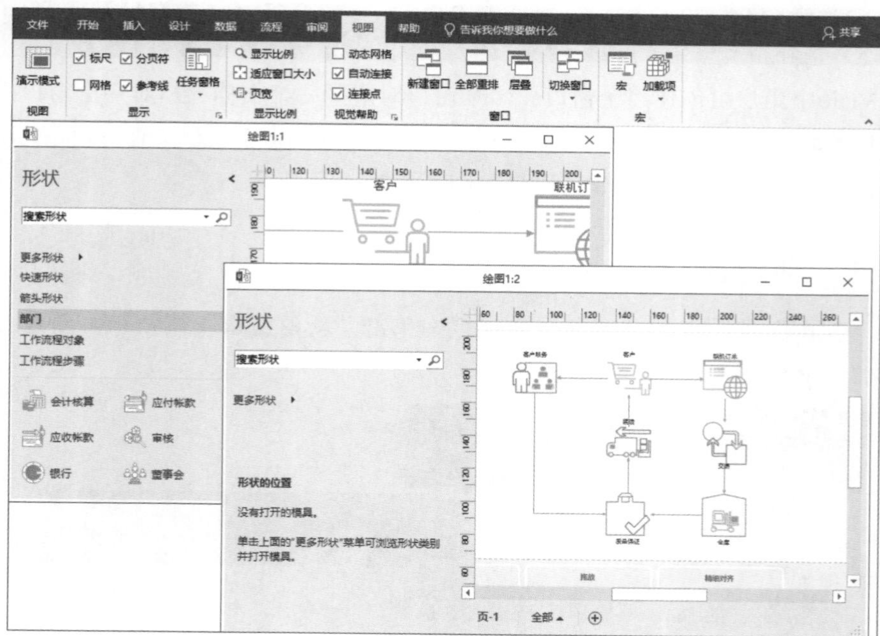

图 1-28

知识点拨

重排和层叠窗口便于选择和查看，但编辑时一般还是使用单窗口。想要恢复成单窗口模式，可双击所需编辑窗口的标题栏，此时该窗口会最大化显示。

动手练 切换Visio窗口

在“重排”和“层叠”模式下，可以通过切换活动窗口来进入某窗口的编辑状态。

在“视图”选项卡的“窗口”选项组中单击“切换窗口”下拉按钮，在打开的下拉列表中选择所需编辑窗口名称即可，如图1-29所示。

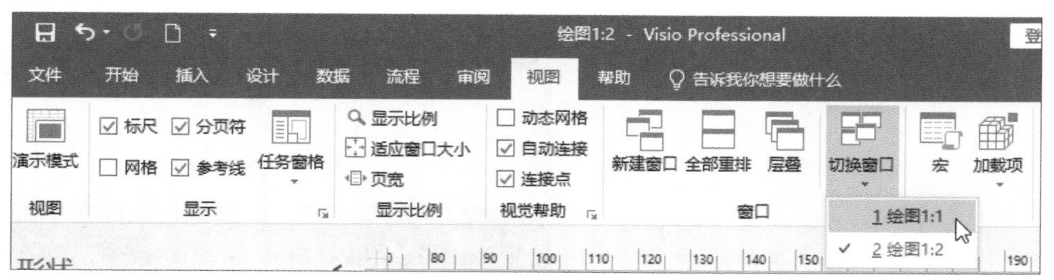

图 1-29

新手答疑

1. Q：左侧的窗格太大，右侧的绘图窗口太小。

A：可以将鼠标移至“形状”窗格和绘图窗口中间，当鼠标指针变成双向箭头时左右拖动，如图1-30所示，可以缩小或扩大“形状”窗格，间接地扩大或缩小绘图窗口，如图1-31所示。

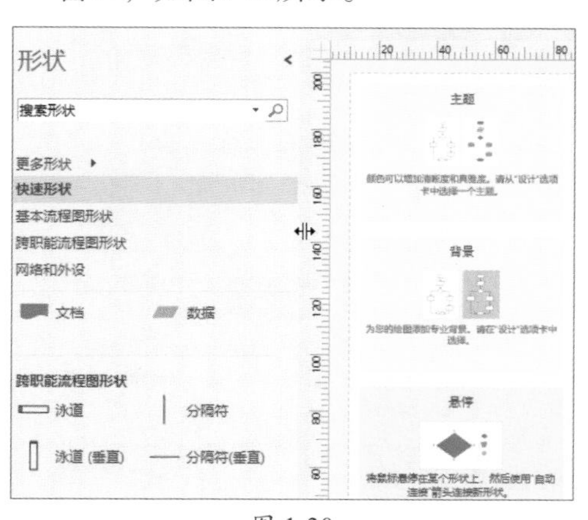

图 1-30

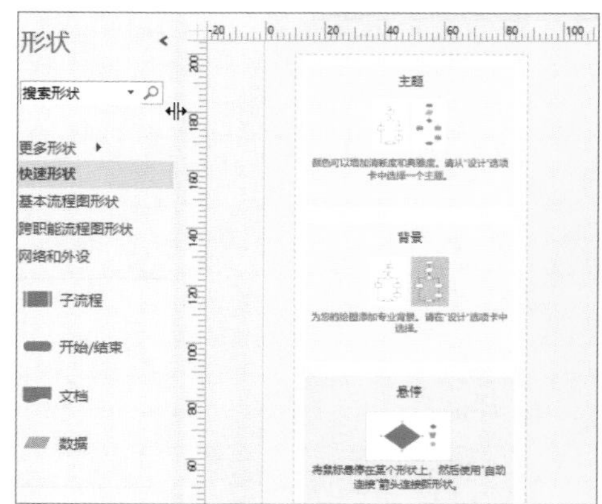

图 1-31

2. Q：通过滚动条和“缩放”按钮来调整绘图窗口有些麻烦，有没有其他的快速调整和定位方法？

A：用户使用Ctrl键配合鼠标滚轮可放大或者缩小绘图窗口。直接使用滚动条可以向下或者向上移动绘图窗口中的绘图区域。使用Shift键配合鼠标滚轮可向右或者向左移动绘图窗口中的绘图区域。

3. Q：多个窗口需要切换时，可以使用哪些方法快速切换？

A： 用户可以使用Visio右下角的“切换窗口”按钮来选择窗口，如图1-32所示。也可以通过Windows任务栏的Visio文档缩略图来切换窗口，如图1-33所示。

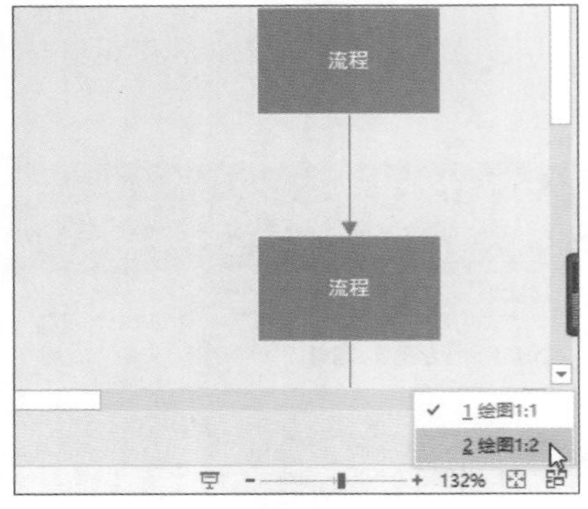

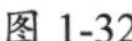

图 1-32

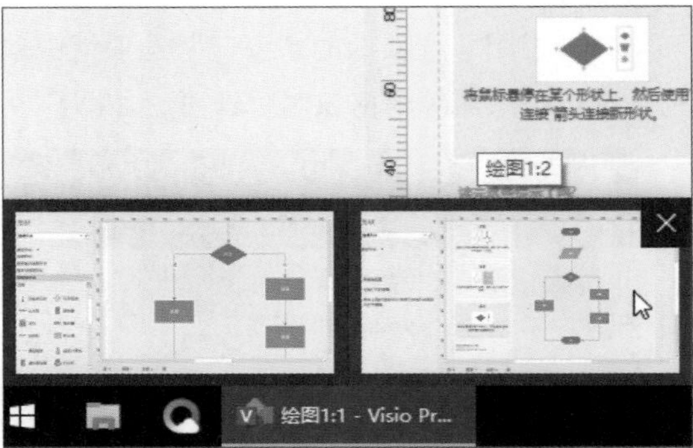

图 1-33

第2章 Visio入门操作

本章将详细介绍Visio的一些基础操作，例如创建绘图文档、打开绘图文档、保存绘图文档、设置文档的页面属性、文档的打印和输出等操作。通过对本章内容的学习，读者可以掌握Visio的基本操作，为以后的学习打好基础。

2.1 创建文档

绘图文档的创建方法有很多种，下面介绍如何创建空白绘图文档，以及如何通过内置模板创建绘图文档。

2.1.1 创建空白绘图文档

在桌面双击Visio图标可启动该软件，如图2-1所示。在开始界面中选择“空白绘图”选项，如图2-2所示。

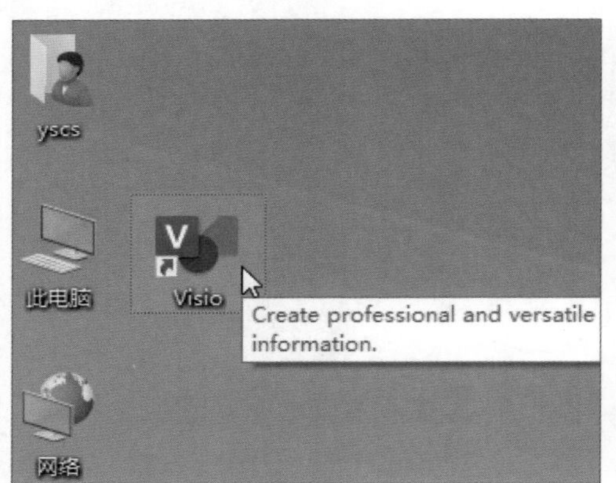

图 2-1

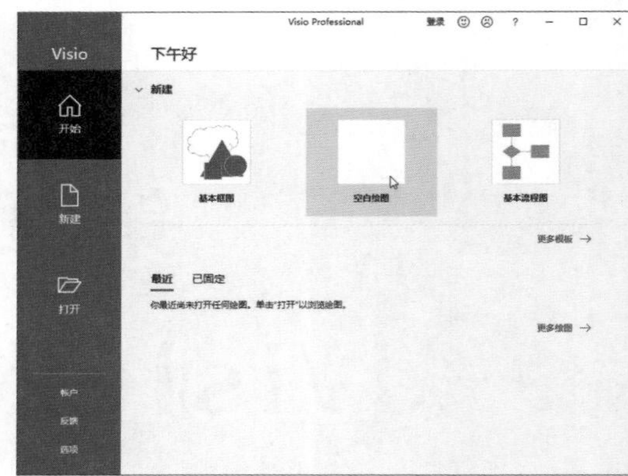

图 2-2

在弹出的“空白绘图”界面中单击“创建”按钮，如图2-3所示。即可创建一份空白的绘图文档，如图2-4所示。

图 2-3

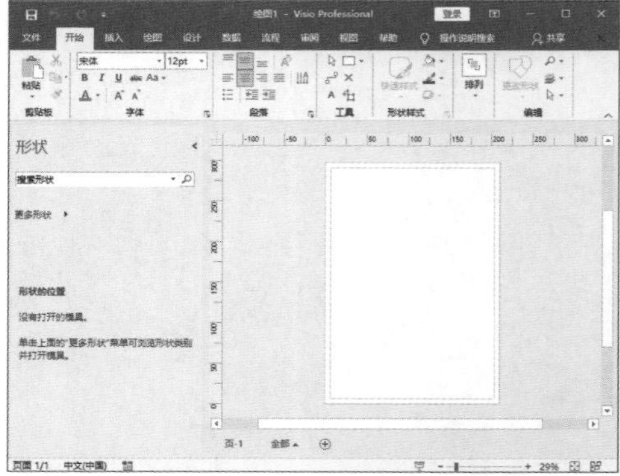

图 2-4

2.1.2 使用内置模板创建绘图文档

Visio软件内置多种基本框图的常用模板，启用后自动加载预设的形状和模块，适合新手使用。

启动Visio软件后，进入开始界面。选择“基本框图”选项，在弹出的创建界面中单击“创建”按钮，随后会创建带有各类形状和模块的模板文件，如图2-5所示。

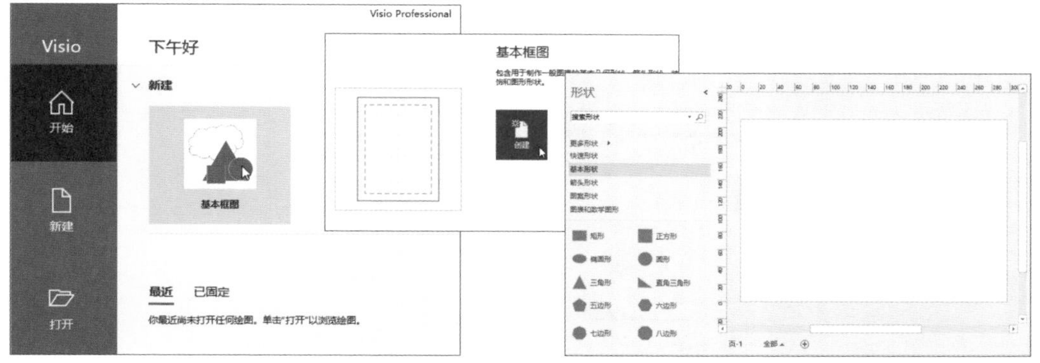

图 2-5

动手练 使用在线模板创建绘图文档

Microsoft提供了大量的在线素材供用户使用。下面介绍如何使用在线模板创建文档。

扫码看视频

Step 01 在桌面上双击Visio图标，进入开始界面。选择“新建”选项，如图2-6所示。

图 2-6

Step 02 在“新建”界面中的“Office”列表中选择所需的模板选项，如图2-7所示。

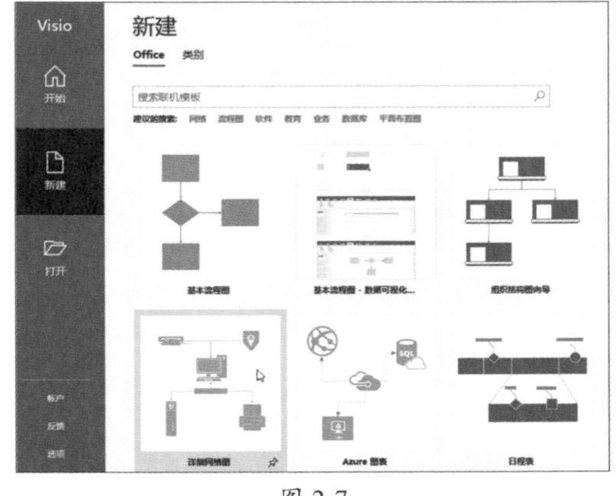

图 2-7

Step 03 打开“创建”界面，用户可查看到该模板的细分类别，选中所需类别，单击“创建”按钮完成绘图文档的创建，如图2-8所示。

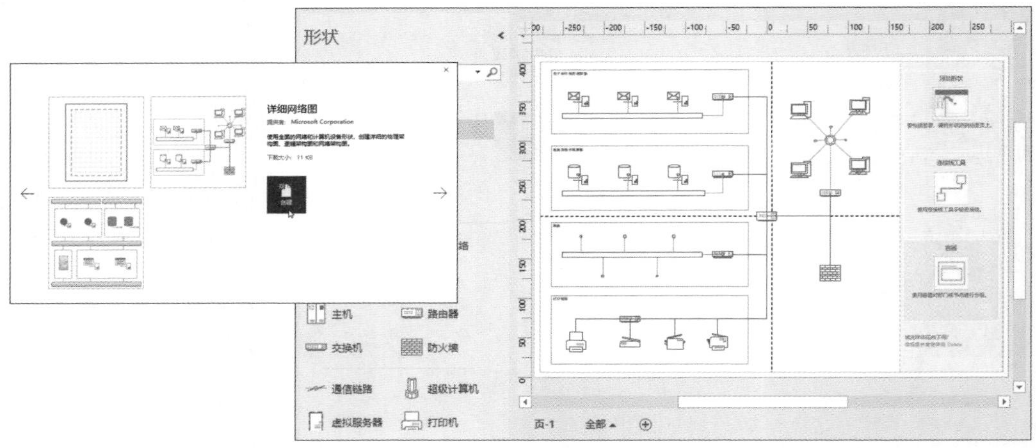

图 2-8

知识点拨

Visio在线模板非常多，如果用户需要某一类模板，可以在新建界面的搜索框中输入模板的关键字进行搜索，如图2-9所示；或者在“类别”选项卡中根据分类查找，如图2-10所示。

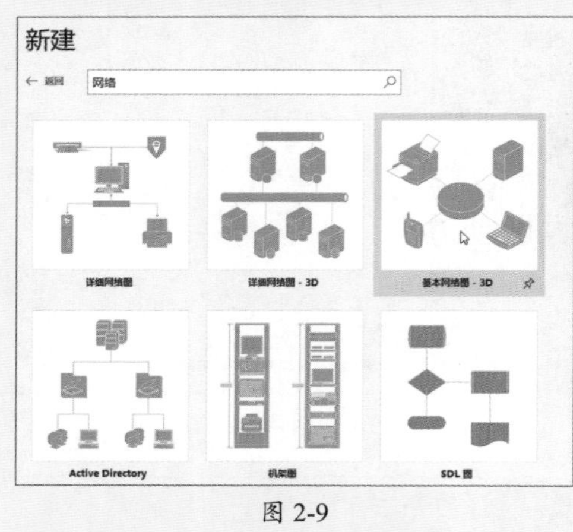

图 2-9

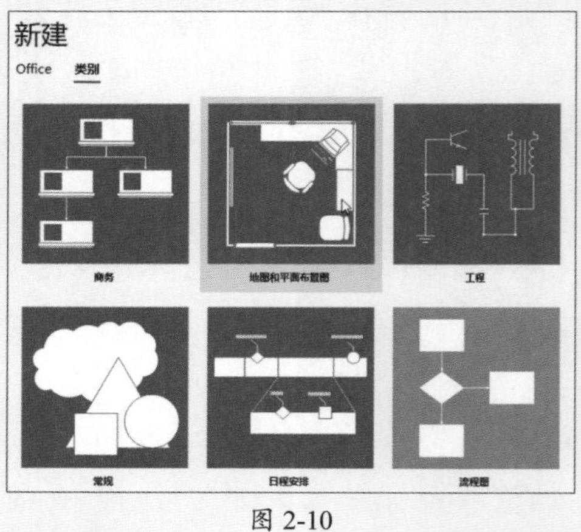

图 2-10

2.2 打开文档

Visio文档的打开方式有很多种，下面介绍几种常用的打开方法，供用户参考选择。

2.2.1 双击Visio文档打开

如果用户需要对现有文档进行修改，双击该文档即可，如图2-11所示。

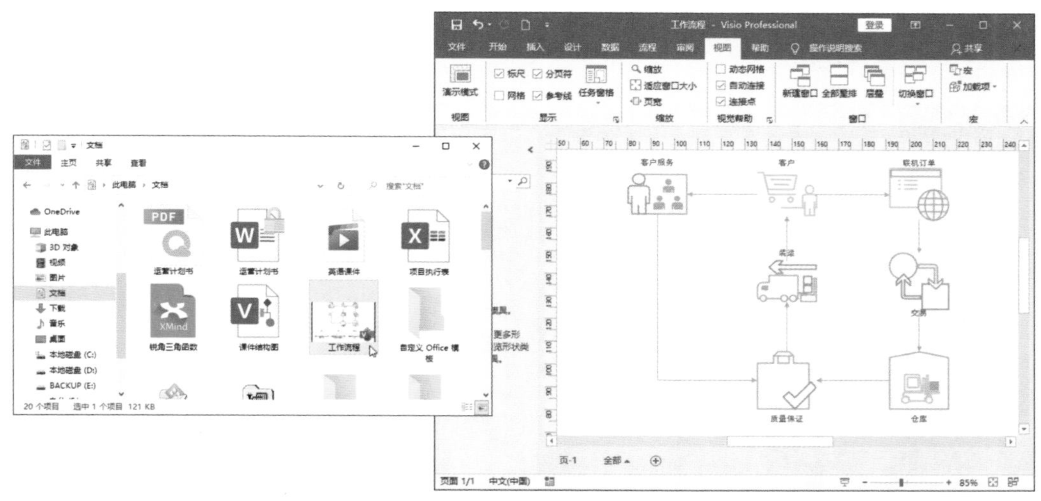

图 2-11

2.2.2 从软件内部打开

选中所需文档，按住鼠标左键不放，将其拖曳至Visio软件界面中，即可打开该文档，如图2-12所示。需注意，Visio软件必须为启用状态。

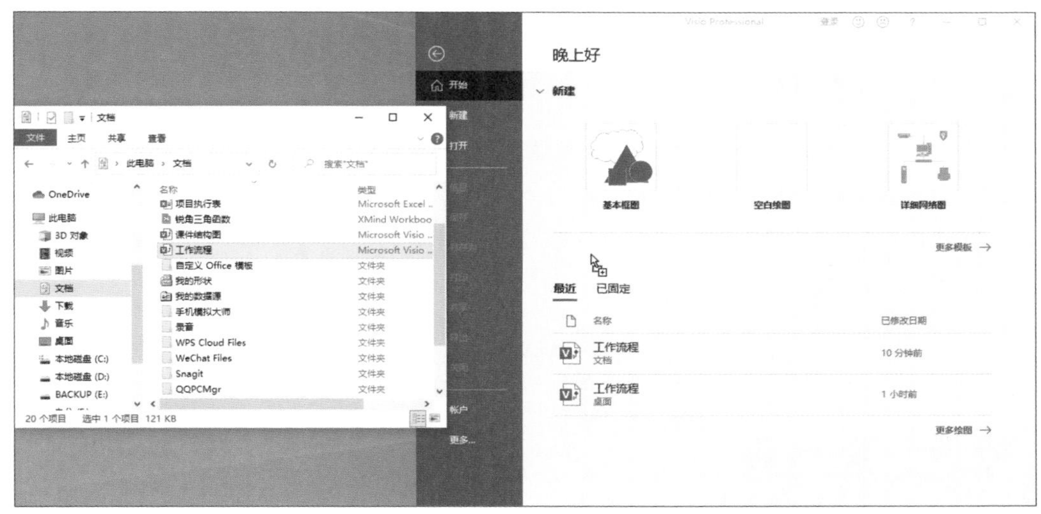

图 2-12

动手练 利用“打开”功能打开

使用Visio软件的“打开”功能也可以打开绘图文档。下面介绍具体的操作。

Step 01 在软件开始界面选择“打开”选项，并单击“浏览”按钮，如图2-13所示。

Step 02 在“打开”对话框中选择所需文档，单击“打开”按钮，如图2-14所示。

图 2-13

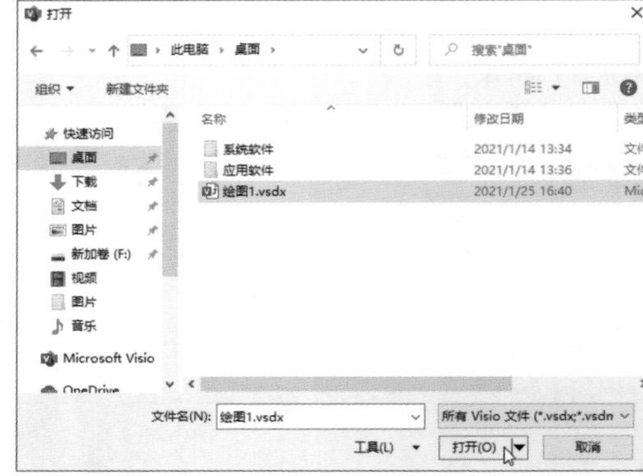

图 2-14

2.3 保存文档

保存文档分两种方式，一种是另存为文档，另一种则是直接保存文档。这两种方式可根据实际情况选用。下面介绍具体方法。

2.3.1 另存为文档

当新建绘图文档后，由于系统没有默认的保存位置，所以保存时会打开“另存为”对话框，提示用户设置保存位置进行保存。

在快速访问工具栏中单击“保存”按钮，打开“另存为”界面。选择“浏览”选项，如图2-15所示。

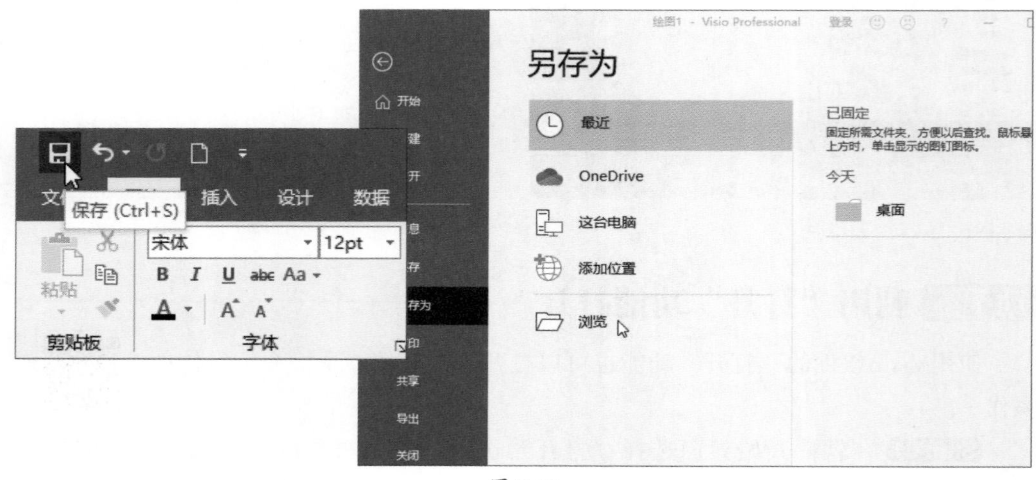

图 2-15

在“另存为”对话框中设置文件名称以及文件保存位置，单击“保存”按钮完成保存操作，如图2-16所示。

图 2-16

2.3.2 直接保存文档

对已保存的文档进行修改时，可单击快速访问工具栏中的“保存”按钮，或按Ctrl+S组合键。此时系统会使用当前修改的文档直接覆盖原始文档，保证文档的更新。

注意事项

当文档修改完毕后，如果要将修改的文档重命名，或更改保存位置，需要使用“另存为”操作进行保存。否则系统自动覆盖原始文档。

动手练 设置自动保存参数

对于没有保存习惯的用户，设置自动保存的功能后，系统会自动保存当前的编辑状态，以避免电脑因为突然断电或死机而造成损失。

Step 01 启动Visio软件，在开始界面中选择“选项”选项，如图2-17所示。

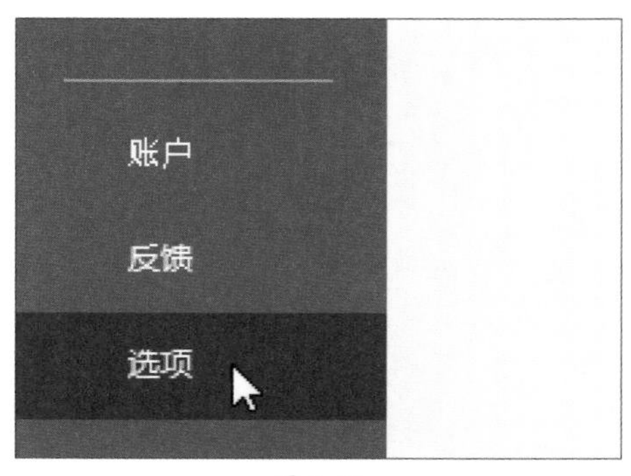

图 2-17

Step 02 在“Visio选项”对话框中选择左侧的“保存”选项，并设置自动保存时间间隔。单击“确定”按钮即可，如图2-18所示。

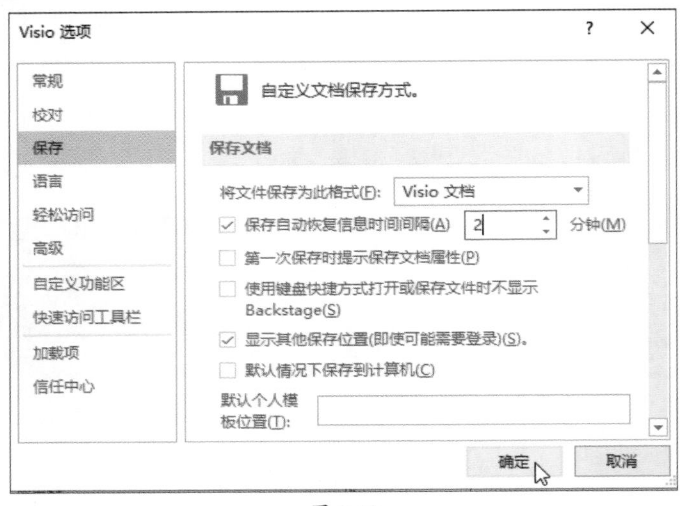

图 2-18

2.4 设置文档的页面属性

在新建文档时，用户可以根据需要设置页面属性参数，例如纸张方向、页面大小、文档信息等。下面分别进行介绍。

2.4.1 设置文档页面尺寸

页面属性主要指绘图区中页面的方向及大小。一般默认的纸张方向为纵向，如果需要对纸张方向进行调整，可在“设计”选项卡的“页面设置”选项组中单击“纸张方向”下拉按钮，在列表中选择“横向”选项，如图2-19所示。

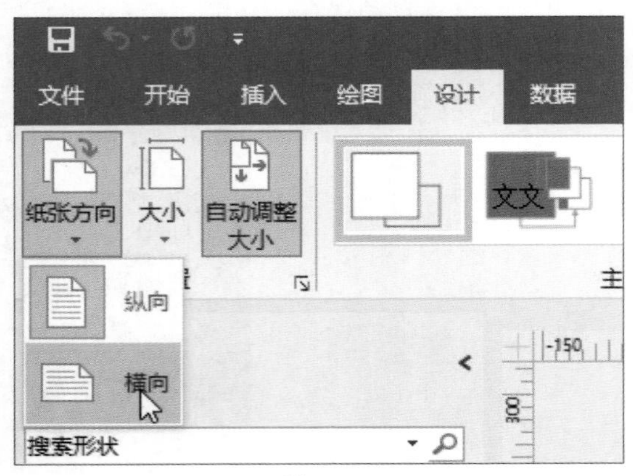

图 2-19

页面尺寸根据打印的纸张标准设置。在“设计”选项卡的“页面设置”选项组中单击“大小”下拉按钮，在列表中选择需要打印的尺寸。系统默认的页面尺寸为A4，如图2-20所示。

图 2-20

动手练 利用对话框设置页面尺寸

如果需要对页面尺寸进行精确设置，可以使用“页面设置”对话框进行设置操作。下面介绍具体的操作方法。

Step 01 在“设计”选项卡的“页面设置”选项组中单击右侧的对话框启动器按钮，如图2-21所示。

Step 02 在弹出的“页面设置”对话框中，切换到“页面尺寸”选项卡。选中“预定义的大小”单选按钮，并单击“A4：297mm×210mm”下拉按钮，在列表中可以选择其他尺寸，如图2-22所示。

图 2-21

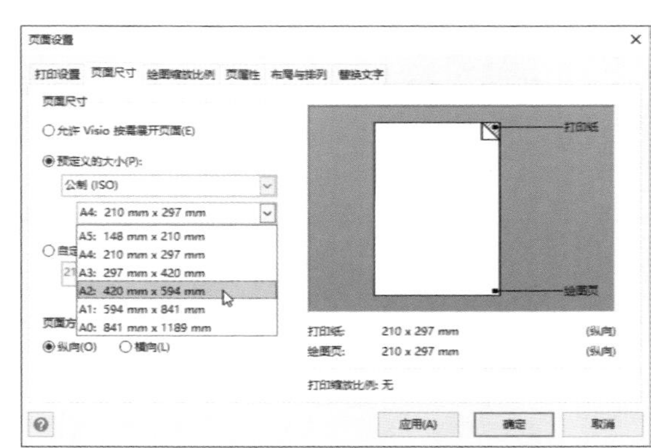

图 2-22

Step 03 在列表中，如果没有合适参数，用户可以进行自定义。在该对话框中选中“自定义大小”单选按钮，在数值框中输入所需尺寸参数，如图2-23所示。

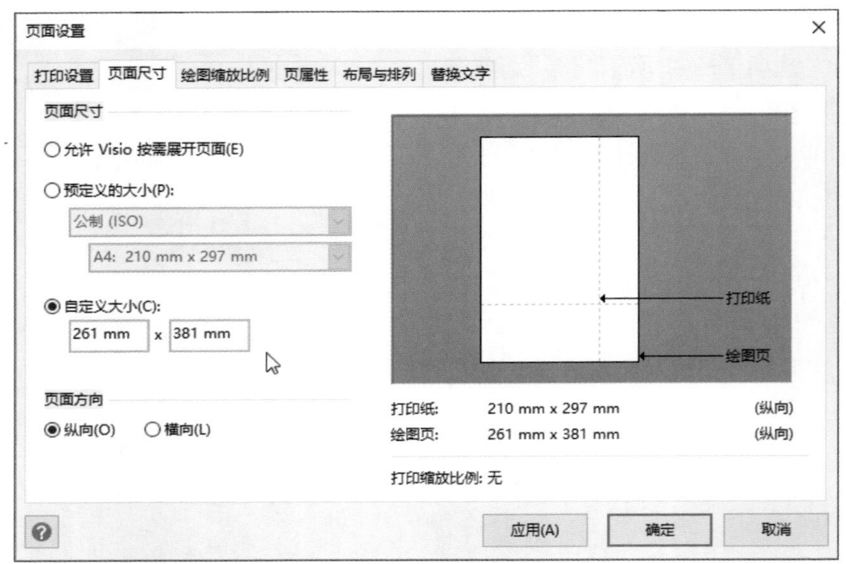

图 2-23

2.4.2 设置文档的属性

在“文件”菜单中选择“信息”选项，此时在右侧“属性”列表中，用户根据需要可为当前文档添加属性信息，例如单位名称、文档标题、制作者姓名等，如图2-24所示。

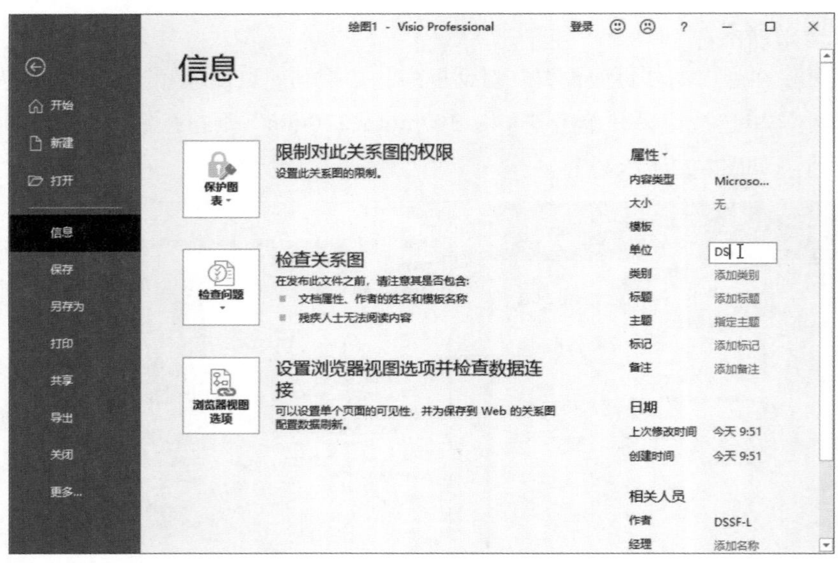

图 2-24

单击“属性”下拉按钮，在列表中选择“高级属性”选项，在打开的属性对话框中用户可以更详细地查看或添加当前文档的信息内容，如图2-25所示。

图 2-25

动手练 删除个人信息

如果不希望文档中保存过多的个人信息，可以通过“删除个人信息”功能将其批量删除。

Step 01 在“信息”界面中单击“检查问题”下拉按钮，在列表中选择“删除个人信息”选项，如图2-26所示。

Step 02 在弹出的“删除隐藏信息”对话框中勾选“从文档中删除这些项”复选框以及“删除存储在该文档中的外部源数据”复选框，单击“确定”按钮，如图2-27所示。

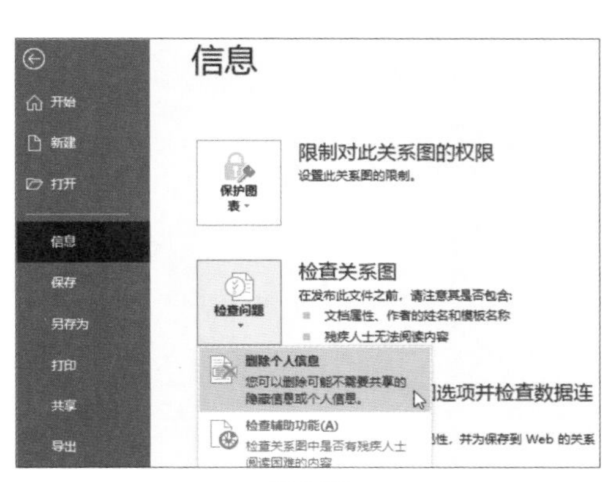

图 2-26

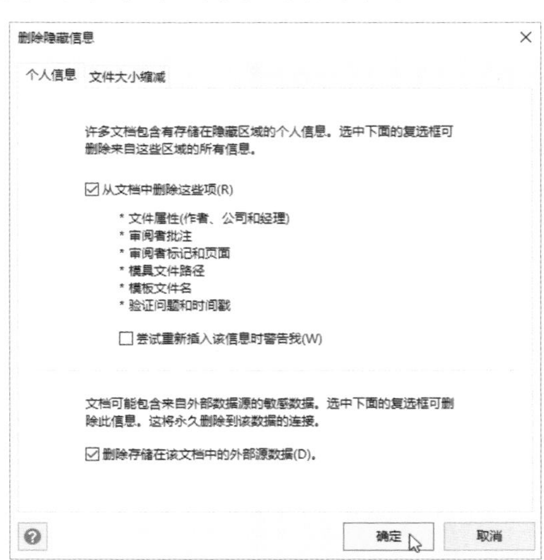

图 2-27

2.5 设置前景页及背景页

绘图区分前景页和背景页两部分。前景页主要用于编辑和显示绘图内容，是主要工作页面。背景页主要用于设置绘图页背景和边框样式，例如显示页编号、日期、图例等常用信息。下面对这两部分的基础操作进行简单介绍。

2.5.1 创建前景页

新建文档后，系统会自动创建一张前景页。如果图表内容比较多，那么用户可根据需要添加相应的前景页。

在绘图区左下角，单击“⊕”按钮，即可添加一张以“页-2”命名的空白前景页，如图2-28所示。

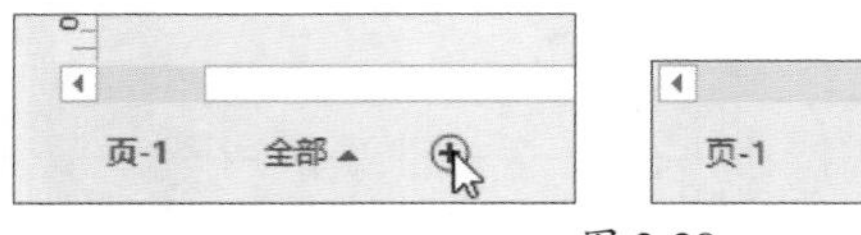

图 2-28

右击新添加的前景页名称，在打开的快捷菜单中选择“重命名”选项，可以对当前页进行重命名，如图2-29所示。此外，在列表中选择“删除”选项，可将当前页删除，如图2-30所示。

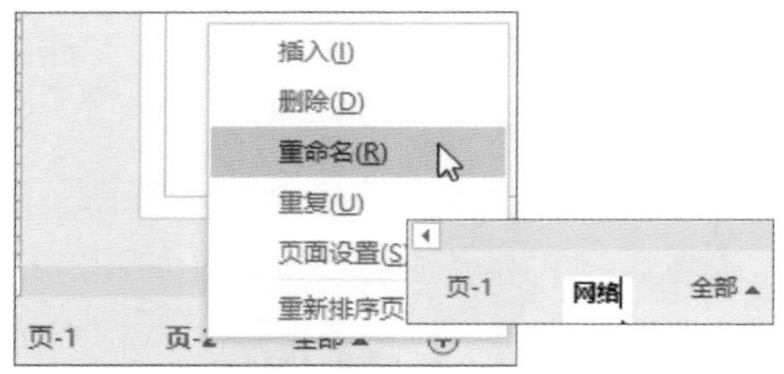

图 2-29

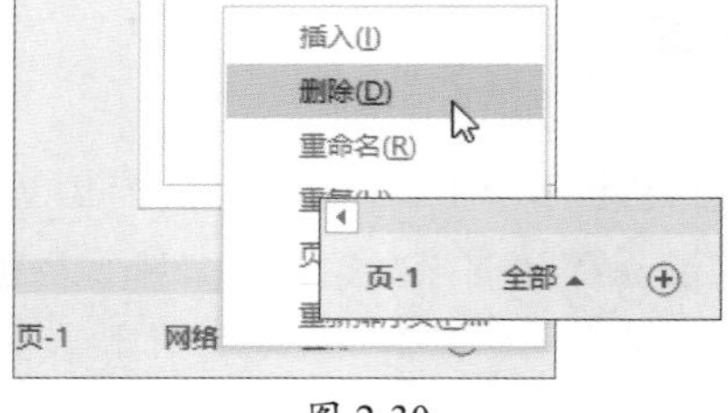

图 2-30

知识点拨

右击前景页名称，在打开的快捷菜单中选择“插入”选项，可打开“页面设置”对话框，对新插入的页面属性进行设置，单击“确定”按钮，即可添加一张新的绘图页，如图2-31所示。

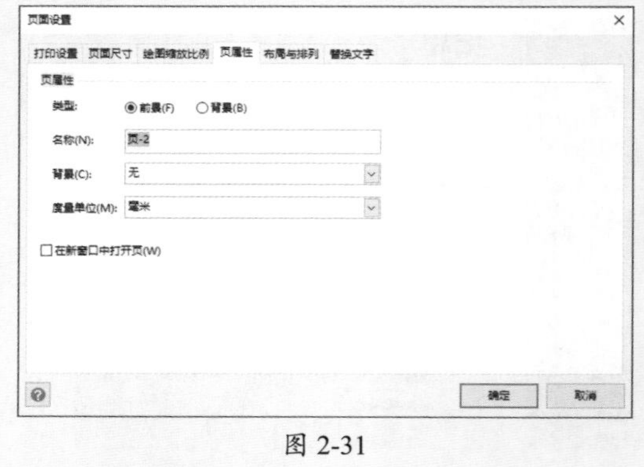

图 2-31

2.5.2 创建背景页

在“插入”选项卡的“页面”选项组中单击“新建页”下拉按钮，在列表中选择“背景页”选项，打开“页面设置”对话框，设置背景页名称，单击“确定”按钮，如图2-32所示，完成背景页的创建。

图 2-32

背景页创建完毕后，用户需要对该背景页进行指派关联操作，实现前景页套用背景样式。

选择“页-1”前景页名称，右击，在弹出的快捷列表中选择“页面设置”选项。在打开的“页面设置”对话框中单击“背景”下拉按钮，在弹出的列表中选择创建的背景名称，单击“确定”按钮完成指派关联操作，如图2-33所示。

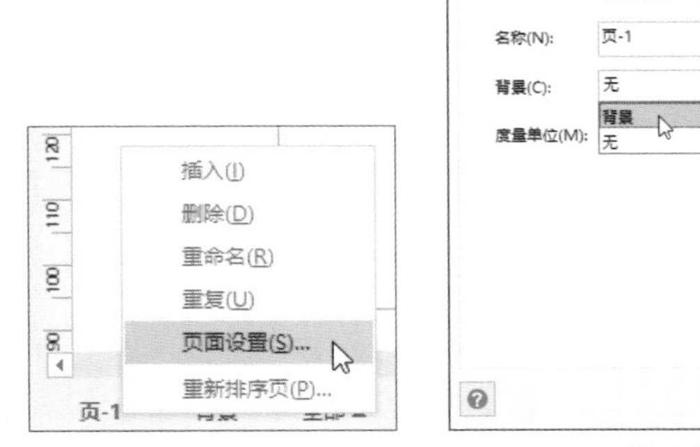

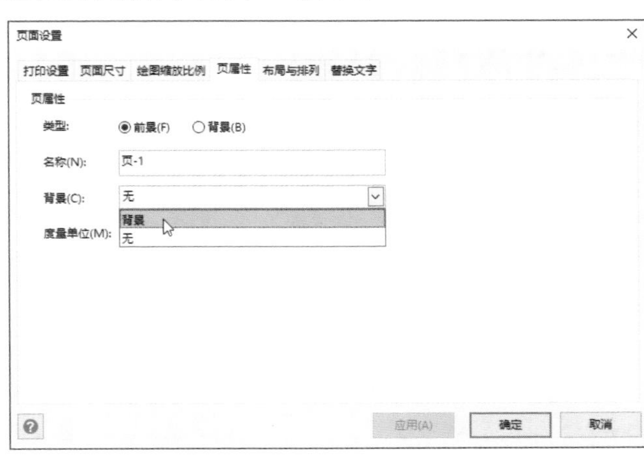

图 2-33

知识点拨

如果有多张绘图页，快速切换页面的方法有两种：一是单击绘图窗口下方的页标签名称进行切换；二是同样在绘图窗口下方单击“全部”下拉按钮，在弹出的列表中选择绘图页名称。

动手练 更改背景样式

扫码看视频

默认情况下背景页是白色，用户可以根据需要更换背景，快速美化图表的外观。下面介绍具体的设置操作。

Step 01 打开“工作流程”素材文件，在“设计”选项卡中单击“背景”下拉按钮，在弹出的列表中选择所需背景样式，如图2-34所示。

Step 02 此时，当前页的背景已发生了相应的变化。同时系统会自动添加一张以“背景-1”命名的背景页，如图2-35所示。

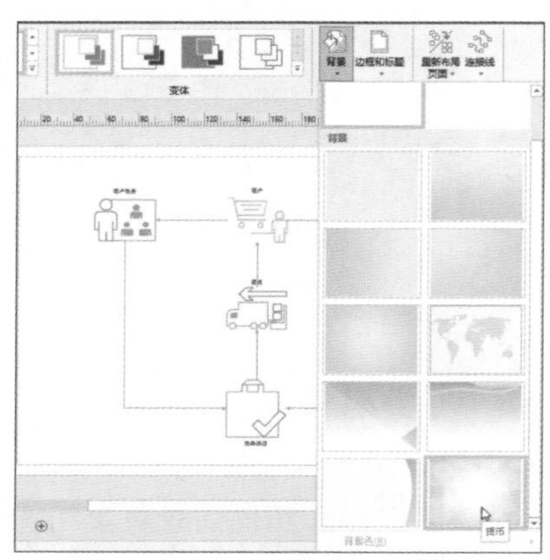

图 2-34

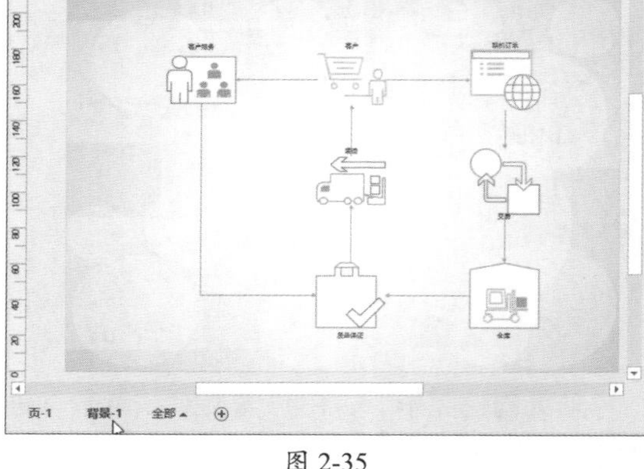

图 2-35

Step 03 再次单击“背景”下拉按钮，在弹出的列表中选择“背景色”选项，并在级联列表中选择一种合适的颜色，如图2-36所示。

Step 04 选择后即可完成当前背景色的更改，如图2-37所示。

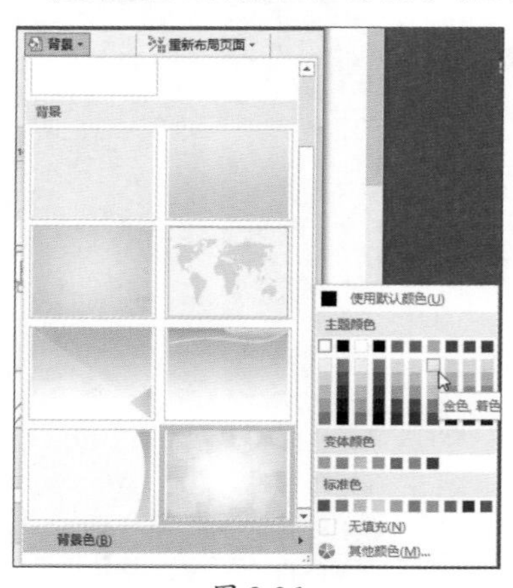

图 2-36

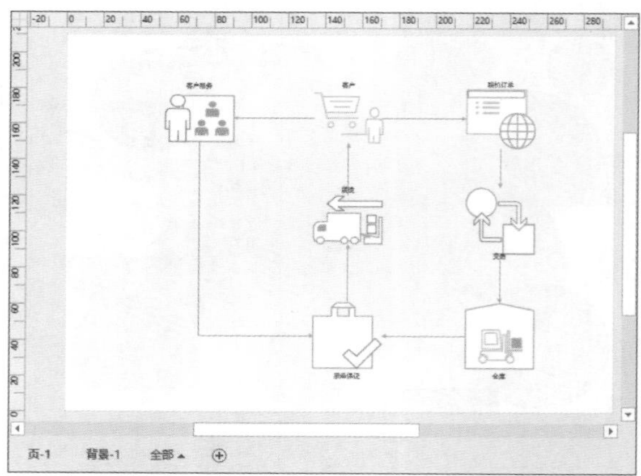

图 2-37

注意事项

在为前景页添加背景后，该背景是无法修改的。只有在切换到相关背景页后，才可以进行修改。

2.6 打印和输出文档

文档编辑完毕后，用户可根据需要打印该文档，或者输出为其他格式，以方便其他人浏览查看。

2.6.1 设置打印页面

在打印前，需要对文档进行一些基本打印设置操作。在“设计”选项卡的“页面设置”选项组中单击“页面设置”对话框启动器按钮，打开“页面设置”对话框，切换到“打印设置”选项卡，对打印机的纸张大小、纸张方向、缩放比例等参数进行设置，如图2-38所示。设置完成后，在右侧预览窗口中可查看预览效果。确认无误后单击“确定”按钮。

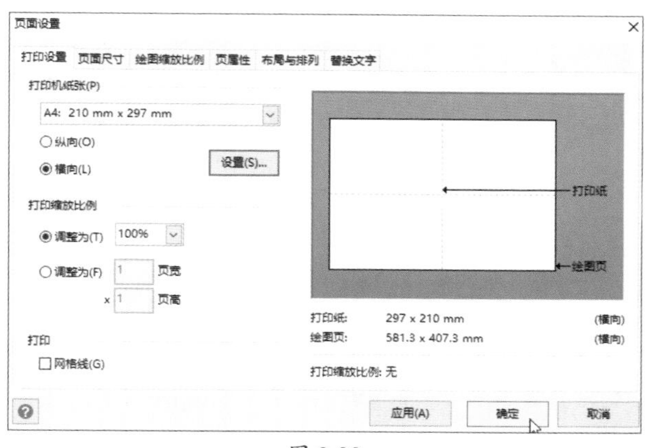

图 2-38

知识点拨

在“页面设置”对话框的“打印设置”选项卡中单击“设置”按钮，可打开“打印设置”对话框，在此用户可以进行更为详细的设置操作。例如设置页边距、是否居中打印等，如图2-39所示。

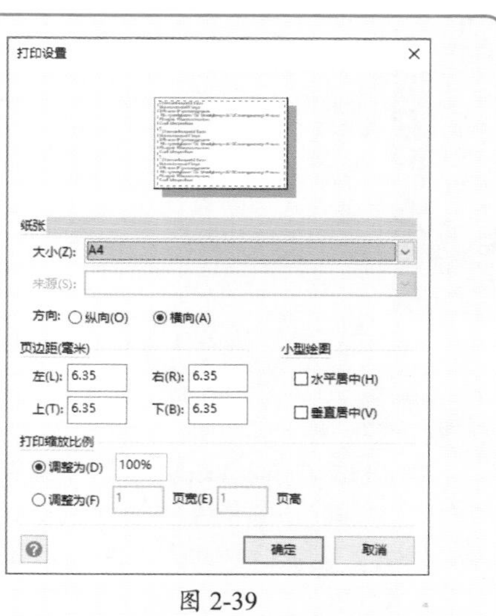

图 2-39

2.6.2 设置打印参数

打印页面设置完成后，可以进行打印操作。单击“文件”选项卡，在打开的界面中选择“打印”选项，进入“打印”界面。根据需要设置打印机的型号、打印的范围、打印的份数，并在右侧预览窗口中查看设置结果。确认无误后单击“打印”按钮，如图2-40所示。

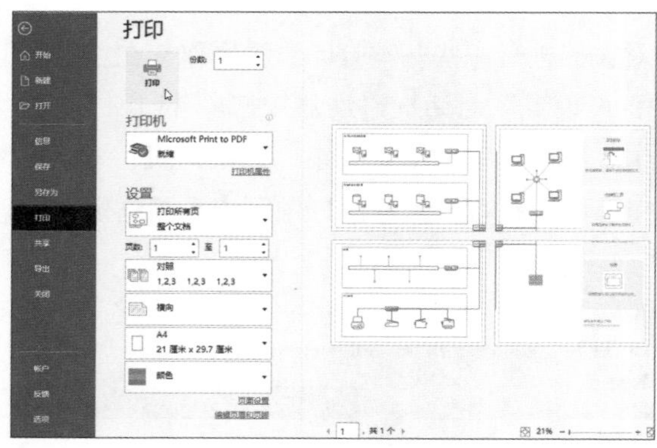

图 2-40

2.6.3 输出文档

如果需要将Visio文档输出为其他格式，可通过“导出”功能完成。例如将文档输出为PDF格式，只需在“文件”列表中选择“导出”选项，在打开的“导出”界面中单击“创建PDF/XPS文档”按钮，如图2-41所示。在“发布为PDF或XPS”对话框中设置保存的路径及文件名，单击“发布”按钮，如图2-42所示。

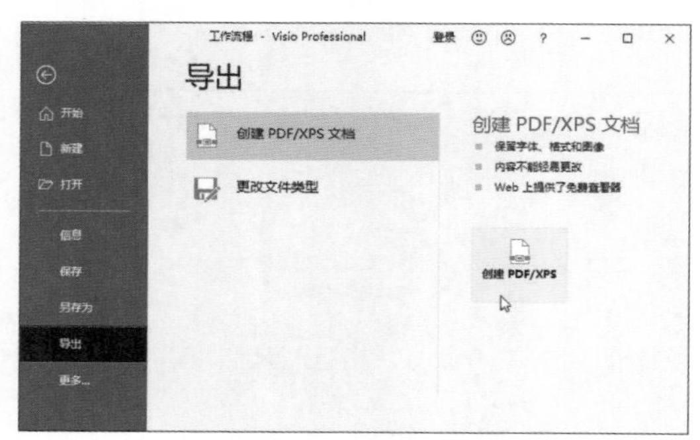

图 2-41

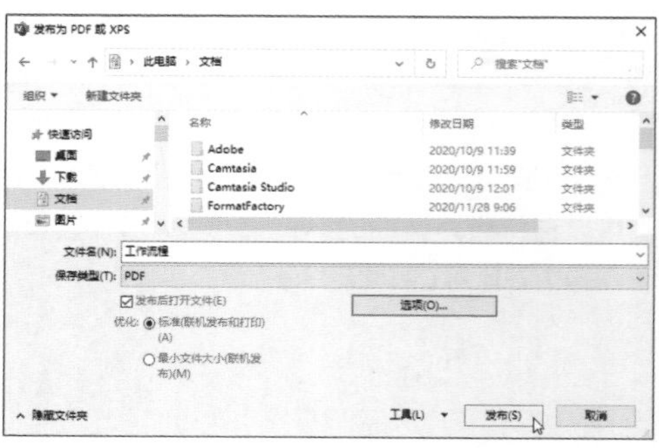

图 2-42

知识点拨

除了将文件输出为PDF格式外，还可以将其输出成SVG向量图、dwg格式的AutoCAD文件、Web文件、其他格式图片（tif、bmp、png、gif）等常见的文件形式。用户只需使用“另存为”操作，在“另存为”对话框中单击“文件类型”下拉按钮，在弹出的列表中选择所需的文件格式，单击“保存”按钮即可。

动手练 将流程图输出为图片格式

扫码看视频

将绘制好的流程图转换为图片格式，可通过以下方法操作。

Step 01 打开“家庭网络”流程图，选择“文件”选项，在打开的列表中选择“另存为”选项，单击“浏览”按钮，如图2-43所示。

Step 02 在“另存为”对话框中设置输出的位置及文件名，然后单击“保存类型”下拉按钮，在弹出的列表中选择“JPEG文件交换格式”选项，如图2-44所示。

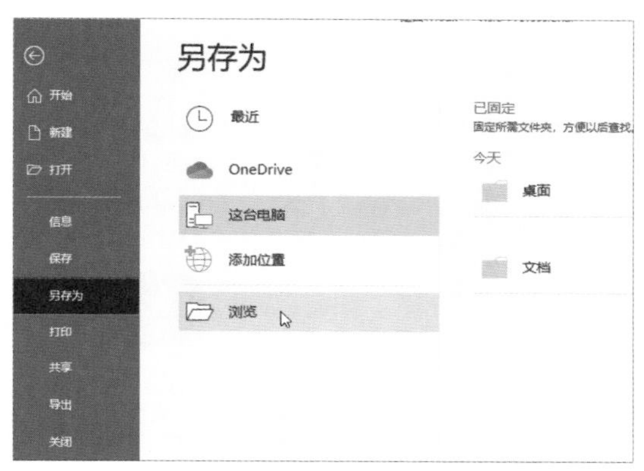

图 2-43

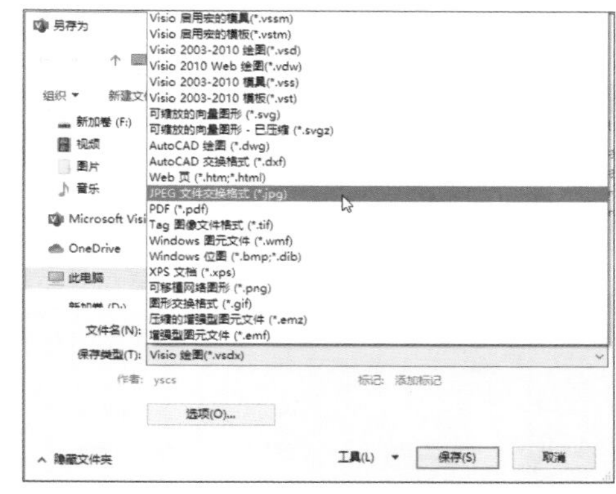

图 2-44

Step 03 单击“保存”按钮，打开“JPG输出选项”对话框，这里保持默认设置，单击“确定”按钮即可，如图2-45所示。

Step 04 设置完成后，打开保存的图片文件即可查看输出效果，如图2-46所示。

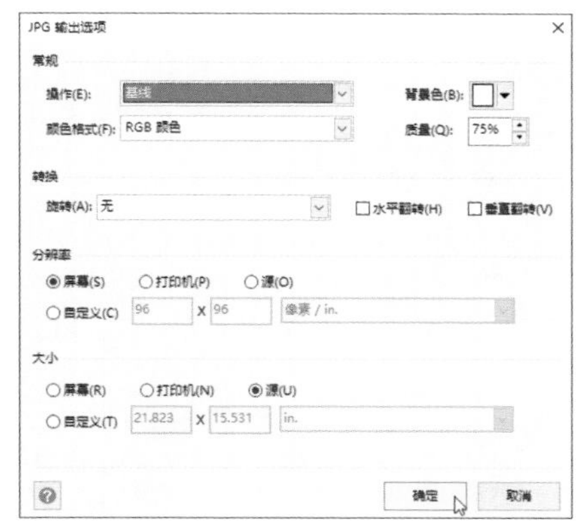

图 2-45

图 2-46

案例实战：制作公司财务部人员组织结构图

通过公司的组织结构图，可以很清晰地了解公司人员结构关系。下面利用模板来创建财务部人员组织结构图。

Step 01 启动Visio，进入“开始”界面，选择“新建”选项，在“Office”选项组下方选择“组织结构图向导”模板，如图2-47所示。

Step 02 在打开的“创建”界面中，选择该模板中的“分层组织结构图”类别，单击“创建”按钮，如图2-48所示。

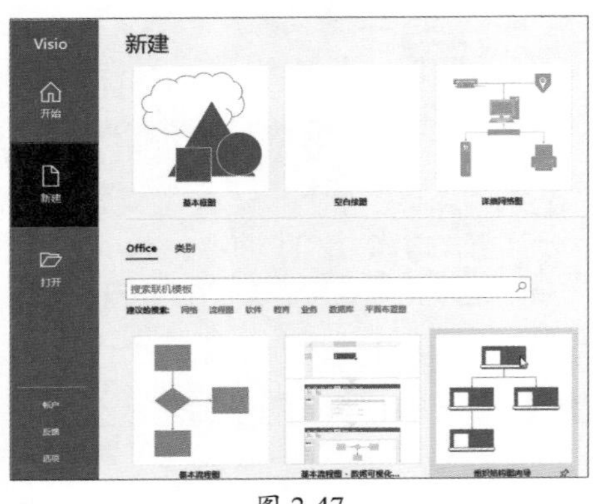

图 2-47

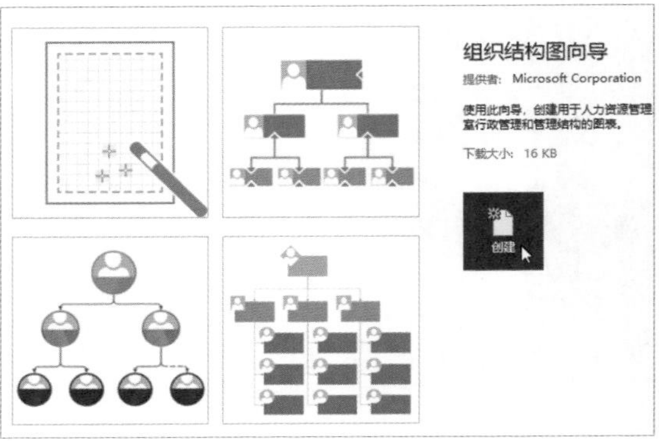

图 2-48

Step 03 系统自动打开该模板。双击绘图区下方“页-1”的名称，将其修改为“财务部”，如图2-49所示。

Step 04 选择该结构图最上层的图形，并双击其文字内容，进入文字编辑状态，在此输入人员信息。输入后适当地对文字格式进行调整，如图2-50所示。

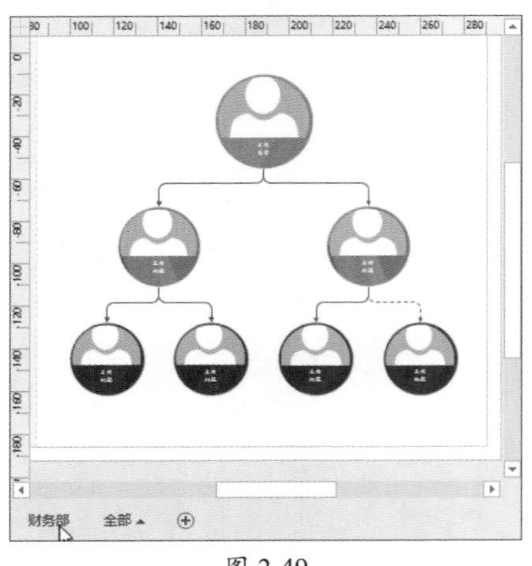

图 2-49

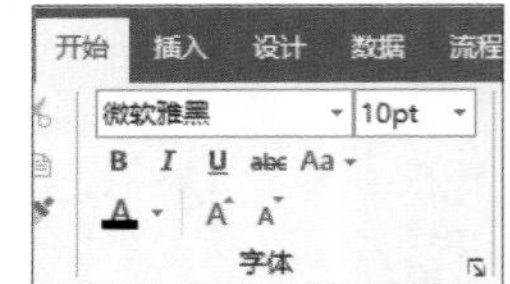

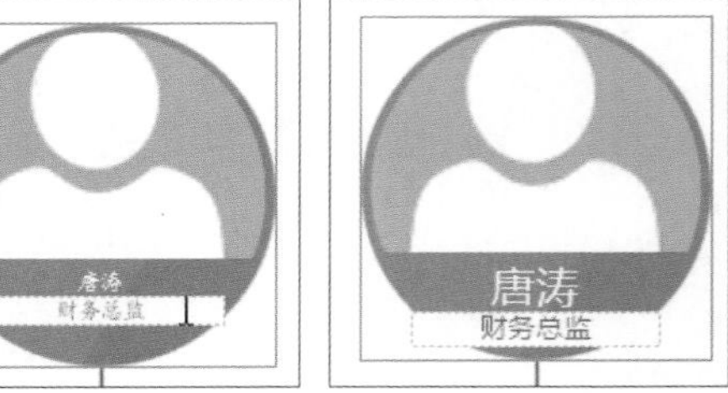

图 2-50

Step 05 按照同样的操作，输入结构图中其他人员的信息内容，如图2-51所示。

Step 06 选中页面左侧说明内容，按Delete键将其删除，如图2-52所示。

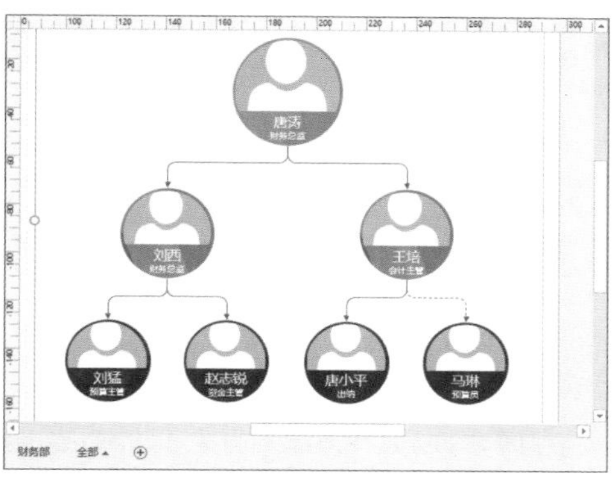

图 2-51

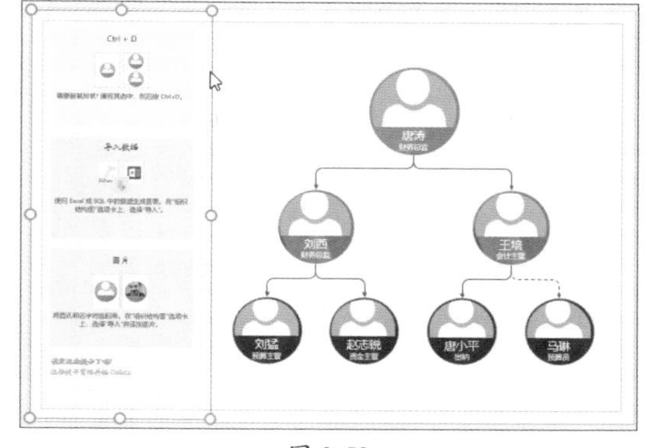

图 2-52

Step 07 使用鼠标框选该结构图内容，按住鼠标左键移至页面中间位置，如图2-53所示。

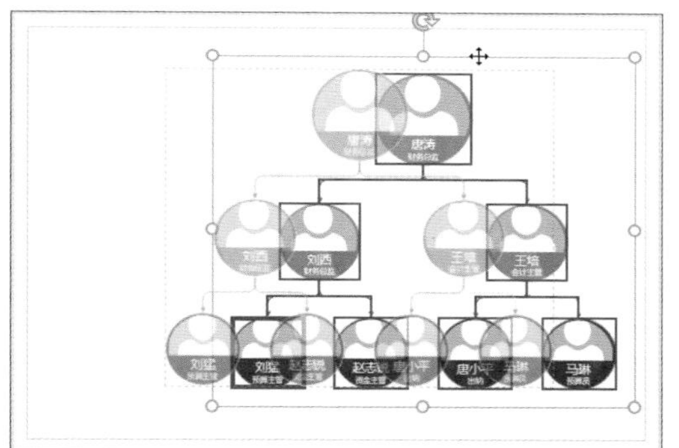

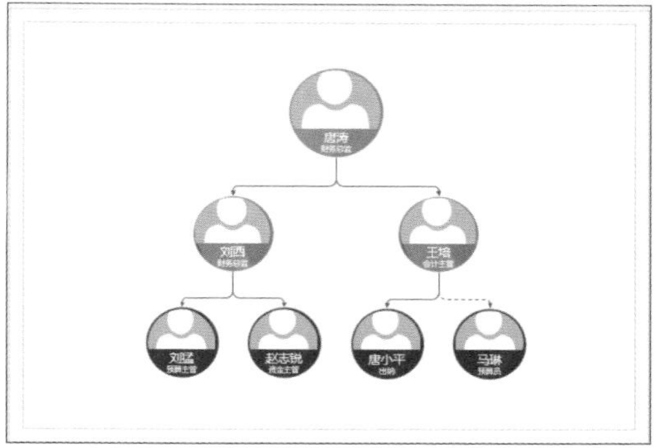

图 2-53

Step 08 在“设计”选项卡中单击“背景”下拉按钮，在弹出的列表中选择满意的背景样式，为该组织图添加背景，如图2-54所示。

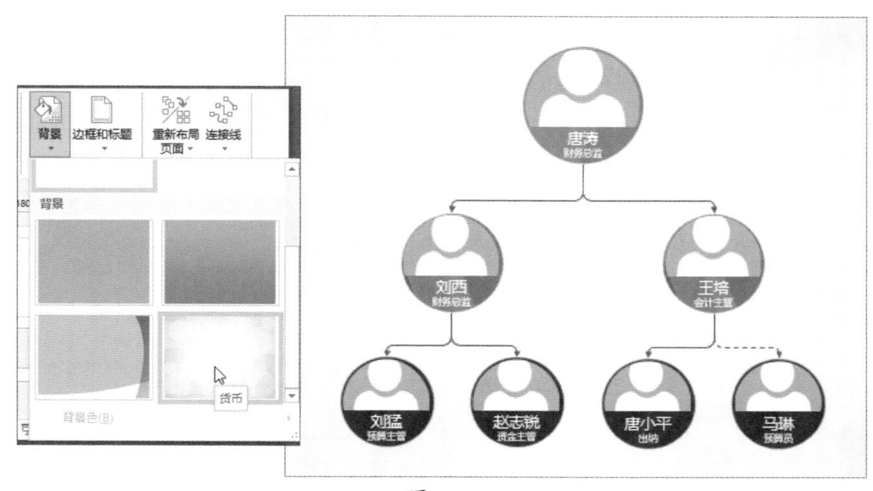

图 2-54

新手答疑

1. Q：为什么要分前景页和背景页？直接在前景页中加入背景可以吗？

A：背景页的作用是为整篇文档统一风格和格式。设置好背景页后，可以关联到前景页并设置前景页的图表内容。在前景页插入背景适用于页面较少的情况，如果前景页较多，就会很耗时间。

2. Q：页面设置中也有打印设置，二者都有尺寸、方向设置等，有什么联系和区别？

A：页面设置指整个绘图页的默认尺寸大小、方向，而打印设置是针对打印机及使用的打印纸的设置。默认情况下页面设置和打印机设置是相同的。如绘图页较大，在打印时可以缩小打印比例，绘图页较小可以放大打印比例。

在页面设置界面中，可以清晰地看到打印纸的尺寸和绘图页的尺寸，以及当前的缩放比，如图2-55所示。

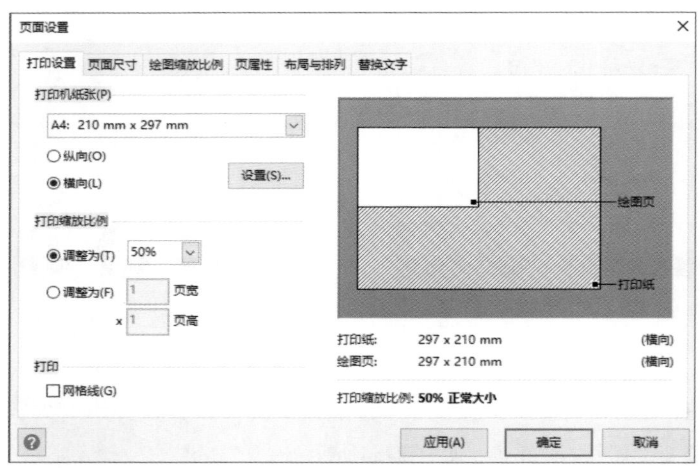

图 2-55

3. Q：除了本书外，还有没有系统性的 Visio 教程可以学习？

A：Office系列软件都提供简单的培训，用户可以在“帮助”选项卡的“帮助”选项组中单击“显示培训内容”按钮，在右侧的“帮助”窗格中，可以查看到Visio的基础教程，如图2-56所示。

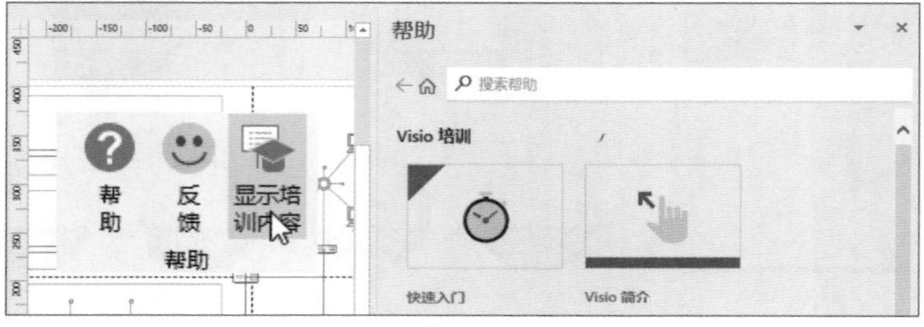

图 2-56

第3章 形状功能的应用

形状是构成Visio图表的基本元素。Visio软件中存储了各类形状，以满足用户日常绘图的需求。本章着重对形状的基本操作进行介绍，其中包括形状的编辑、形状的连接以及形状的美化。

3.1 了解形状

形状是组成Visio图表的重要元素，包含图片、公式、各种线条、文本框等。Visio的绘图思路是按照绘制方案，先调入各种形状，然后合理排列、组合，最后连接各种形状。下面对形状的分类及导入进行介绍。

3.1.1 形状的分类

在Visio中形状表示对象和概念。根据形状的维度，可分为一维形状和二维形状。

1. 一维形状

一维形状与线条类似，选定后在该线条的起点和终点处显示移动端点，如图3-1所示。这两个移动端点用来连接形状。在编辑一维形状时，只有一个维度发生变化，那就是长度。

2. 二维形状

二维形状在选定后显示该形状周边多个形状手柄，如图3-2所示。在编辑二维形状时，拖动相应的手柄，会在长度和宽度两个维度上发生变化。

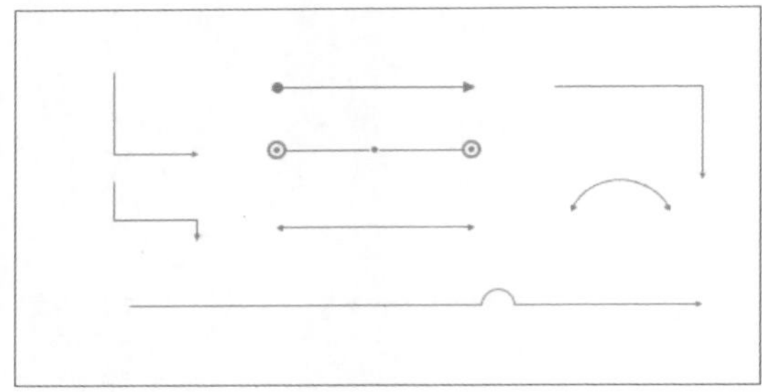

图 3-1

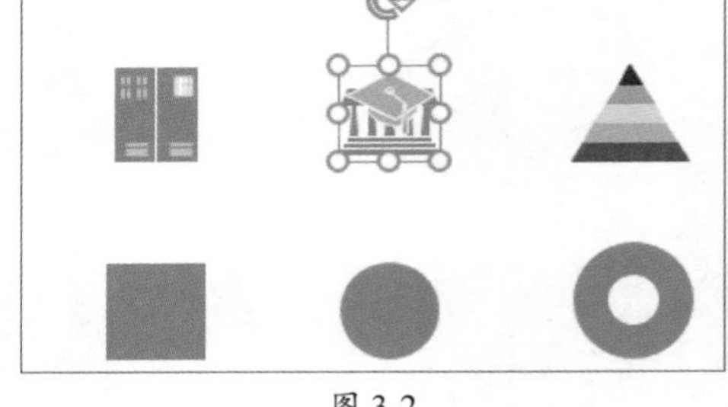

图 3-2

3.1.2 形状手柄

形状手柄是形状周围的控制点，只有在选择形状时才会显示形状手柄。其主要作用是调整图形的大小、图形的旋转等。下面对形状手柄的几种常见类型进行介绍。

1. 选择手柄

选择形状后，形状四周会显示多个空心圆，这些空心圆就叫作选择手柄。将光标放置于所需的选择手柄上，当光标显示实心双向箭头时，如图3-3所示，按住鼠标左键不放，将其拖至合适位置，可对该图形的大小进行调整，如图3-4所示。

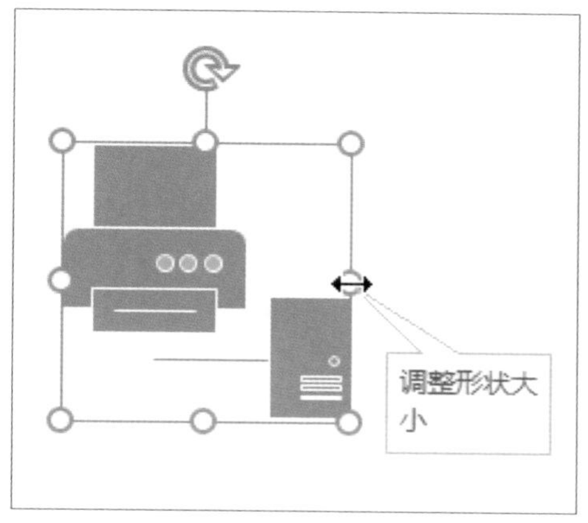

图 3-3

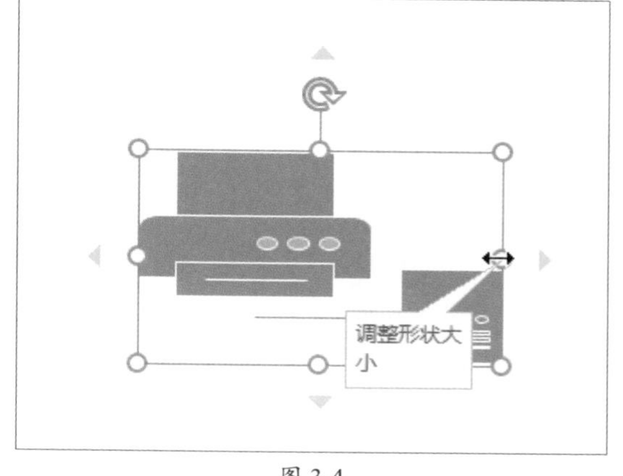

图 3-4

2. 控制手柄

控制手柄用来调整形状的角度和方向，通常以黄色实心圆来显示，如图3-5所示。利用它可以对形状的外观进行调整，如图3-6所示。根据形状的不同，控制手柄也会有不同的改变效果。

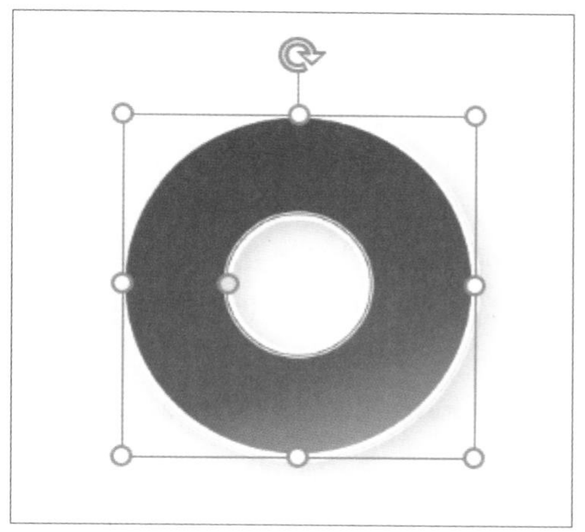

图 3-5

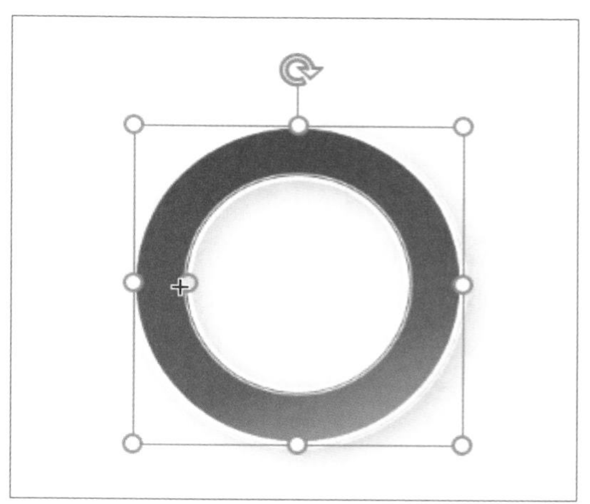

图 3-6

注意事项

不是所有形状都有控制手柄功能，例如矩形、正方形、椭圆形、圆形、正多边形以及所有图标或图片都没有控制手柄。只有选中形状后，带有黄色实心圆的形状才可通过控制手柄来调整。

3. 锁定手柄

当形状周围出现“⊘”图标时，说明当前形状为锁定状态，如图3-7所示。此时用户无法对形状的大小进行调整。

4. 旋转手柄

旋转手柄主要用于形状的旋转操作。选中形状后，在该形状顶端显示旋转符号，该符号即为旋转手柄，如图3-8所示。使用鼠标拖曳可旋转该形状。

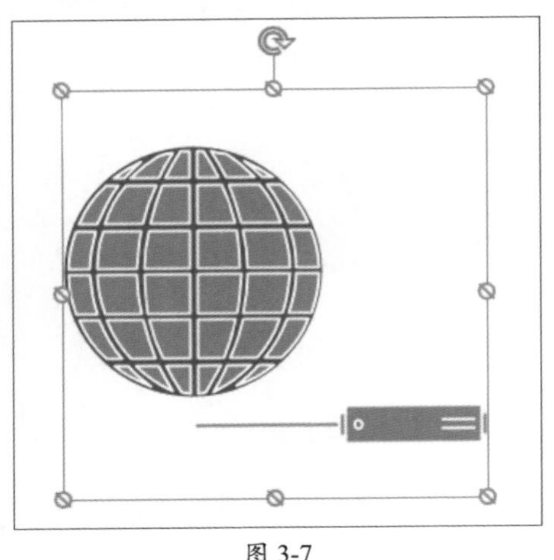

图 3-7

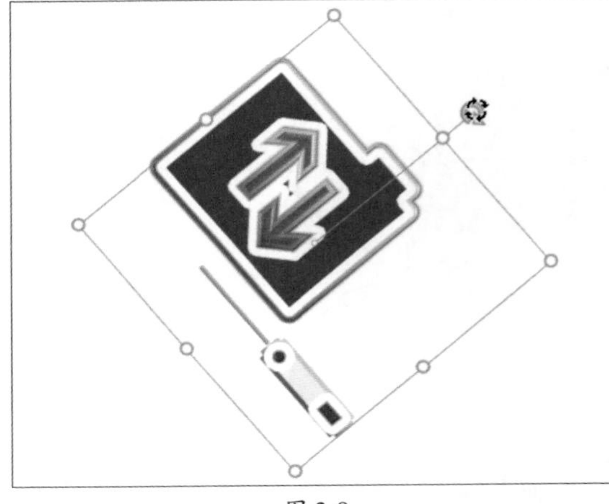

图 3-8

动手练 导入自定义形状集

扫码看视频

在绘制过程中难免会遇到各类形状的调用。用户除了导入系统内置的形状集外，还可以根据需求导入自定义的形状集，以方便各类图表的绘制。下面介绍自定义形状集的导入操作。

Step 01 在“形状”窗格中选择“更多形状”选项，在级联菜单中选择“我的形状”选项，然后在下一级列表中选择“组织我的形状”选项，如图3-9所示。

Step 02 在打开的“我的形状”文件夹中，用户收藏的形状集放置于此。其中有默认的“收藏夹”文件，用来存储用户指定的常用图形。用户可以将网上下载的图形集文件放到该文件夹中，如图3-10所示。

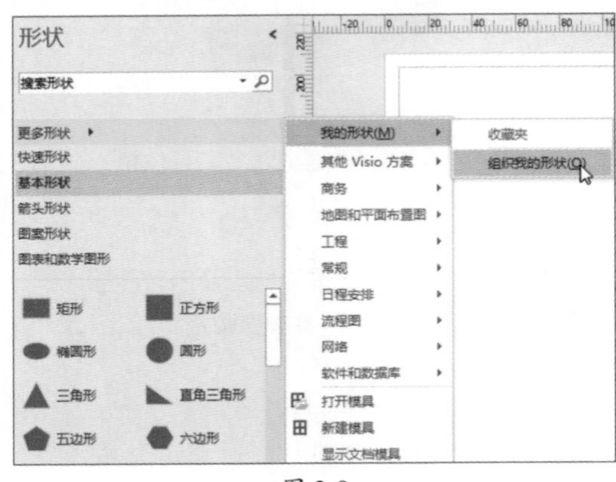

图 3-9

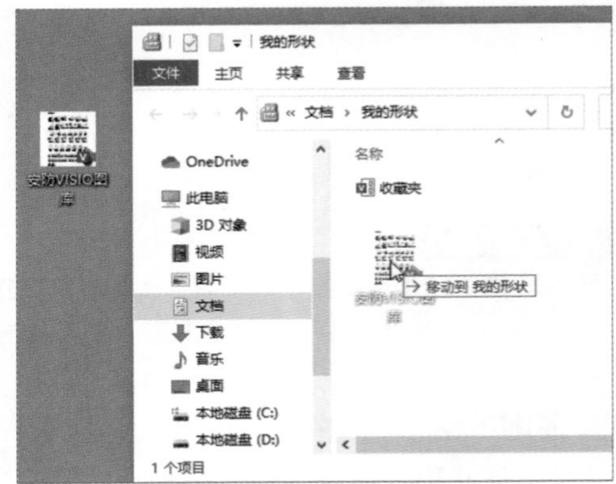

图 3-10

Step 03 关闭该文件夹。返回到软件界面后，在“我的形状”级联菜单中显示刚添加的形状集名称，如图3-11所示。

Step 04 选择该形状集，系统在“形状”窗格下方显示相应的形状列表，如图3-12所示。

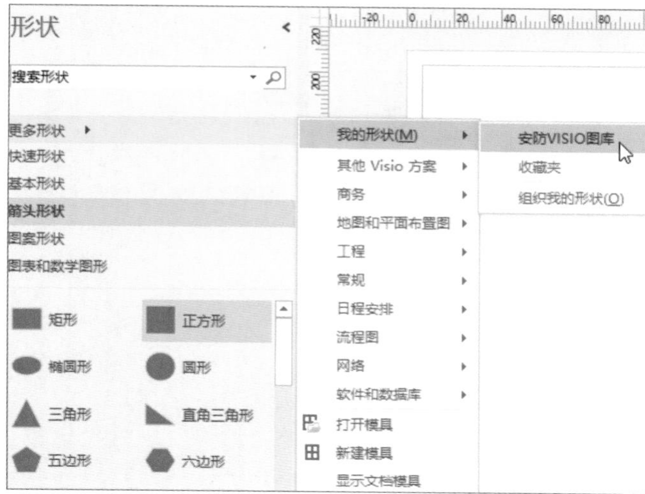

图 3-11

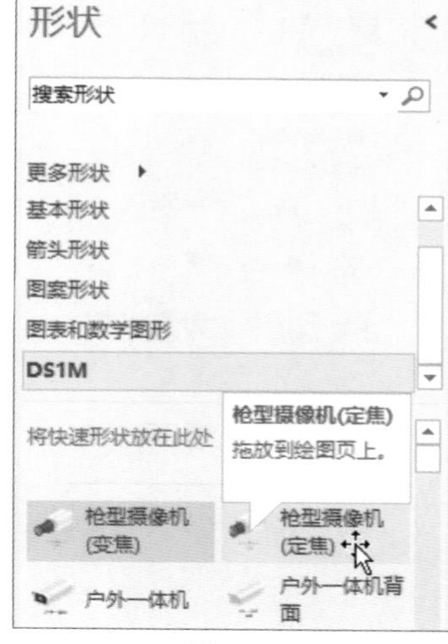

图 3-12

注意事项

在“我的形状”文件夹中，默认的“收藏夹.vssx”文件扩展名为VSSX，而普通的Visio文档的扩展名为VSD。自定义图形集是VSD或者其他格式，可以在Visio软件中利用另存为操作，将其保存为VSSX的格式即可使用。

3.2 绘制与编辑形状

形状素材准备好后，就可以在绘图区中利用形状进行绘制。本节将介绍形状的绘制与编辑操作。

3.2.1 绘制形状

在Visio软件中绘制形状的方法很简单，用户可以通过以下两种方法来绘制。

扫码看视频

1. 调用形状模块

在“形状”窗格中，根据需要选择所需的形状模块，拖曳至绘图区合适位置即可，如图3-13所示。

如果用户需要对调入的形状模块进行更改，可先选中该模块，在“开始”选项卡中单击“更改形状”下拉按钮，在弹出的列表中选择新模块即可，如图3-14所示。

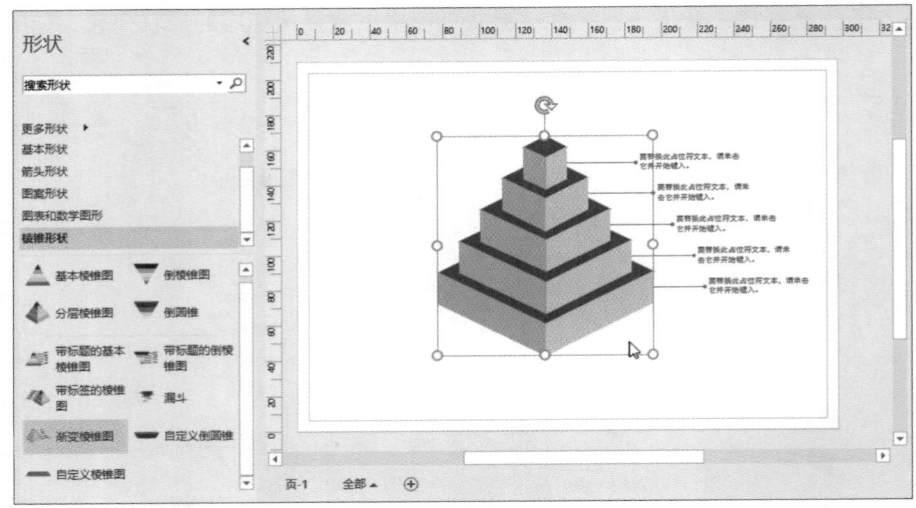

图 3-13

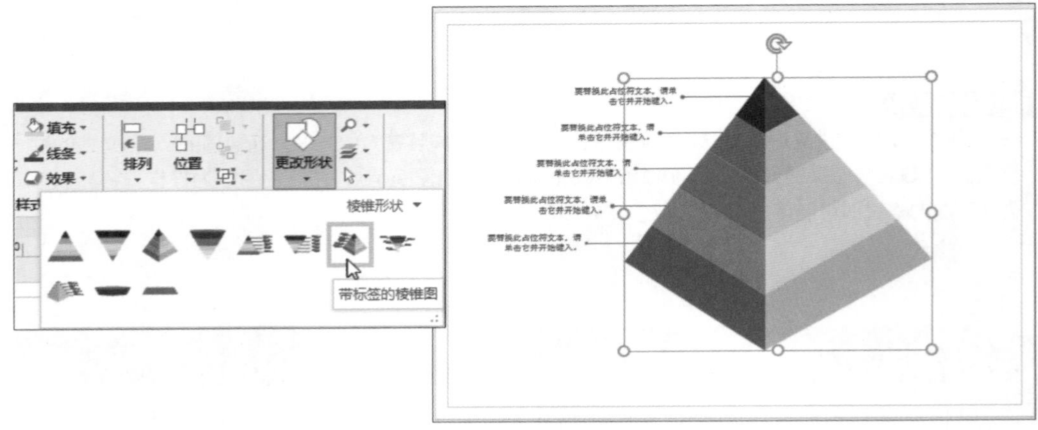

图 3-14

2. 绘制自定义形状

除了调用形状模块外，用户还可以根据需求自行绘制形状。在“开始”选项卡的“工具”选项组中单击“矩形”下拉按钮，在打开的列表中选择一种形状，例如选择“椭圆”形状，如图3-15所示。在绘图区中按住Shift键，并指定好形状的起点，拖曳光标至合适位置，放开鼠标可绘制出正圆形，如图3-16所示。

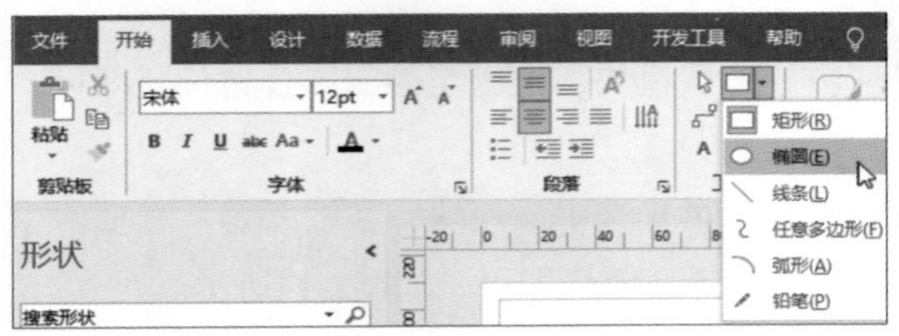

图 3-15

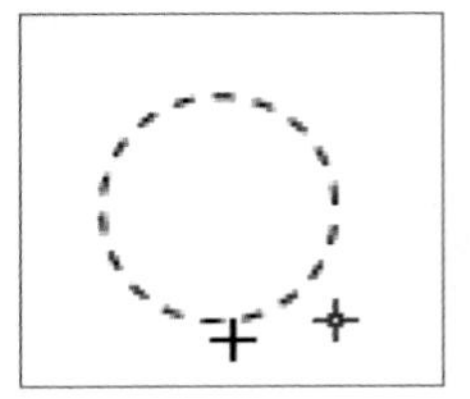

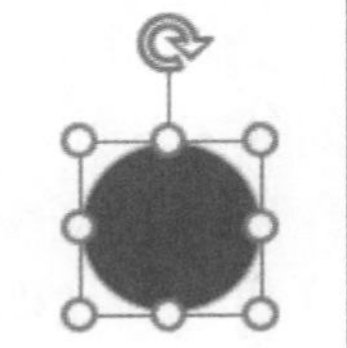

图 3-16

按照同样的绘制方法，可以绘制出其他形状，例如直线、任意多边形、弧形等，如图3-17所示。

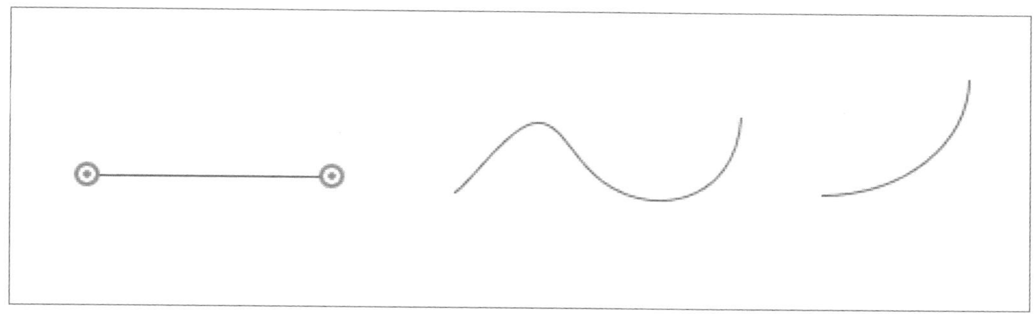

图 3-17

知识点拨

如果对绘制的形状进行修剪，可在“开发工具”选项卡的“形状设计”选项组中单击“操作”下拉按钮，在弹出的列表中选择修剪工具进行操作，如图3-18所示。默认情况下“开发工具”选项卡不显示，用户可在“Visio 选项”对话框中选择“自定义功能区”选项，并在右侧列表中勾选“开发工具”复选框，单击“确定”按钮调出“开发工具”选项卡，如图3-19所示。

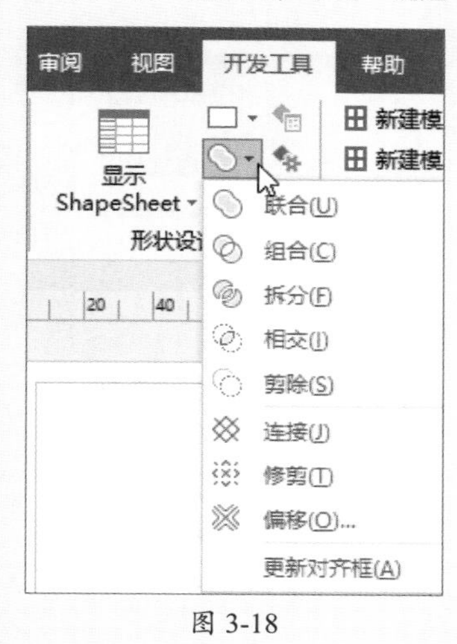

图 3-18

图 3-19

3.2.2 选择形状

形状绘制完成后，用户可对其进行基本的编辑操作。在编辑形状前，需要先选中形状。选择形状的方法有很多，下面介绍几种常见的选择操作。

1. 选择单个形状

在绘图区中单击某形状即可将其选中，如图3-20所示。

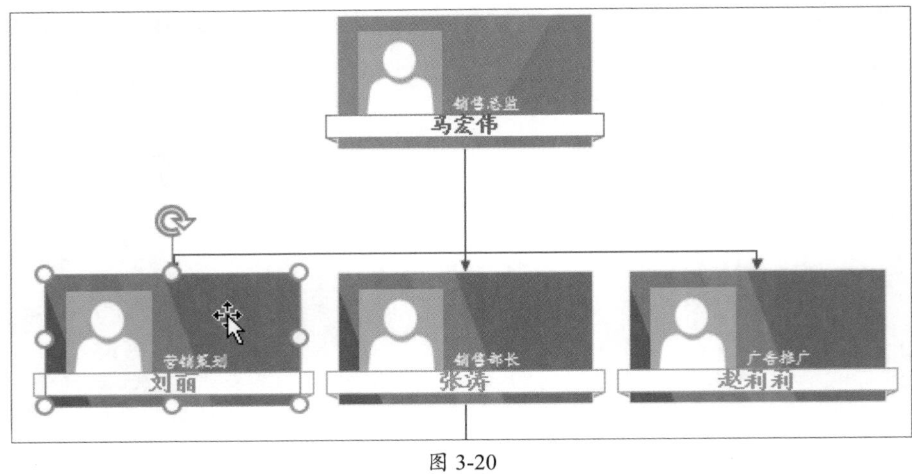

图 3-20

2. 选择多个不相邻的形状

如果选择多个不相邻的形状，只需按住Ctrl键，并移动光标至所需形状上，此时光标右上角会显示“+”号，单击该形状即可选中，如图3-21所示。

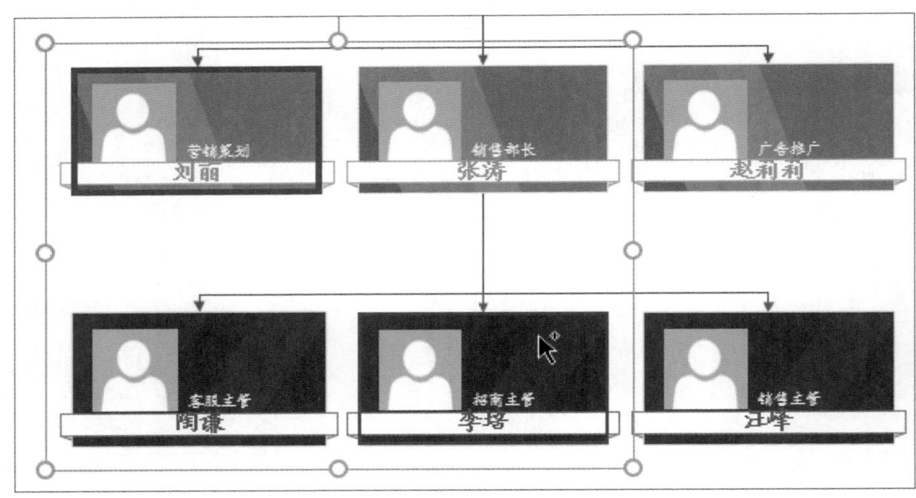

图 3-21

> **知识点拨**
>
> 在多选的情况下，如果想要取消选择某形状，只需再次按Ctrl键，单击该形状即可取消选择。

3. 选择多个相邻的形状

如果需要选择多个相邻的形状，可使用鼠标框选的方法操作。在绘图区中指定好框选的起点，按住鼠标左键不放，将其拖至对角点，如图3-22所示。当所需形状都显示在框选范围内时，放开鼠标左键即可完成框选操作，如图3-23所示。

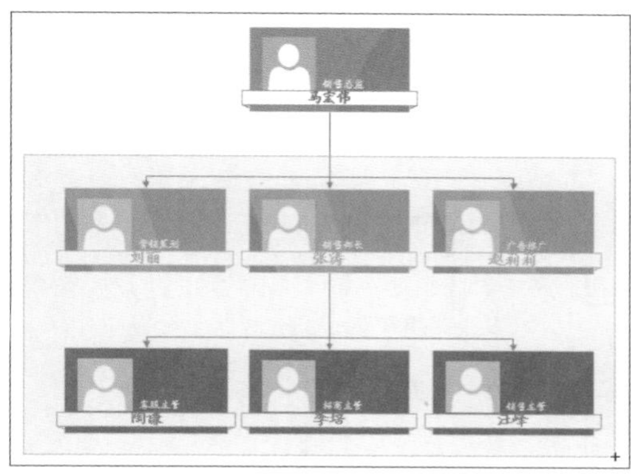

图 3-22

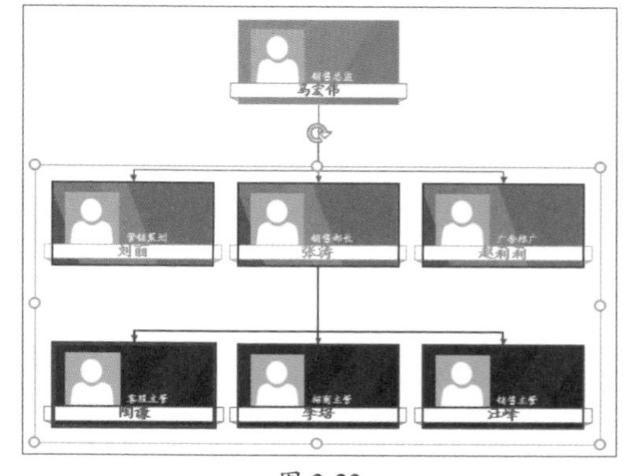

图 3-23

知识点拨

想要快速地选中图表内所有图形，只需按Ctrl+A组合键即可。

动手练 使用套索工具选择多个形状

扫码看视频

选择多个不相邻的形状除了使用Ctrl键+单击选择的方式，还可以利用套索工具，下面介绍具体的选择操作。

Step 01 打开“工作流程”素材文件，在“开始”选项卡中单击“选择”下拉按钮，在弹出的列表中选择“套索选择”选项，如图3-24所示。

Step 02 在绘图区中指定选择起点，按住鼠标左键不放，移动鼠标绘制出框选边线，将所需形状都包含在边线内，如图3-25所示。

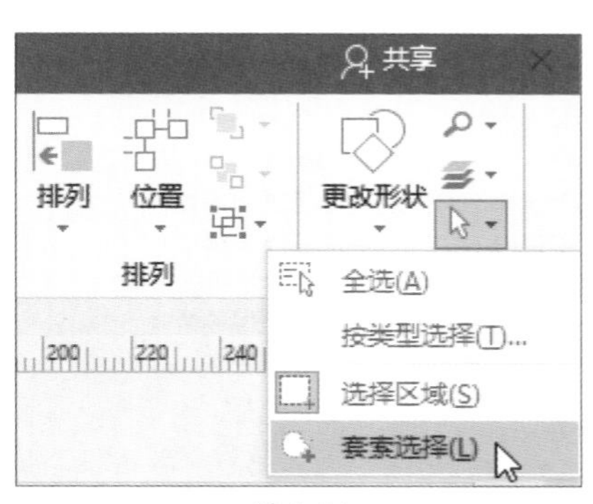

图 3-24

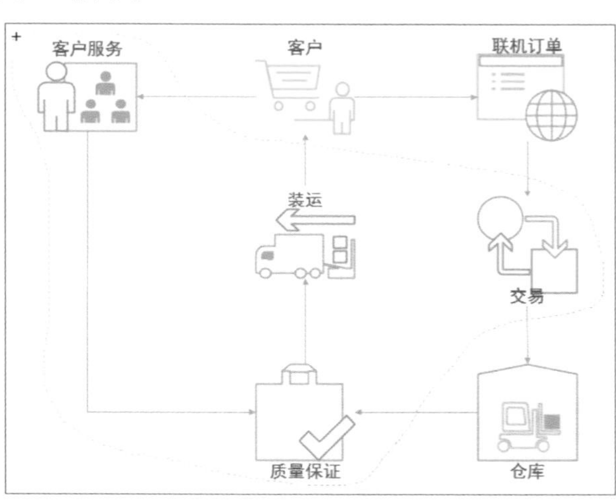

图 3-25

Step 03 此时被选中的形状会显示出相应的外框线，如图3-26所示。

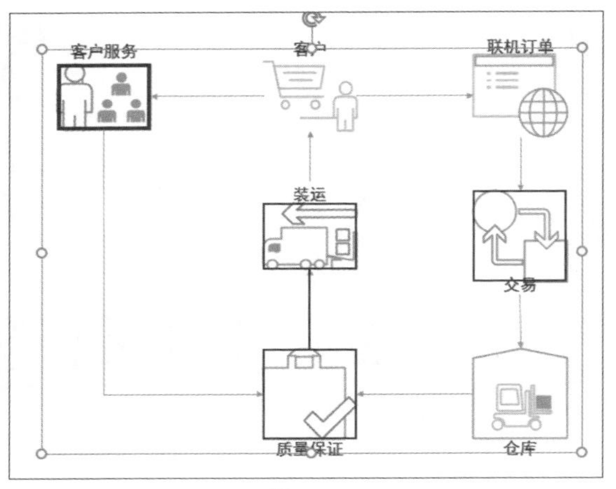

图 3-26

注意事项

使用了套索工具后，鼠标选择状态将一直处于套索选取模式。用户需要在“选择”列表中选择“选择区域”选项，才能恢复正常选择模式。

3.2.3　移动形状

移动形状非常简单，选中形状后使用鼠标拖至新位置即可。此外，用户还可以进行更精确的移动操作，下面介绍具体的设置与操作方法。

1. 利用参考线移动

参考线可以在创建图形、移动图形、复制图形时为用户提供参考基准。在“视图”选项卡的“视觉帮助”选项组中单击“对齐和粘附”按钮，如图3-27所示。在弹出的“对齐和粘附”对话框的“对齐”和“粘附到”选项组中勾选“参考线”复选框，单击“确定”按钮，如图3-28所示。

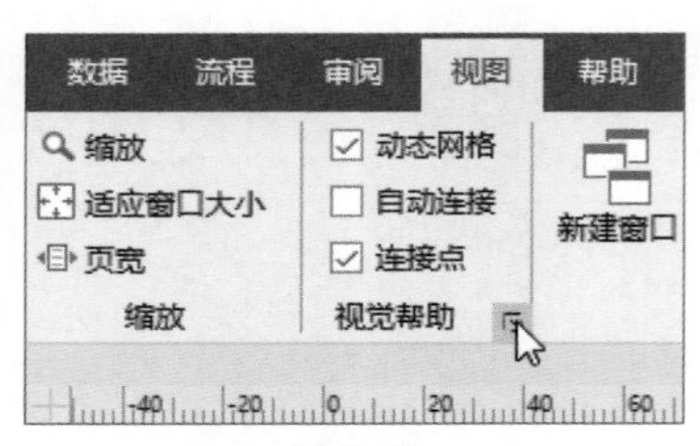

图 3-27

图 3-28

将光标移至绘图区上方或左侧的标尺上，当光标变成双向箭头时，按住鼠标左键拖动，Visio会自动生成参考线，如图3-29所示。将参考线移动至所需位置，松开鼠标左键完成参考线的添加操作，如图3-30所示。

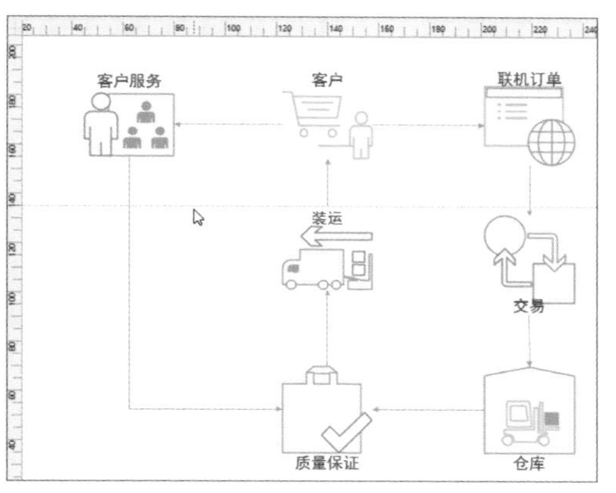

图 3-29

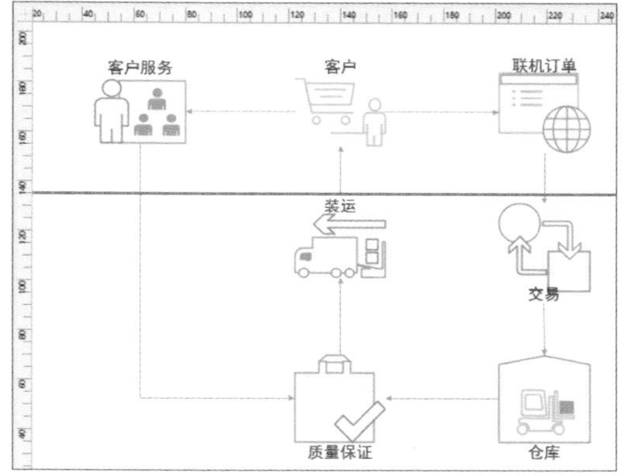

图 3-30

调整好参考线位置后，选中要移动的形状，将其移至参考线附近，形状将自动吸附至参考线上，如图3-31所示。

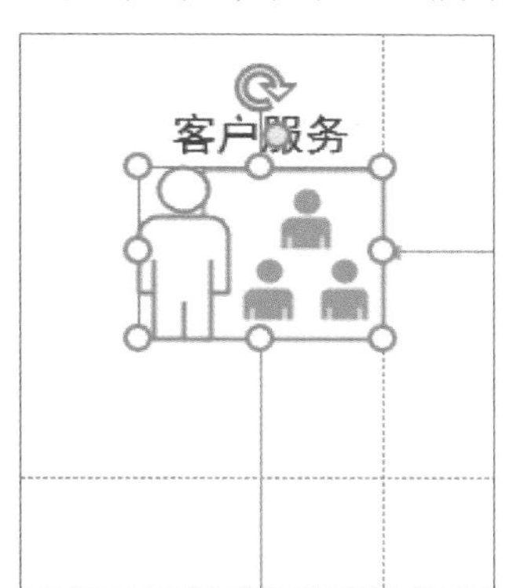

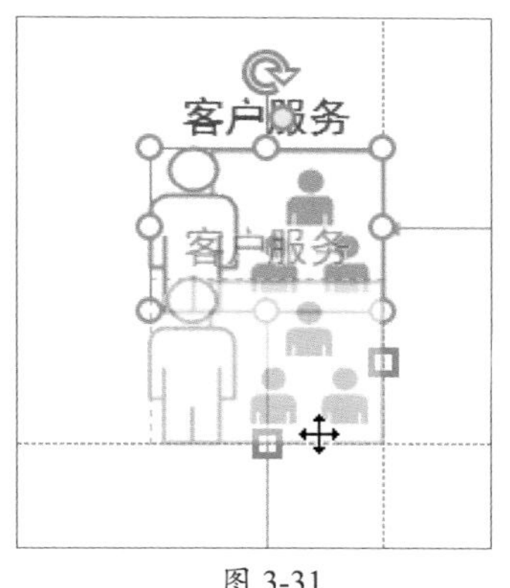

图 3-31

2. 使用“大小和位置”窗格

利用“大小和位置”窗格可以精确地移动形状。选中形状，打开“大小和位置”窗格（具体操作可参阅1.2.2节内容），修改X与Y数值进行重新定位，如图3-32所示。在设置X、Y数值时，需要参考其他图形的位置。设置完成后按Enter键，如图3-33所示。

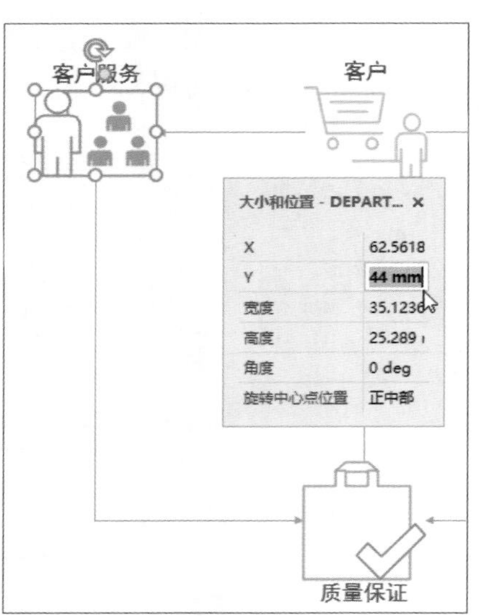

图 3-32

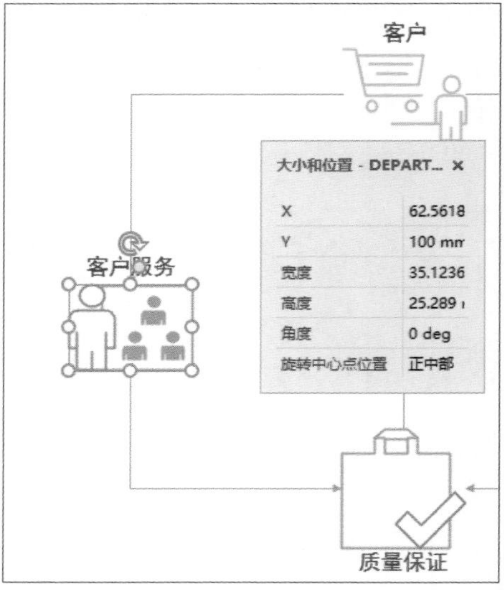

图 3-33

3.2.4 翻转形状

如果需要将形状进行镜像翻转，可使用“旋转形状”功能进行操作。选中图形后，在“开始”选项卡的“排列”选项组中单击“位置”下拉按钮，在弹出的列表中选择“旋转形状”选项，在其级联菜单中选择相关的翻转选项即可，如图3-34所示。

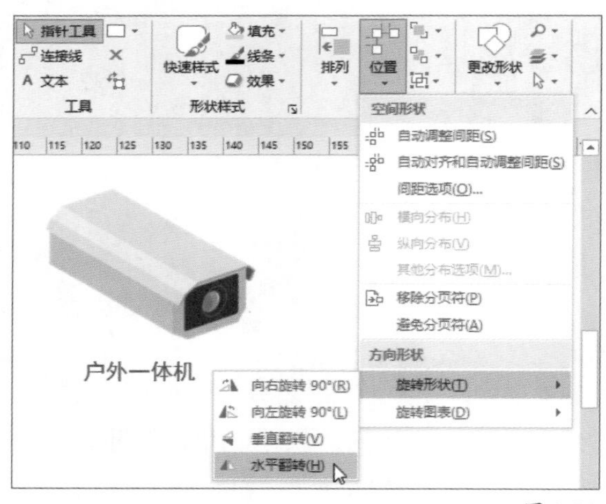

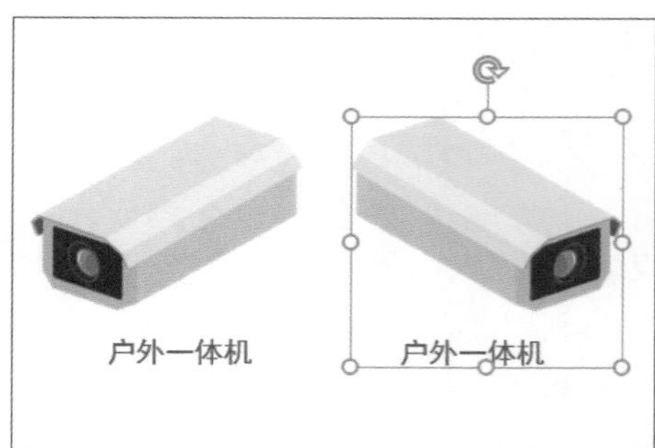

图 3-34

3.2.5 对齐及分布形状

对齐形状是将多个形状沿着水平轴或垂直轴方向进行对齐。分布形状是在绘图区中平均分布多个选定形状。其中垂直分布是将所选多个形状的垂直间隔保持一致；水平分布是将所选多个形状的水平间隔保持一致。

1. 对齐形状

在“开始”选项卡中单击“排列”下拉按钮，在弹出的列表中选择一项对齐方式。图3-35所示是水平居中效果，图3-36所示是顶端对齐效果。

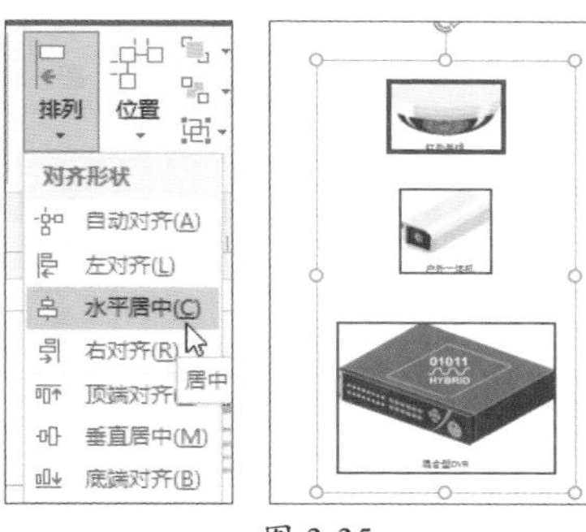

图 3-35

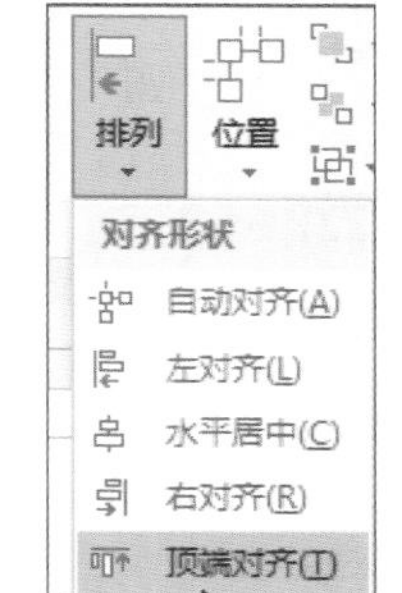

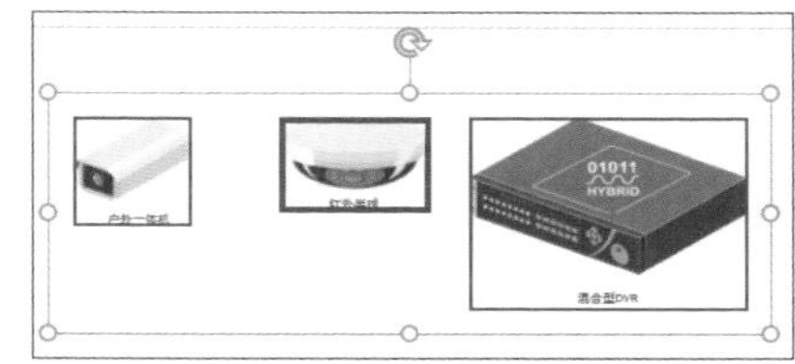

图 3-36

注意事项 选中多个形状后，第一个选中的形状为基准形状，其他形状以基准形状为对齐参考。

2. 分布形状

选中形状，在“开始”选项卡中单击“位置”下拉按钮，在弹出的列表中选择分布选项，这里选择“横向分布”选项，效果如图3-37所示。

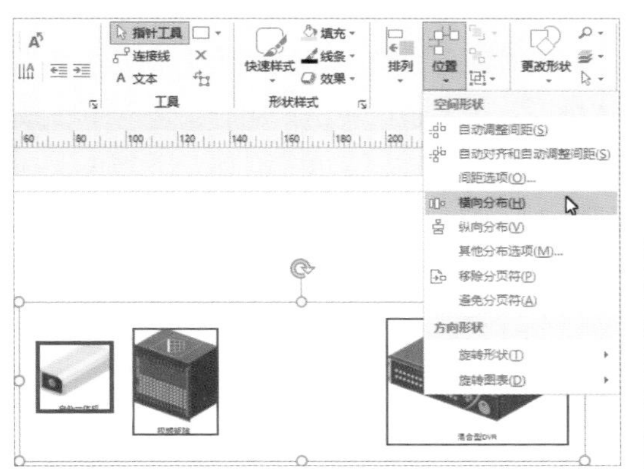

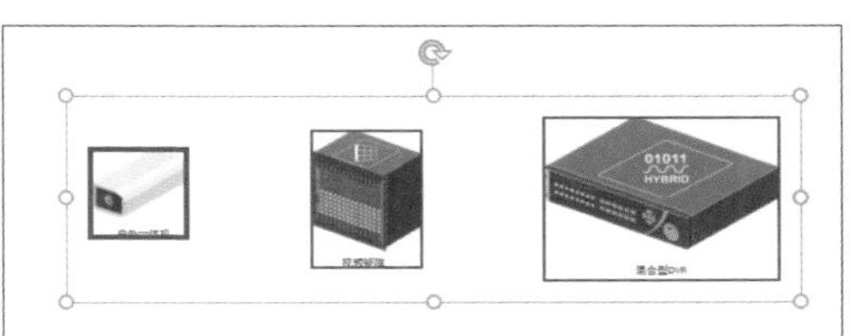

图 3-37

动手练 将工作流程模块进行平均分布

下面综合利用形状对齐功能，对工作流程模块进行水平、垂直分布操作。

扫码看视频

Step 01 打开“工作流程”素材文件。框选绘图区中4个形状模块，在“开始”选项卡中单击“排列”下拉按钮，在弹出的列表中选择“垂直居中”选项，如图3-38所示。

Step 02 在“开始”选项卡中单击“位置”下拉按钮，在弹出的列表中选择“横向分布”选项，如图3-39所示。

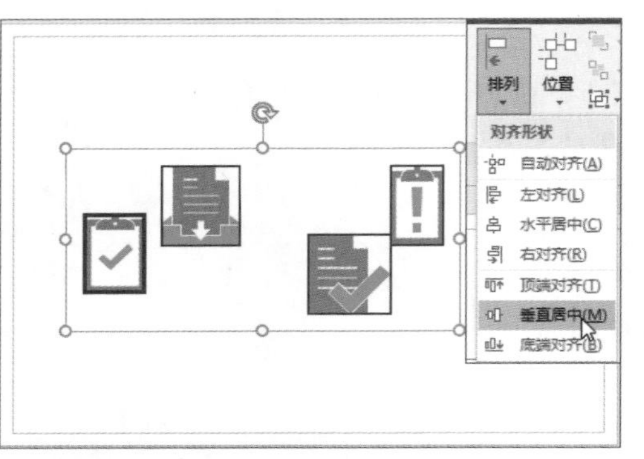

图 3-38

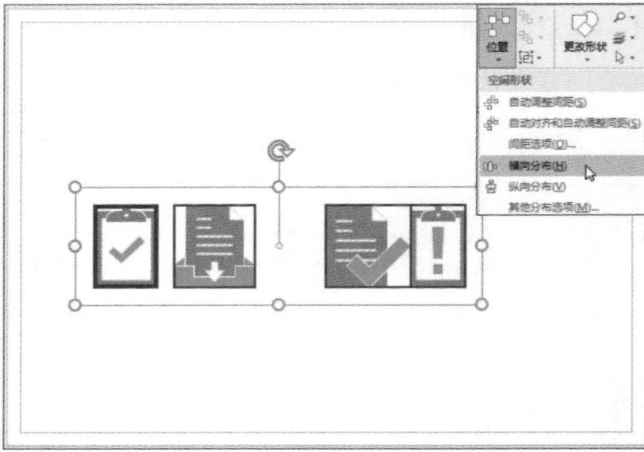

图 3-39

Step 03 选择之后可实时查看对齐效果，如图3-40所示。

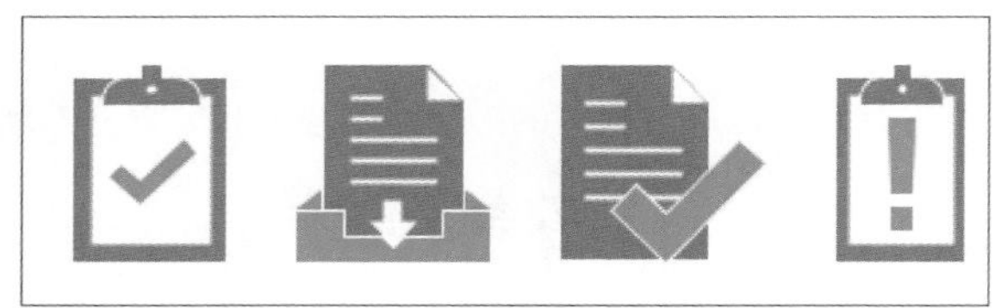

图 3-40

3.2.6 组合形状

组合功能可以将多个单独的形状组合在一起，方便用户统一选择或编辑。具体操作为：先选中多个形状，在“开始”选项卡的“排列”选项组中单击“组合对象”下拉按钮，在弹出的列表中选择“组合”选项，即可完成组合操作，如图3-41所示。当再次选择该形状组时，会选中所有组合的形状，如图3-42所示。

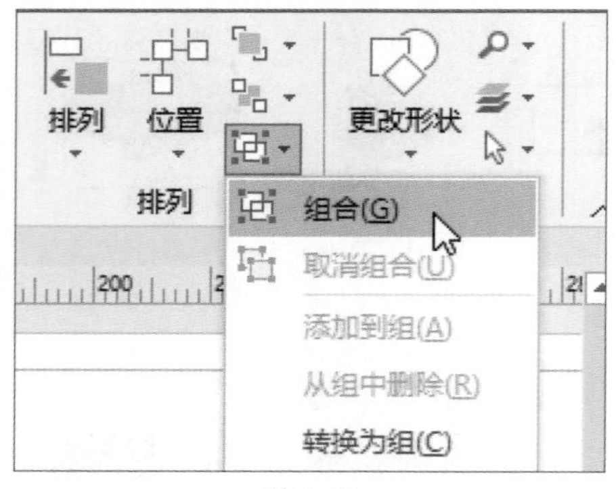

图 3-41

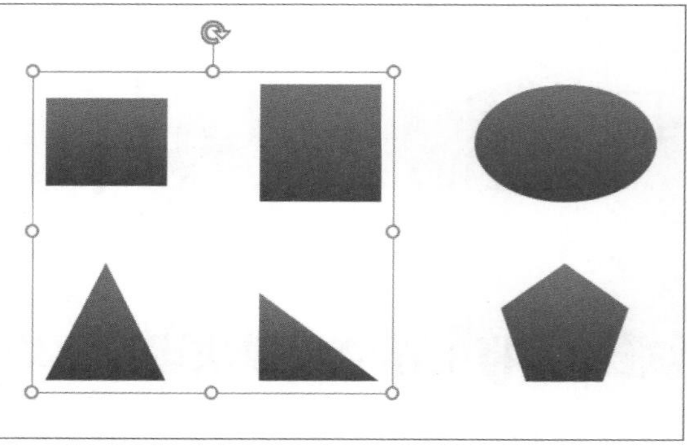

图 3-42

知识点拨

对于已经组合的形状，要取消组合，首先选择该形状组，然后在“组合对象”下拉列表中选择“取消组合”选项，就可以取消组合。如果要删除组合形状中的某一个形状，先选择该形状，然后在“组合对象”列表中选择“从组中删除”选项，即可将其从当前形状组中删除。

3.2.7 叠放形状

当多个形状叠放时，可以对叠放顺序进行调整。选择要调整的形状，在“开始”选项卡的“排列”选项组中单击“置于顶层”下拉按钮，在弹出的列表中选择“置于顶层”选项，如图3-43所示。此时，选中的形状会显示在最顶层，如图3-44所示。

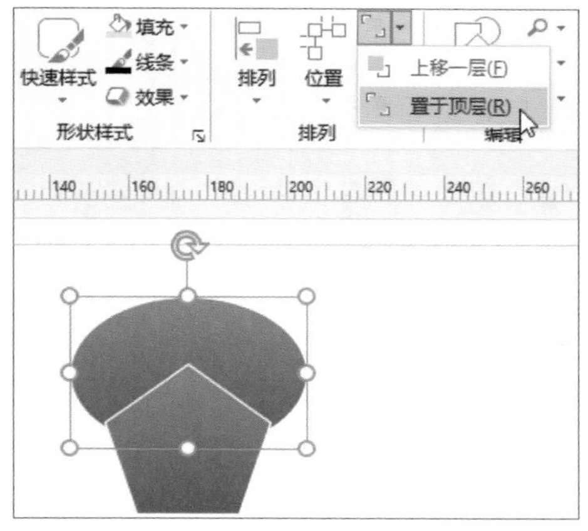

图 3-43

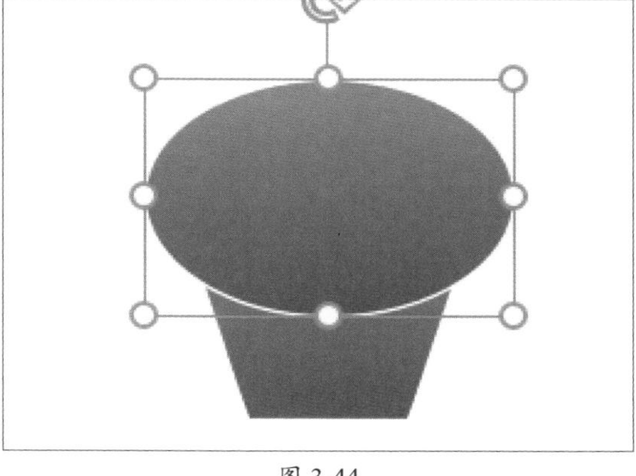

图 3-44

在“置于顶层”选项组中，用户还可根据需要设置其他的叠放选项，例如，“上移一层”“置于底层”“下移一层”。

3.3 美化形状

形状绘制完成后，用户可以对其进行适当的美化操作，以增加图表的美观性。本节将介绍形状美化的一些基本操作。

3.3.1 使用内置快速样式

Visio软件提供多种主题样式和变体样式，方便用户快速设置形状样式。

选中图形，在“开始”选项卡的“形状样式”选项组中选择一款满意的样式。选择完成后即可查看设置的样式效果，如图3-45所示。

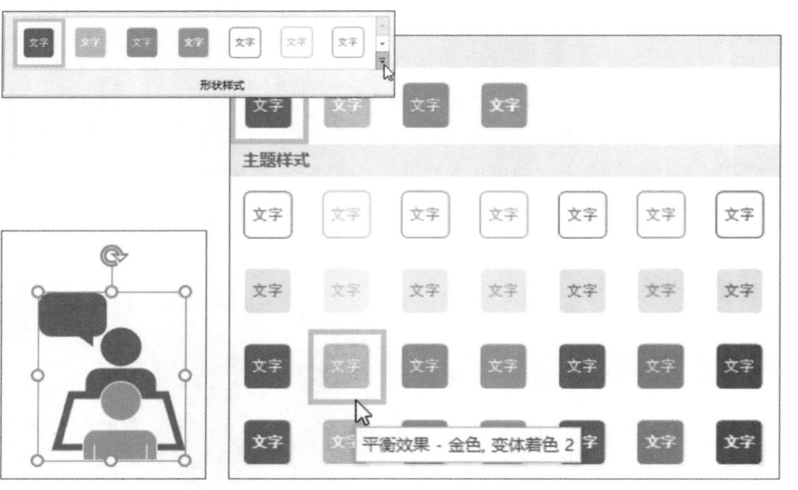

图 3-45

3.3.2 自定义样式

系统内置的样式无法满足需求时，用户可以对样式进行自定义操作。例如设置形状的填充色、线条、效果等。

选中所需形状后，在“开始”选项卡的“形状样式”选项组中单击“填充”下拉按钮，在弹出的列表中选择一种颜色，即可对当前形状的填充色进行更改，如图3-46所示。

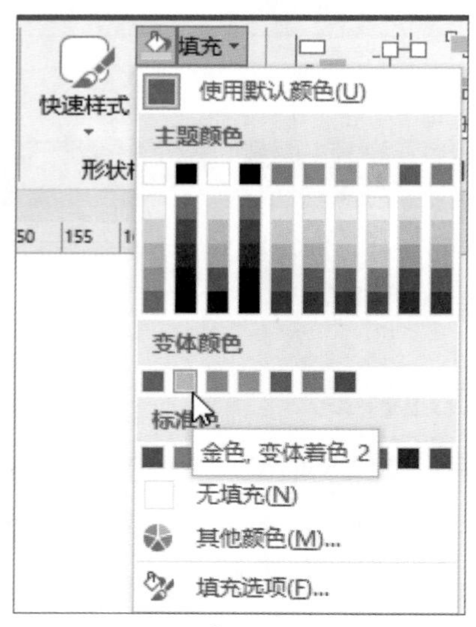

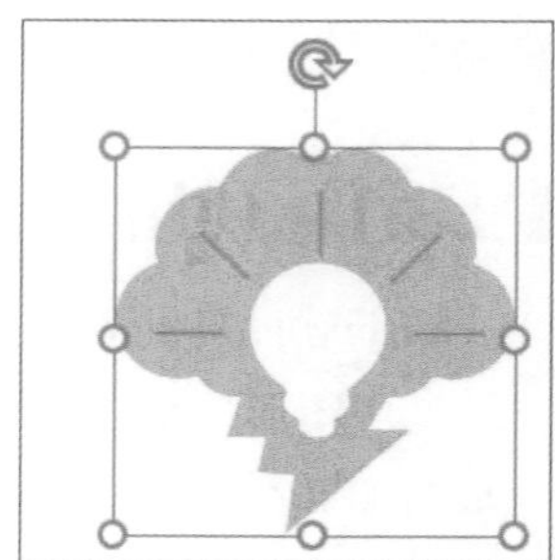

图 3-46

在该选项组中单击“线条”下拉按钮，在弹出的列表中可以对形状轮廓线的颜色、粗细、箭头样式进行设置，如图3-47所示。

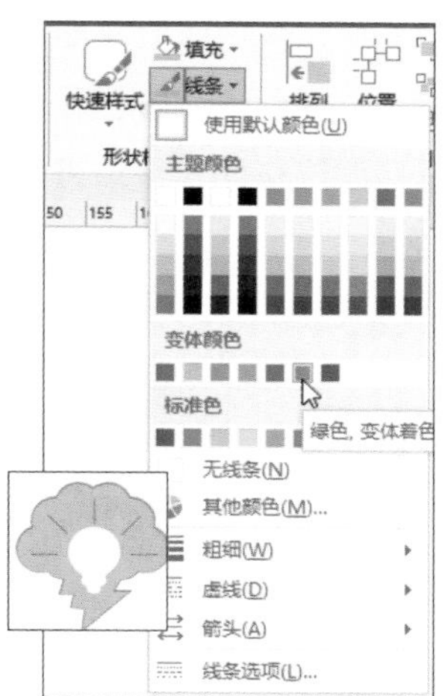

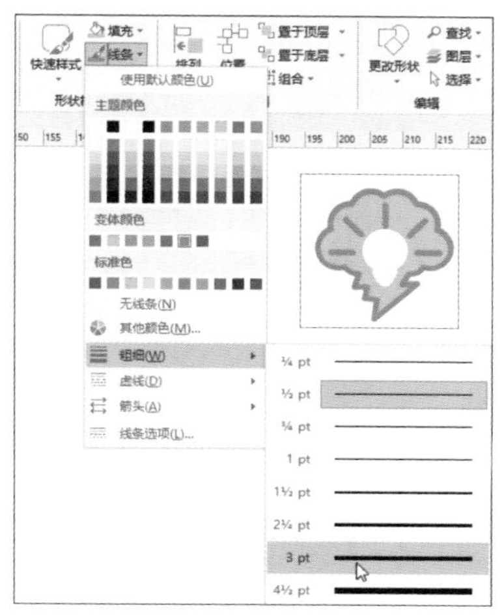

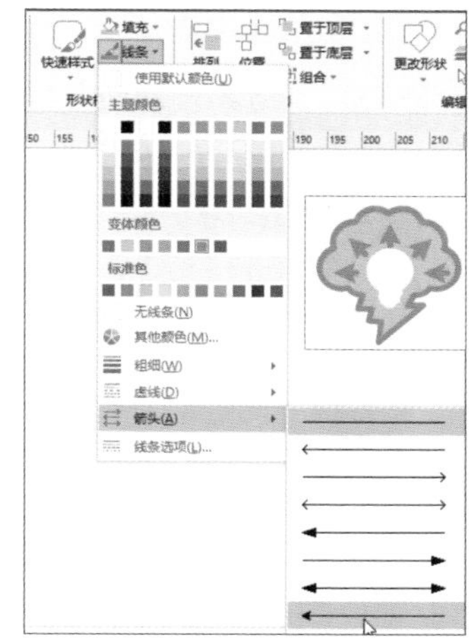

图 3-47

单击“效果”下拉按钮，在弹出的列表中可以对当前形状的外观效果进行设置。例如为形状添加阴影（如图3-48所示），添加映像（如图3-49所示）。

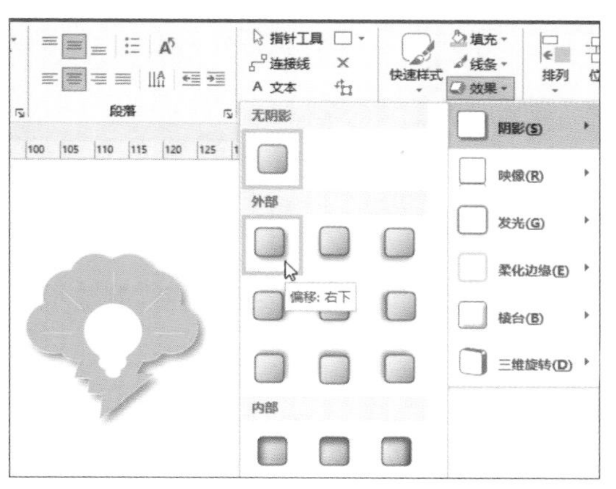

图 3-48

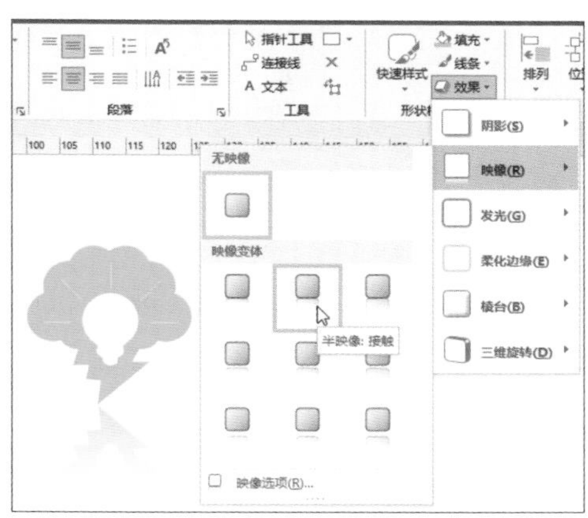

图 3-49

 3.4 连接形状

形状绘制完成后，通常需要将多个形状相互连接起来，形成一个完整的逻辑结构图形。用户可以通过自动连接和手动连接两种方式进行连接操作，下面对连接的具体操作进行介绍。

3.4.1 自动连接

利用自动连接功能可以将所连接的形状快速添加到图表中，并且每个形状在添加的过程中都能够保持均匀分布的状态。

在绘图区中先创建一个形状模块，然后将光标悬停在该形状上，此时该形状四周会显示三角箭头，如图3-50所示。将光标移至三角箭头上，随即会打开连接列表，在此处选择要连接的形状模块，如图3-51所示。选择完成后即可完成自动连接操作，结果如图3-52所示。

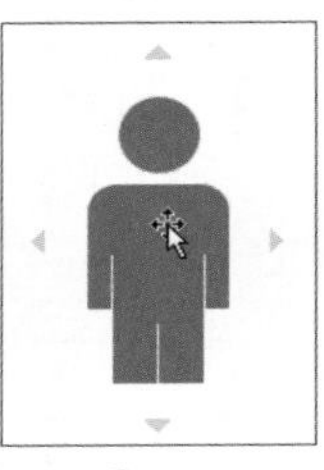

图 3-50

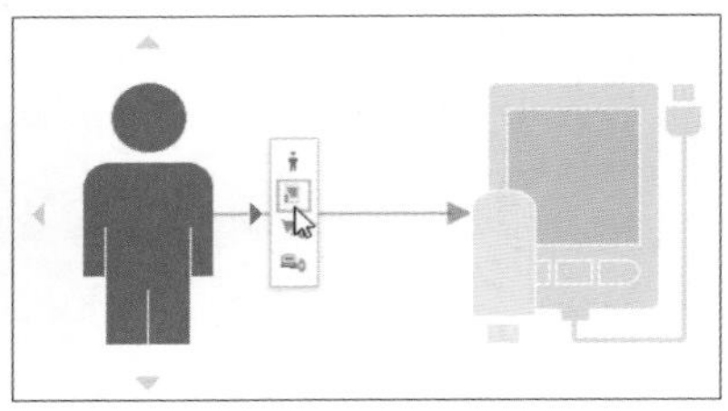

图 3-51

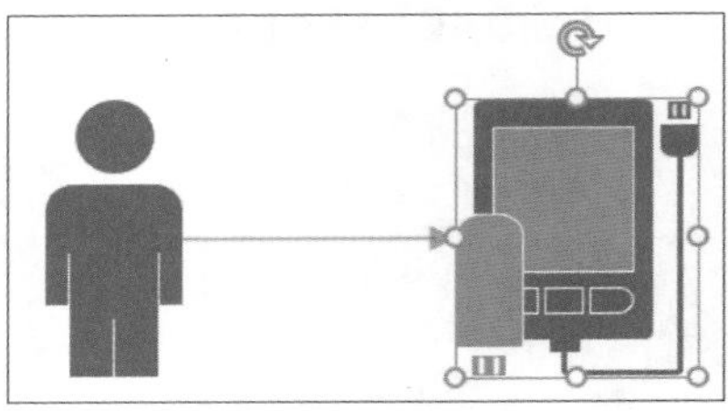

图 3-52

注意事项

默认情况下，自动连接功能是开启状态。如果在操作过程中发现该功能未开启，只需在“视图”选项卡中勾选“自动连接”复选框，即可开启该功能，如图3-53所示。

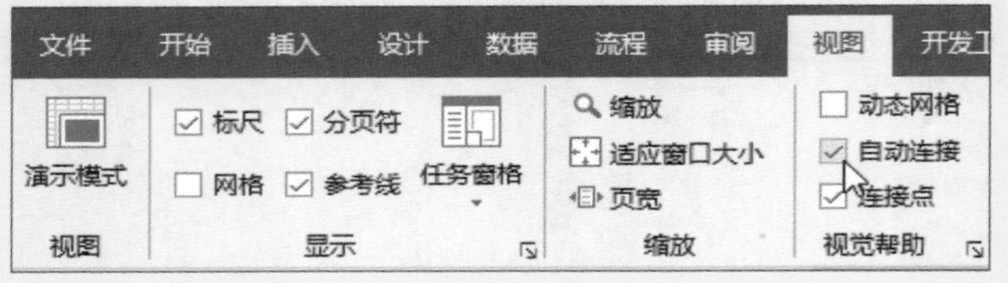

图 3-53

如果绘图区中已有形状，那么用户只需将光标悬浮在第一个形状上，当出现三角箭头时，单击该箭头即可将其连接到下一个形状，如图3-54所示。

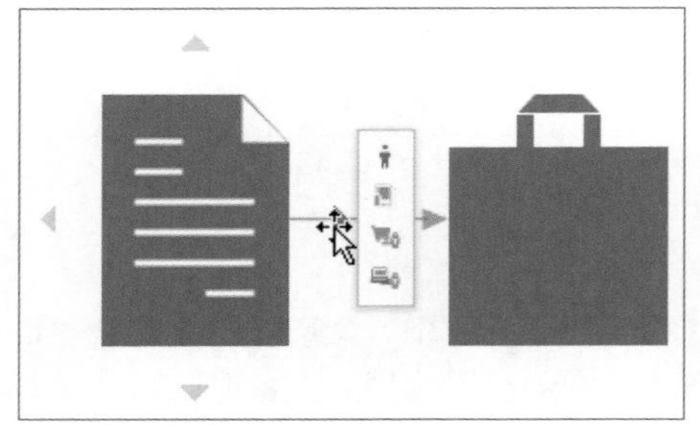

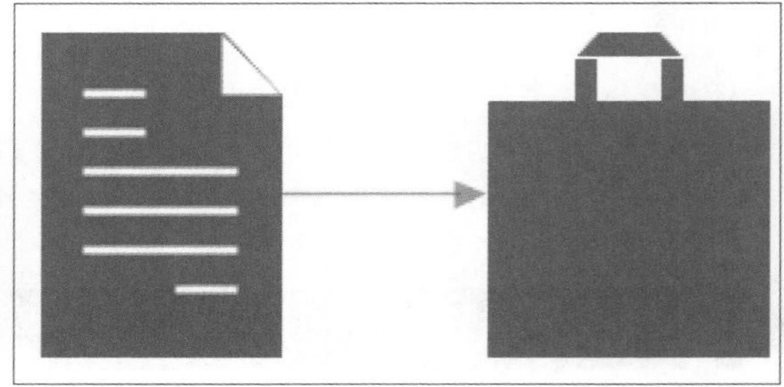

图 3-54

3.4.2 手动连接

制作组织结构图、产品研发流程图或网络拓扑图等类型图表时，需要将相关联的形状连接起来。如果使用自动连接功能无法实现预期的连接操作，就需要用户进行手动连接。

在形状种类中会有“动态连接线”选项，如图3-55所示。用户只需将该连接线拖至绘图区中，然后通过调整连接线的两端的移动端点，将其连接至形状中即可，如图3-56所示。

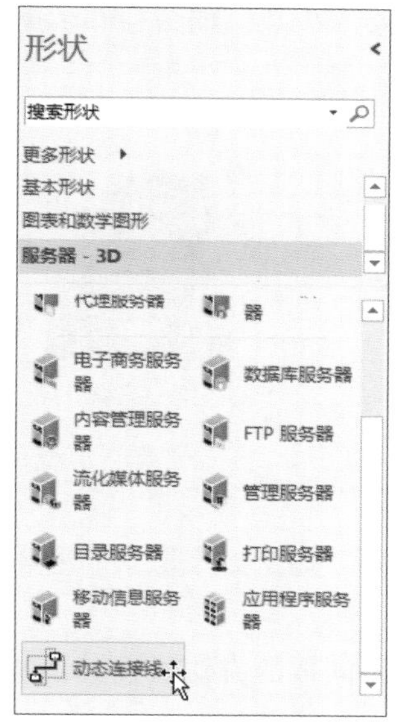

图 3-55

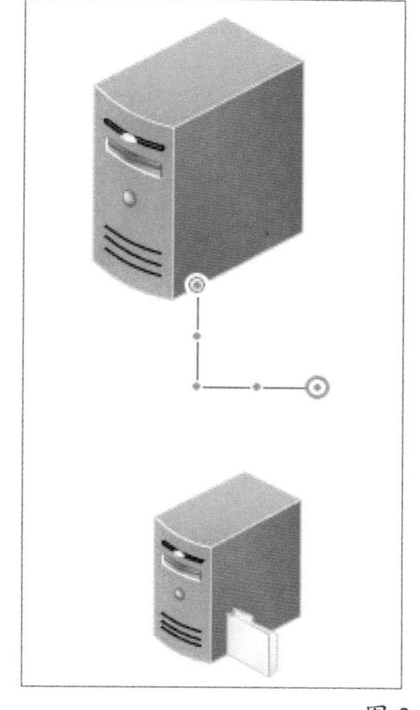
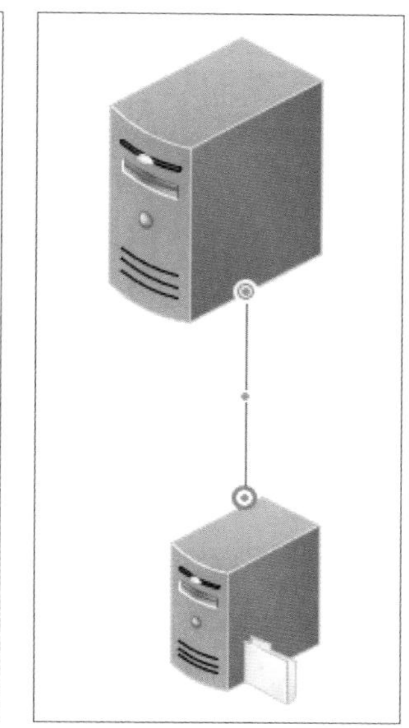

图 3-56

如果形状类别中不带有“动态连接线”，则用户需在“更多形状”列表中选择“其他Visio方案”选项，并在其级联菜单中选择“连接符”选项，即可打开相应的连接线类型，如图3-57所示。在此选择所需连接线，将其拖至绘图区中即可，如图3-58所示。

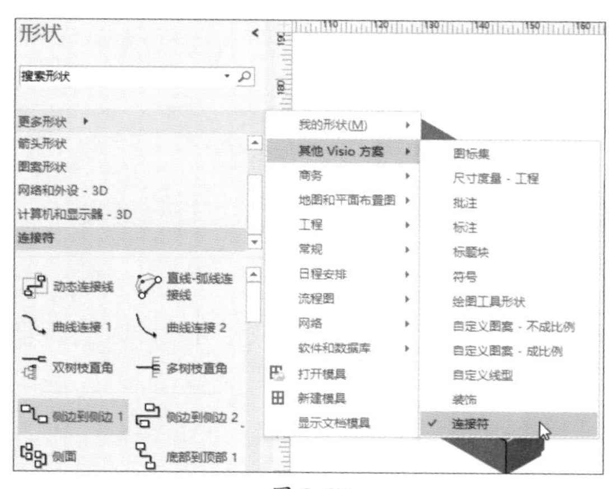

图 3-57

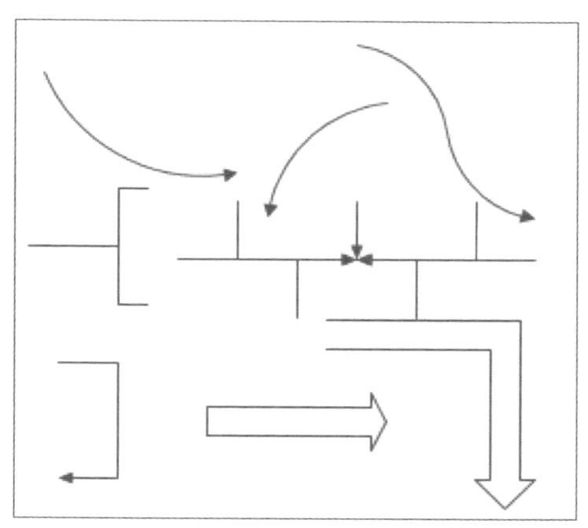

图 3-58

动手练 使用连接工具连接形状

除了使用连接符外，用户还可以使用连接工具连接形状，下面介绍具体操作步骤。

扫码看视频

Step 01 打开“方案”素材文件。在“开始”选项卡的“工具”选项组中单击“连接线”按钮，如图3-59所示。

Step 02 将光标移至“准备方案”形状右侧，并捕捉连接点中点，如图3-60所示。

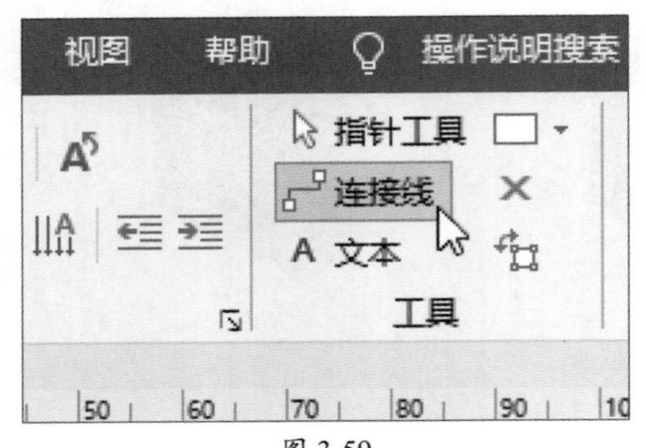

图 3-59

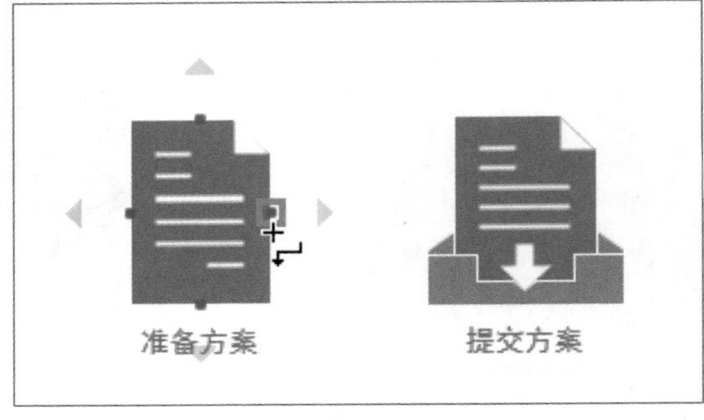

图 3-60

Step 03 按住鼠标左键不放，将光标向右移动，并捕捉“提交方案”形状左侧中点，如图3-61所示。

Step 04 松开鼠标左键，完成连接线的绘制操作。按照同样的方法绘制其他连接线，结果如图3-62所示。连接线绘制结束后，按Esc键退出连接线功能。

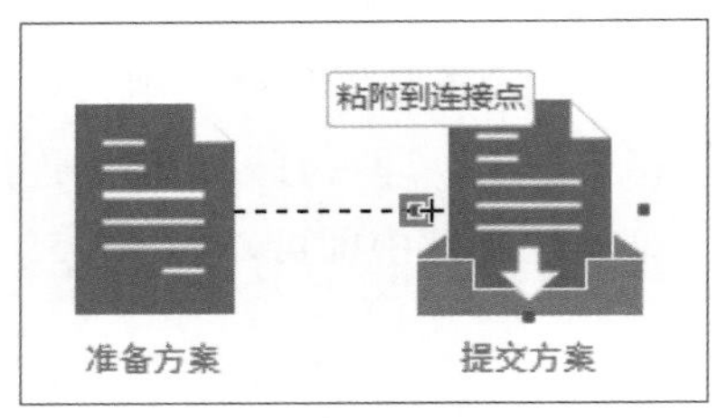

图 3-61

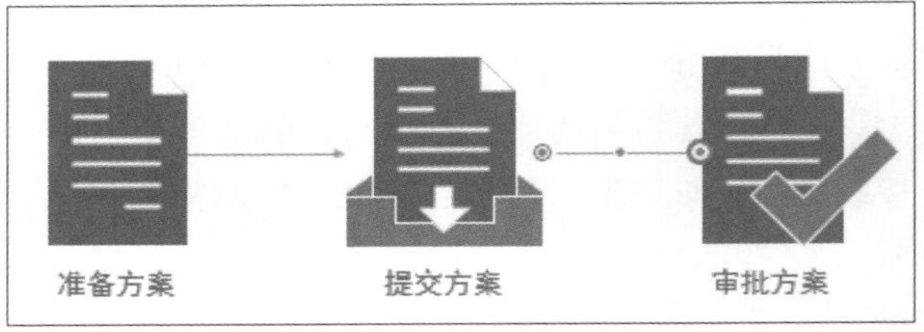

图 3-62

3.4.3 更改连接线

连接线默认为直角类型，用户可以根据需要对连接线类型以及连接点进行更改。

1. 更改连接点位置

如果连接点的位置发生了变化，只需选中该连接线的端点，将其拖动至目标位置即可，无须删除操作。

2. 更改连接线型

选中需要更改的连接线，在“设计”选项卡的“版式”选项组中单击“连接线”下拉按钮，在弹出的列表中选择新的线型，如“曲线”选项，如图3-63所示。此时连接线由直角变为曲线，效果如图3-64所示。

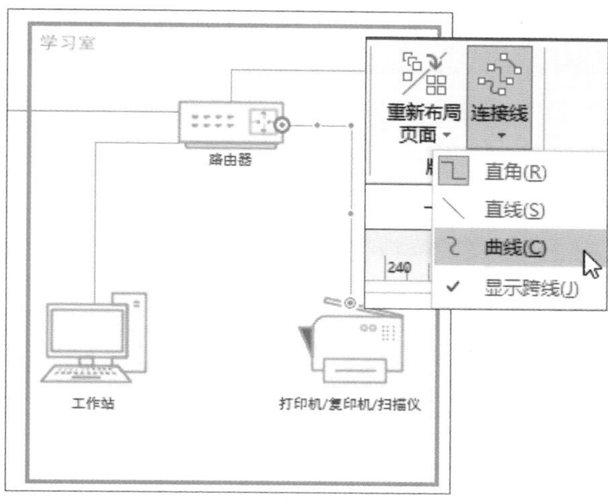

图 3-63

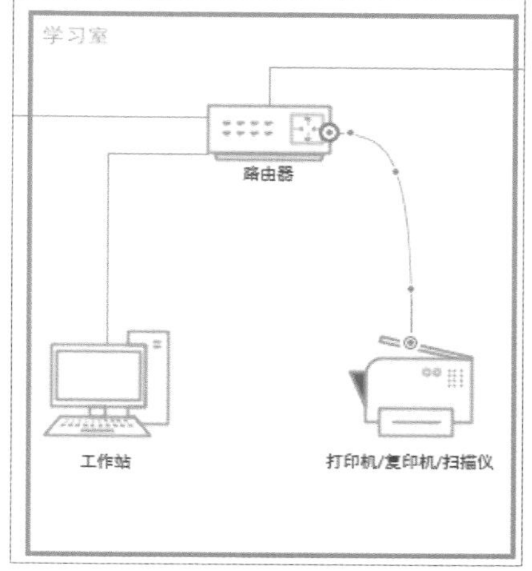

图 3-64

知识点拨

选中连接线，右击，在弹出的快捷菜单中用户也可以选择连接线类型，例如“直角连接线”“直线连接线”“曲线连接线”，如图3-65所示。

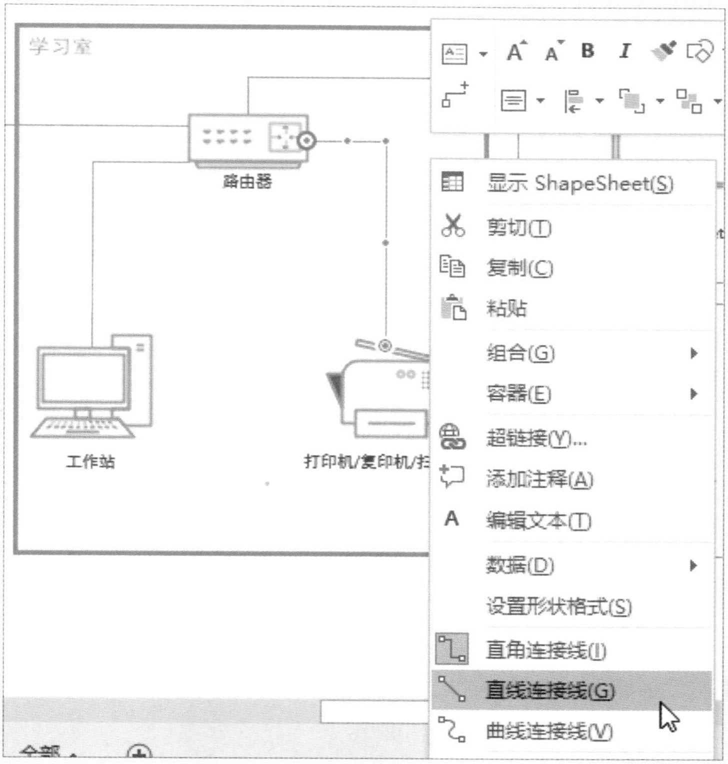

图 3-65

案例实战：制作办公用品采购流程

下面综合本章所学的知识点，制作一张办公用品采购流程图。在制作过程中用到的功能包括：绘制形状、移动形状、美化形状、自动连接等。

Step 01 启动Visio软件，选择“跨职能流程图”模板文件，如图3-66所示。

Step 02 在创建界面中选择“水平职能流程图”模板类别，单击“创建”按钮，如图3-67所示。

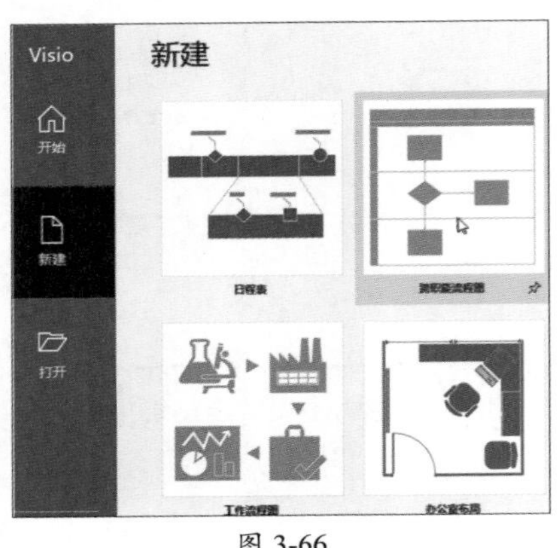

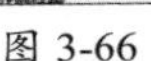

图 3-66

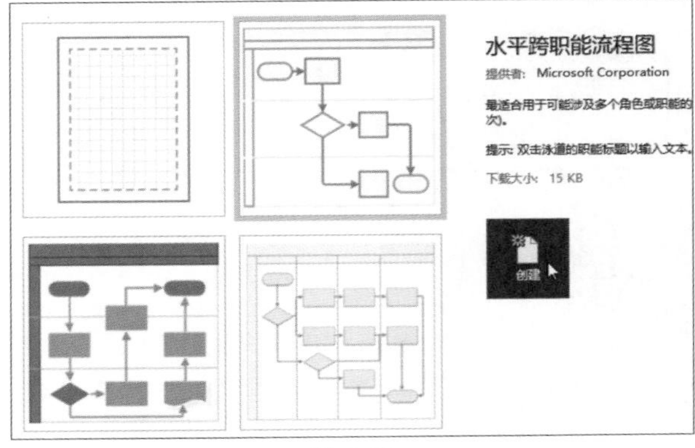

图 3-67

Step 03 在打开的模板文档中删除多余的模板说明内容。在“形状”窗格中将“泳道”形状模块拖至流程图下方，如图3-68所示。

Step 04 选中模板中“判定”形状，将其向右移动至合适位置，以方便添加其他形状，如图3-69所示。

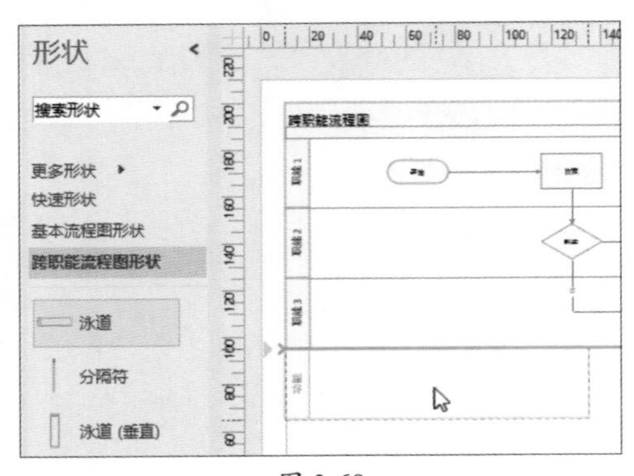

图 3-68

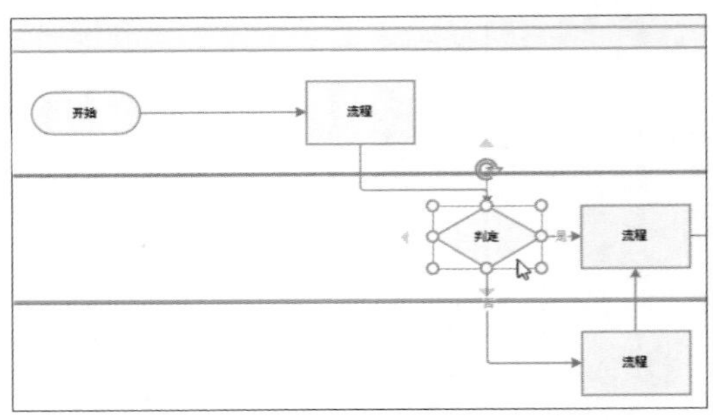

图 3-69

Step 05 在“形状”窗格中选择“基本流程图形状”选项，并在列表中将“流程”形状拖至流程图中的合适位置，如图3-70所示。

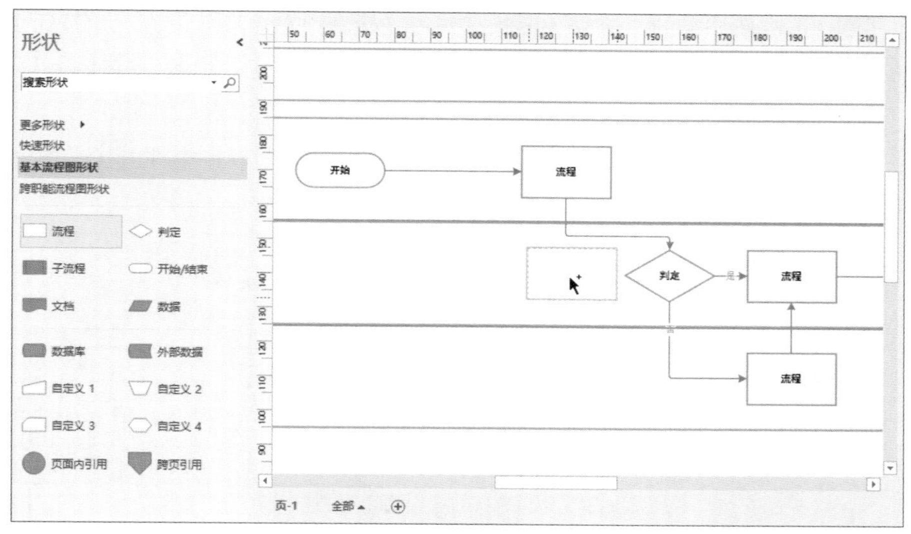

图 3-70

Step 06 选中流程图中上、下两个“流程”形状，如图3-71所示。

Step 07 在“开始”选项卡中单击“排列”下拉按钮，在弹出的列表中选择“水平居中”选项，对齐两个“流程”形状，如图3-72所示。

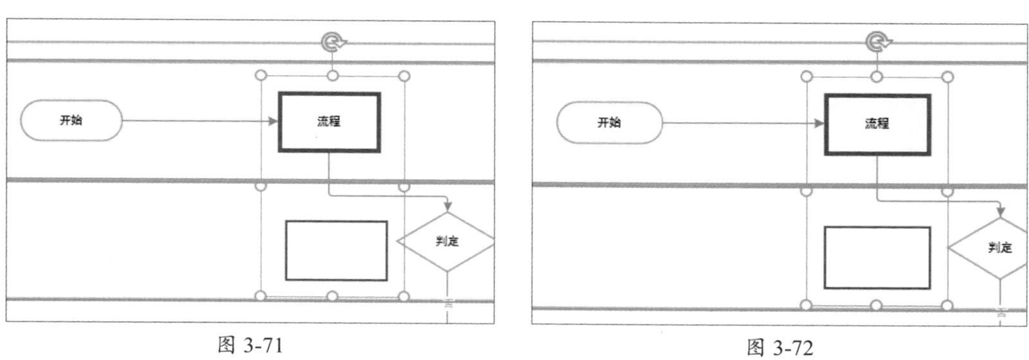

图 3-71　　　　图 3-72

Step 08 选择“流程”→“判定”现有的连接线，将其重新连接至新添加的“流程”形状，如图3-73所示。

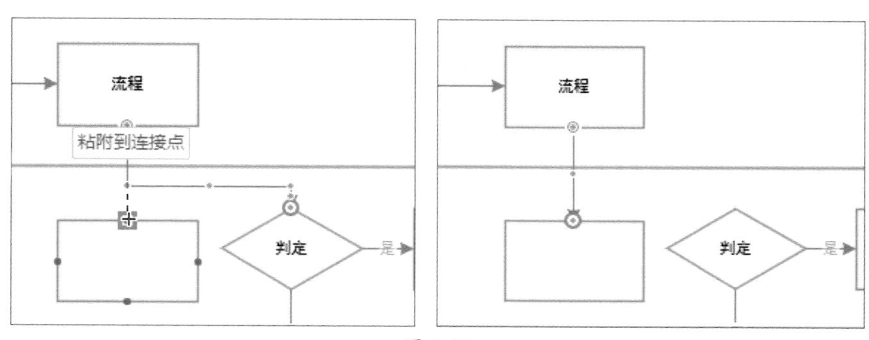

图 3-73

Step 09 选中新添加的“流程”形状，并将光标悬浮在该形状下方三角按钮上，在弹出的列表中选择“判定”形状，在其下方添加一个新“判定”形状，并使用自动连接功能，如图3-74所示。

Step 10 按照同样的方法，在新添加的“判定”形状下方再添加一个“判定”形状，如图3-75所示。

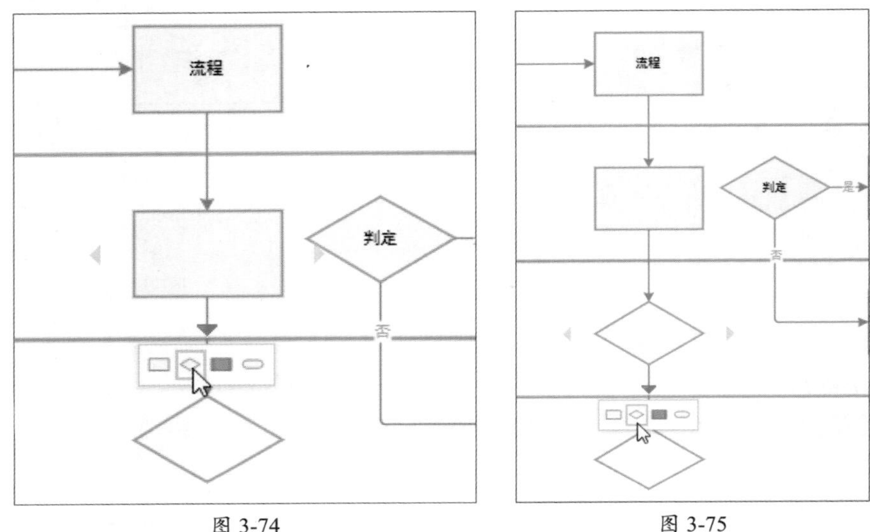

图 3-74　　图 3-75

Step 11 删除流程图右侧多余的形状和连接线，保留其中一个“流程”形状，如图3-76所示。

Step 12 选择第2泳道中的两个“流程”形状，将其“垂直居中”对齐，如图3-77所示。

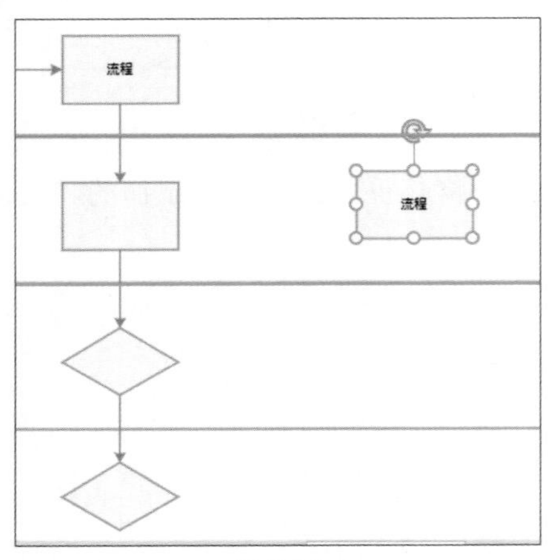

图 3-76

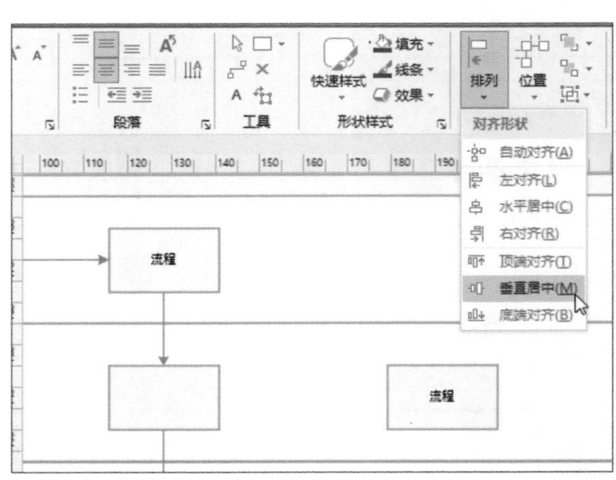

图 3-77

Step 13 适当调整右侧“流程”形状的位置。使用“自动连接”功能，向右创建5个形状，结果如图3-78所示。

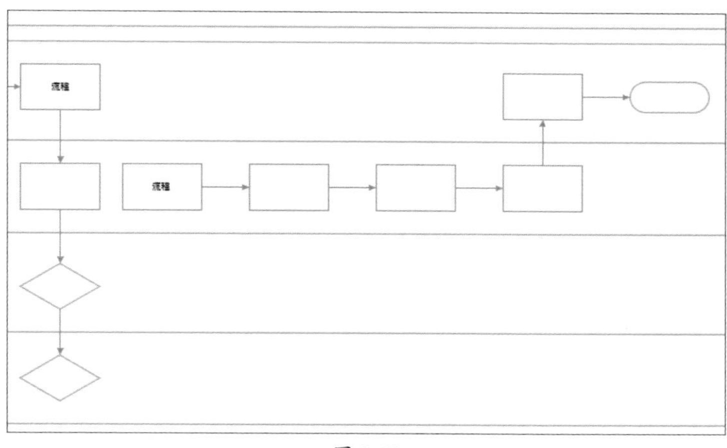

图 3-78

Step 14 选择第一泳道中所有的形状，以右侧圆角矩形为对齐基准将其垂直居中，结果如图3-79所示。

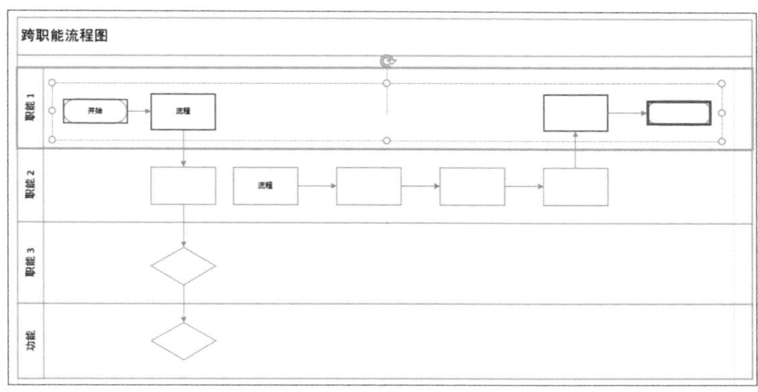

图 3-79

Step 15 在“开始”选项卡中单击“连接线”按钮，绘制流程图中的连接线，如图3-80所示。

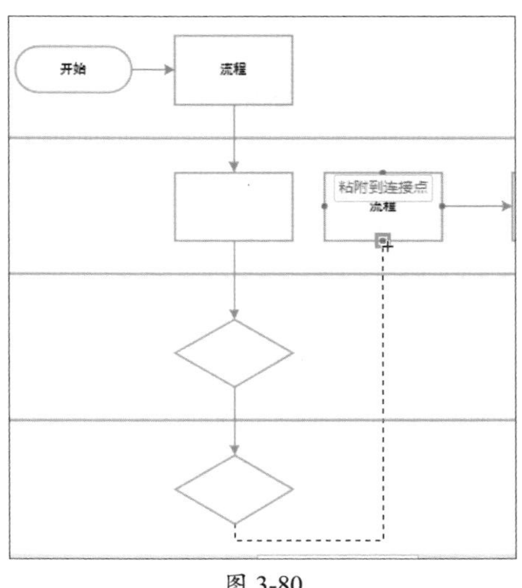

图 3-80

Step 16 按照同样的方法绘制其他形状的连接线，绘制结束后按Esc键退出连接线功能，结果如图3-81所示。

Step 17 双击流程图标题，进入文字编辑状态，输入新标题内容，如图3-82所示。

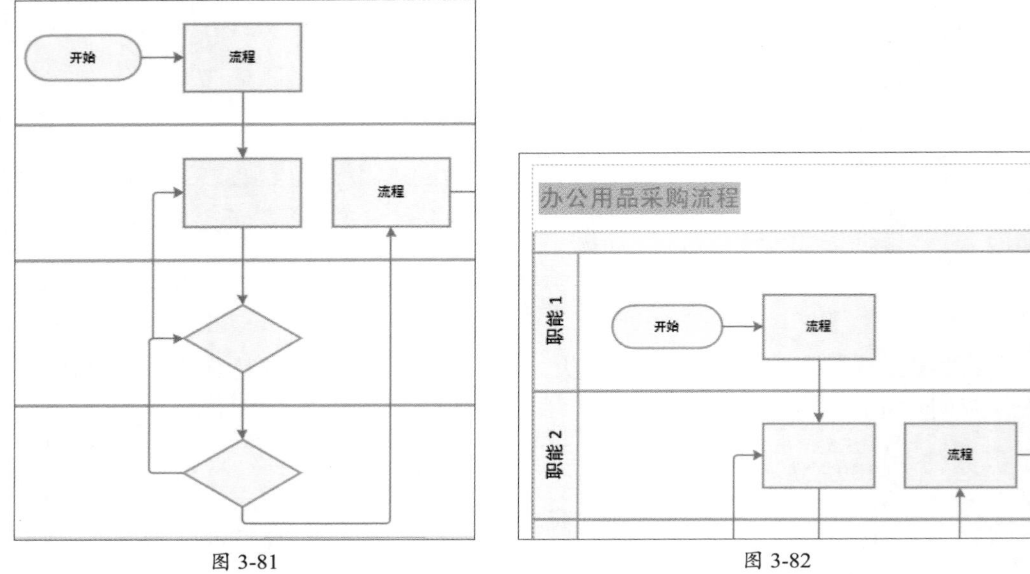

图 3-81　　　　图 3-82

Step 18 输入完成后，按Esc键退出文字输入状态。双击其他形状，添加各自文字内容，结果如图3-83所示。

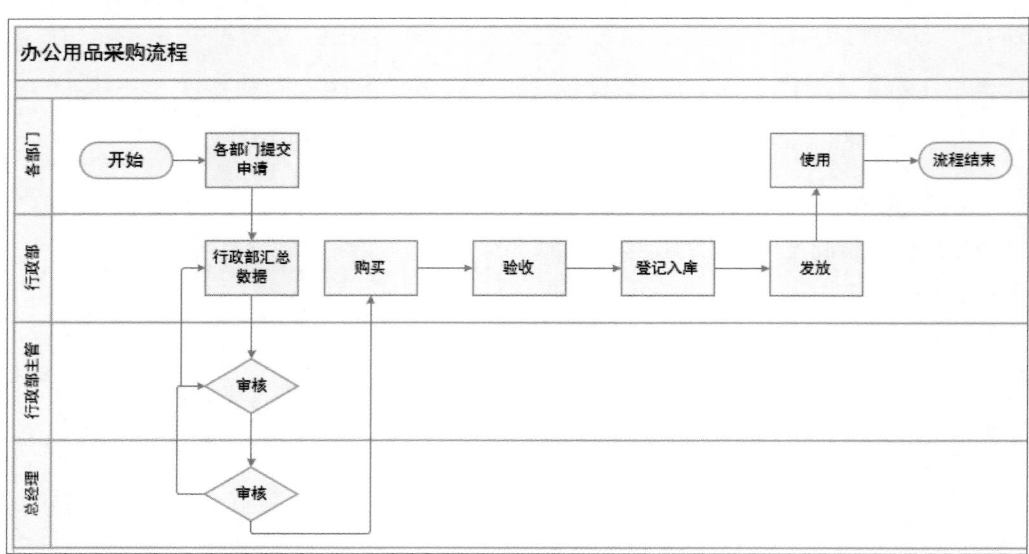

图 3-83

Step 19 双击左侧连接线进入文字编辑状态，在此输入“否”，如图3-84所示。输入完成后单击空白处完成文字的输入。按照同样的方法双击其他连接线，输入文字内容，结果如图3-85所示。

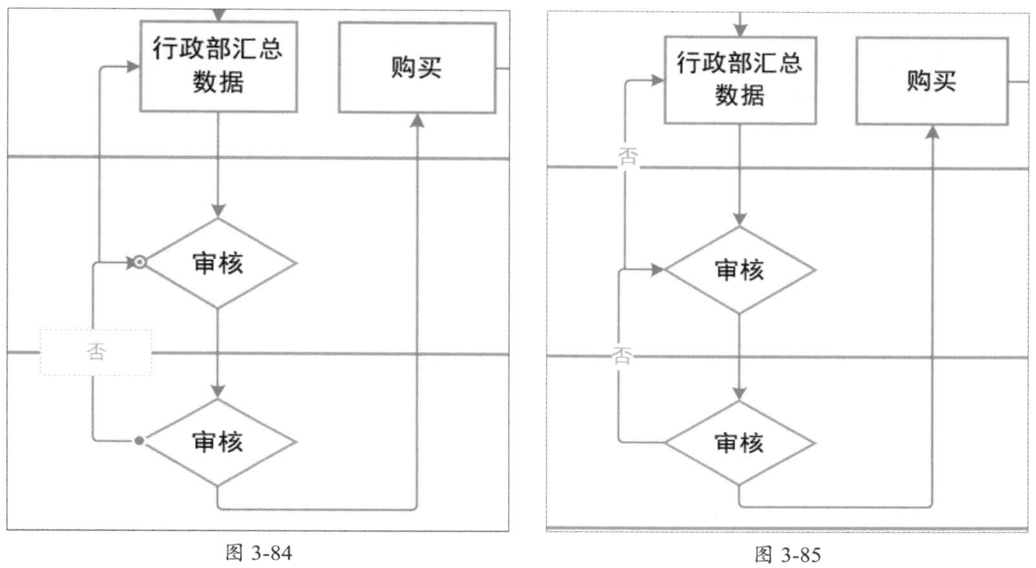

图 3-84　　图 3-85

Step 20 按Ctrl+A组合键全选所有形状。在“开始”选项卡的“形状样式”列表中选择一种样式，即可快速美化当前流程图，结果如图3-86所示。

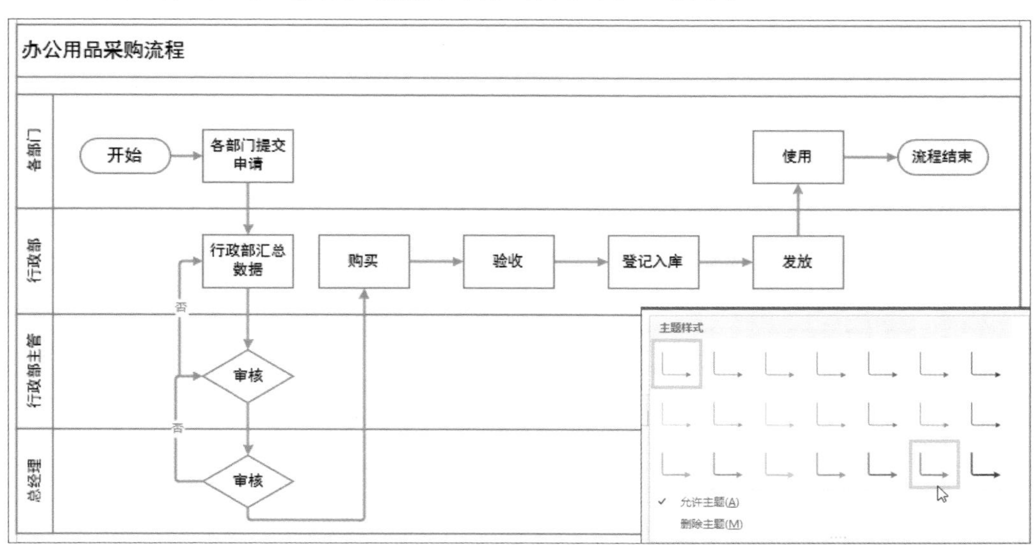

图 3-86

新手答疑

1. Q：为形状设置了快速样式后，如何快速应用到其他形状中？

A：用户可以选中已经设置样式的形状，在“开始”选项卡的“剪贴板”选项组中单击“格式刷”按钮，如图3-87所示，再单击需要修改为同一样式的其他形状即可，如图3-88所示。

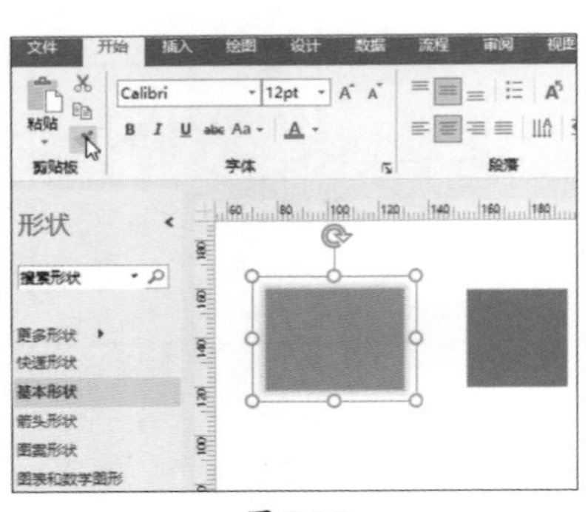

图 3-87

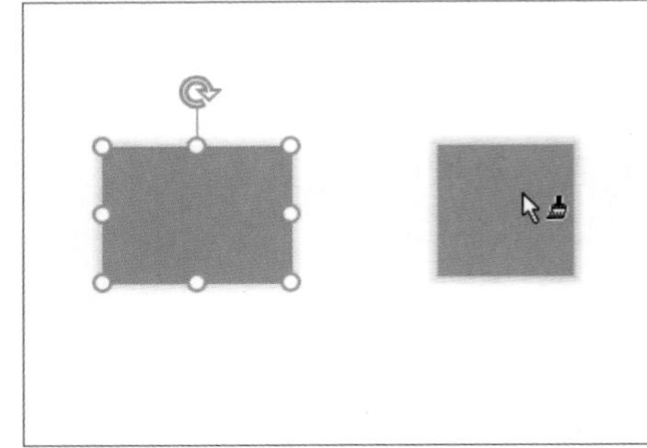

图 3-88

2. Q：在设计图形样式时，默认的选项很少，如何进行更复杂的设置？

A：用户可以启动“设置形状格式”窗格，以便进行更复杂的设置。在“开始”选项卡的“形状样式”选项组中单击“设置形状格式”对话框启动器，如图3-89所示，在“设置形状格式”窗格中可以对形状样式进行更详细的设置操作，如图3-90所示。

图 3-89

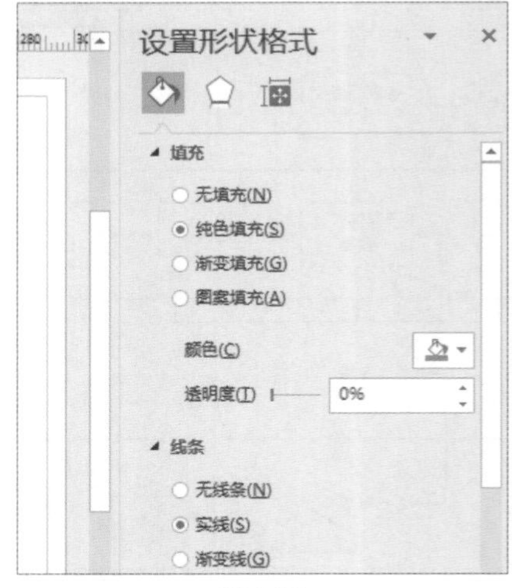

图 3-90

3. Q：如何批量替换形状？

A：可以选中需要被替换的图形，在“开始”选项卡的“编辑”选项组中单击“更改形状”下拉按钮，在弹出的列表中选择一款替换的形状即可完成替换操作。

第4章 文本的使用

Visio中的文本主要以文本框的形式出现。在图形中添加文本，可以准确地传出各种图形信息，让用户一目了然。本章详细介绍文本的设置及使用方法，包括文本的创建、文本的编辑、文本格式的设置等内容。

4.1 文本的创建

Visio中用户可以为图形创建文本，也可以通过文本框工具创建文本。下面分别对这两种创建方法进行介绍。

4.1.1 创建嵌入文本

默认情况下，双击所需图形后，即可在该图形下方显示出文本框，在此可输入文本内容，如图4-1所示。输入后，可适当地对字体的字号、颜色进行设置。

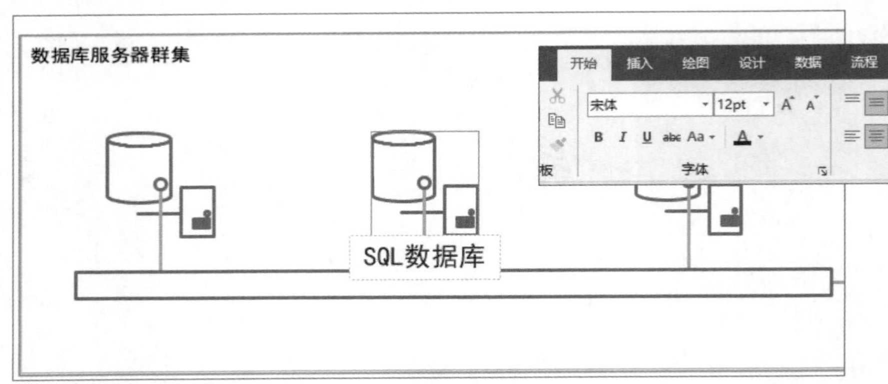

图 4-1

此外，选中所需图形，在"开始"选项卡的"工具"选项组中单击"文本"按钮，会在该图形下方显示可编辑文本框，在其中输入内容即可，如图4-2所示。这两种方法创建的文本是嵌入在图形中的，随图形位置的变化而变化。

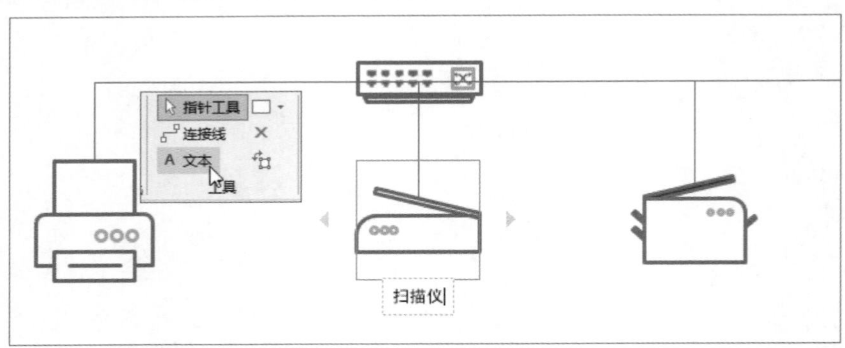

图 4-2

知识点拨

根据图形的不同，文本框出现的位置也不同，默认会显示在图形下方，而有些文本框显示在图形内，如图4-3所示。这样的位置是无法更改的。

用户除了为图形添加文本外，还可以为连接线添加文本，如图4-4所示。

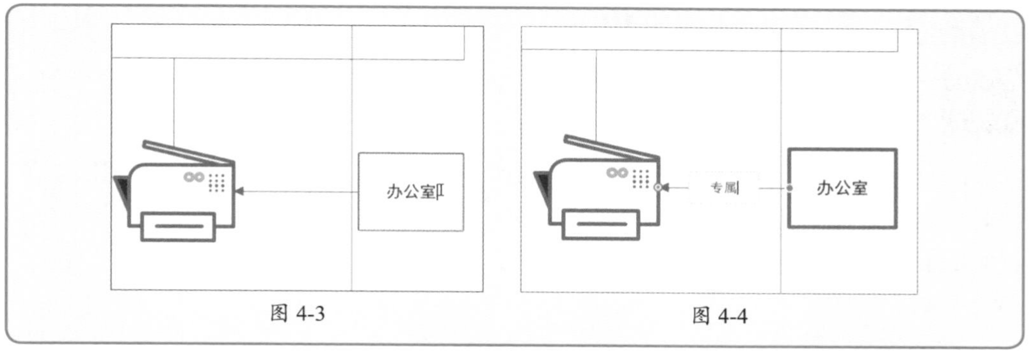

图 4-3　　图 4-4

4.1.2 创建单独的字段

如果想在图表任意处创建单独的字段内容，例如标题、公司信息等，可利用文本框功能操作。

Step 01 在“插入”选项卡的“文本”选项组中单击“文本框”下拉按钮，在弹出的列表中选择“绘制横排文本框”选项，使用鼠标拖曳的方法，在所需位置绘制出文本框，如图4-5所示。

Step 02 绘制完成后进入可编辑状态，添加需要的文字，如图4-6所示。

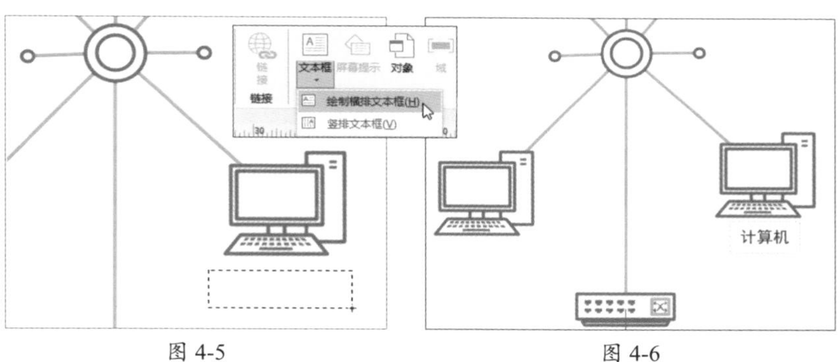

图 4-5　　图 4-6

知识点拨

独立的文本与图形一样，都可进行移动、旋转，添加下级形状等，如图4-7、图4-8所示。

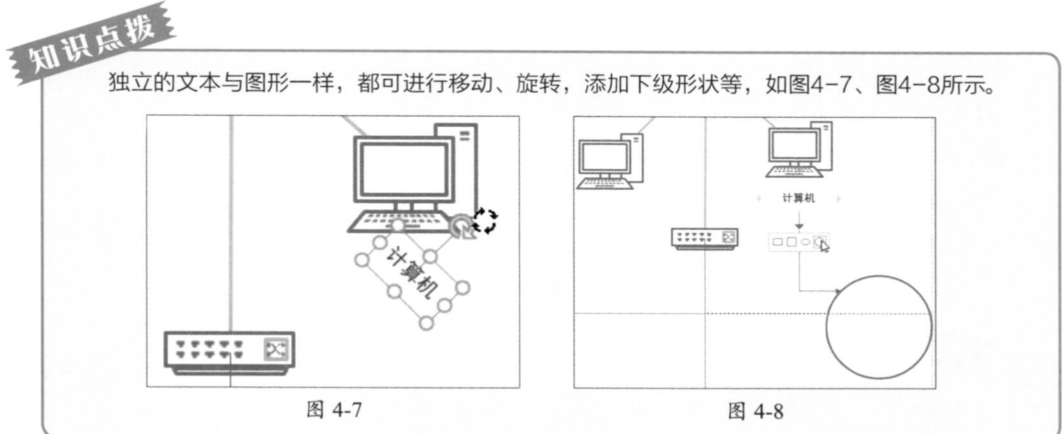

图 4-7　　图 4-8

动手练 一键插入日期字段

Visio提供日期、时间、几何图形等字段信息，用户可一键插入这些信息。

插入文本框后，可以在“插入”选项卡的“文本”选项组中单击“域”按钮，在弹出的“字段”列表中选择“日期/时间”选项，在右侧“字段名称”列表中选择“创建日期/时间”选项，单击“确定”按钮，日期就出现在文本框中，如图4-9所示。

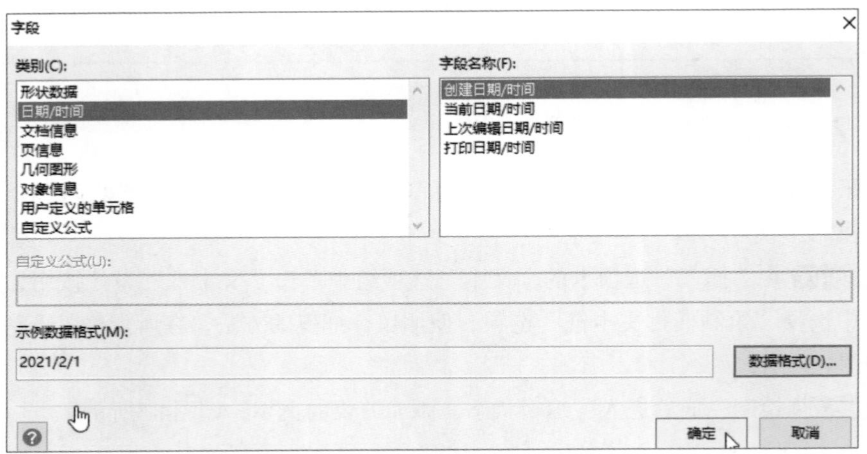

图 4-9

4.2 文本的操作

添加文本后，用户可以通过复制、粘贴、剪切等命令，对已添加的文本进行编辑。还可以通过查找、替换、定位等命令调整文本内容。

4.2.1 文本的编辑

文本的编辑操作包含文本的选择、文本的复制与移动、文本的删除等。

1. 选择文本

在Visio中选择文本的操作有如下几种：

- **双击操作：** 双击文本框可选择所有的文本内容。
- **使用工具：** 如果是嵌入的文本，可在“开始”选项卡的“工具”选项组中单击“文本”按钮。如果是独立的字段，单击文本。

选中图形后，按F2键可快速选中其文本内容。

2. 复制文本

选中图形按F2键，使其变成编辑状态，使用Ctrl+C组合键复制，如图4-10所示。选中需要粘贴的图形，使用Ctrl+V组合键粘贴，如图4-11所示。

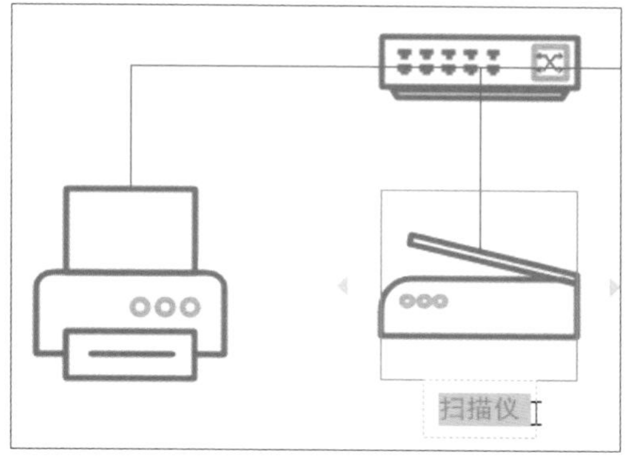

图 4-10

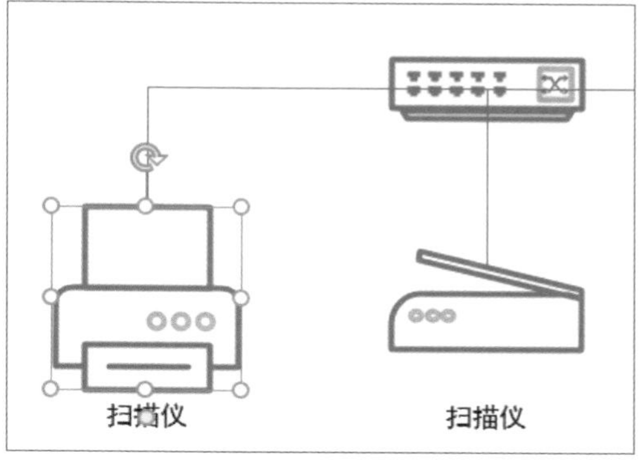

图 4-11

对于独立的字段，可选中文本框，按住Ctrl键，使用鼠标拖曳至新位置，松开鼠标左键完成复制操作，如图4-12所示。

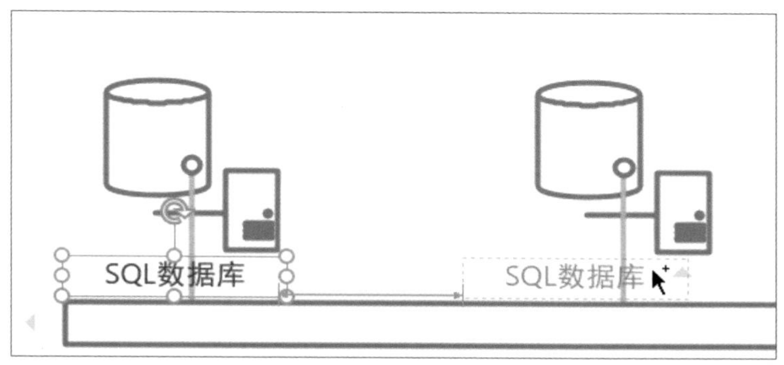

图 4-12

3. 移动文本

选中文本或图形，直接拖曳至目标位置。还可以使用Ctrl+X组合键先进行剪切操作，然后在目标位置使用Ctrl+V组合键粘贴。

4. 删除文本

删除嵌入的文本，可双击该文本，将其选中，按Delete键，然后单击页面空白处完成删除。如果是单独字段内容，将其选中按Delete键即可删除。

4.2.2 查找与替换文本

Visio中的查找和替换功能与Office组件中的查找和替换功能类似，主要用于快速查找指定文本内容并进行替换操作。

1. 查找文本

在“开始”选项卡的“编辑”选项组中单击“查找”下拉按钮，从弹出的列表中选择“查找”选项，在“查找”对话框中输入所需内容，并设置搜索范围，单击“查找下一个”按钮，系统会自动搜索并选中相应的内容，如图4-13所示。

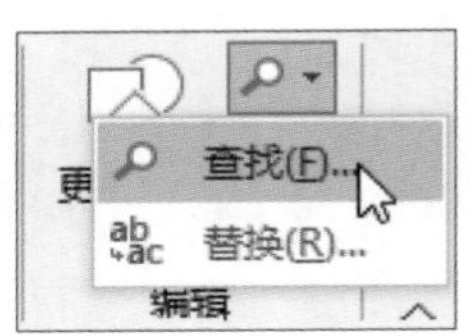

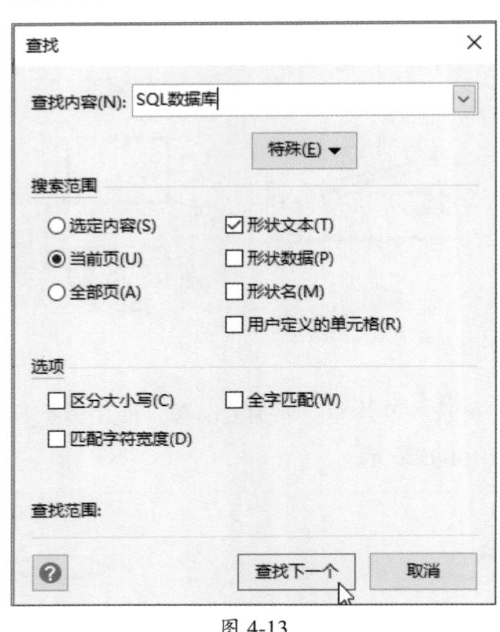

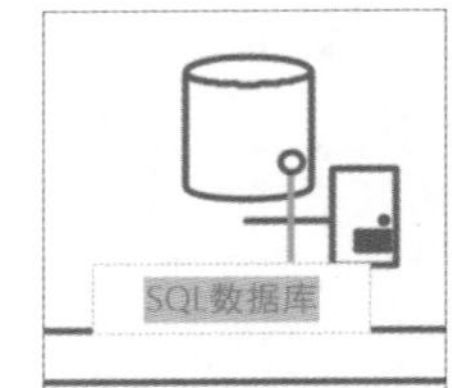

图 4-13

此外，使用Ctrl+F组合键也可打开“查找”对话框进行查找操作。

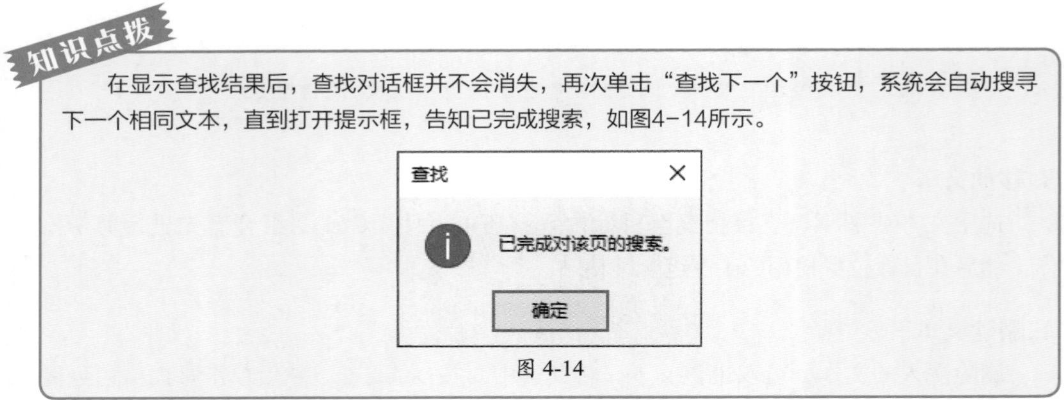

知识点拨

在显示查找结果后，查找对话框并不会消失，再次单击“查找下一个”按钮，系统会自动搜寻下一个相同文本，直到打开提示框，告知已完成搜索，如图4-14所示。

图 4-14

2. 替换文本

替换文本是将找到内容替换成新内容。在“开始”选项卡的“编辑”选项组中单击“查找”下拉按钮，在弹出的列表中选择“替换”选项，在弹出的“替换”对话框中，先在“查找内容”文本框中输入被替换的内容，然后在“替换为”文本框中输入要替换的新内容，单击“全部替换”按钮即可，如图4-15所示。

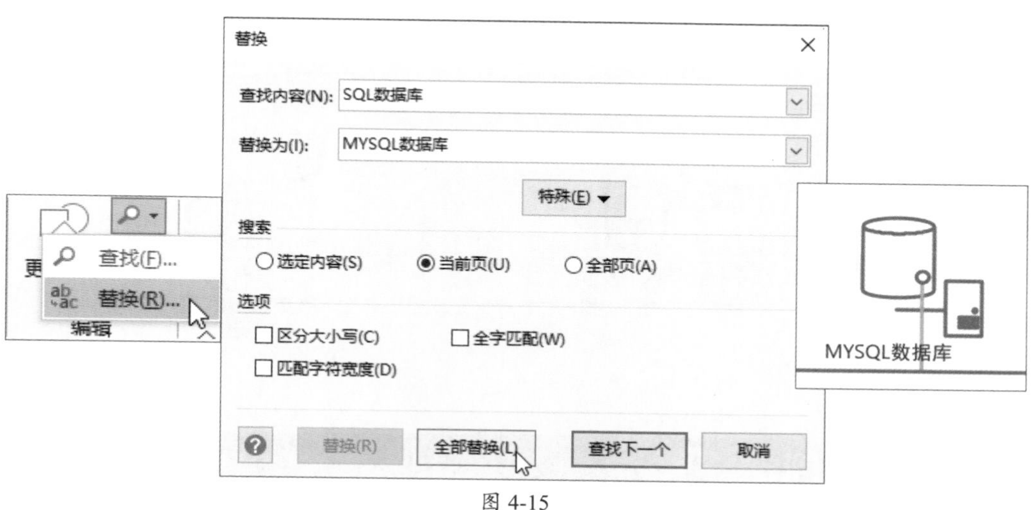

图 4-15

动手练 锁定并保护文本

输入的文本内容如果不想被他人编辑，可利用“保护”功能对文本设置锁定及保护操作。

选中需要保护的文本，在Visio主界面上单击“操作说明搜索”搜索框，输入关键字“保护”，在搜索列表中选择“保护”选项，弹出“保护”对话框，按照需求勾选保护的内容和阻止的操作，单击“确定”按钮即可，如图4-16所示。

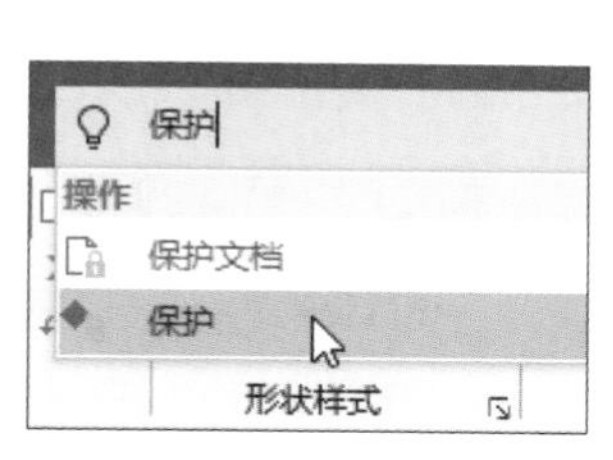

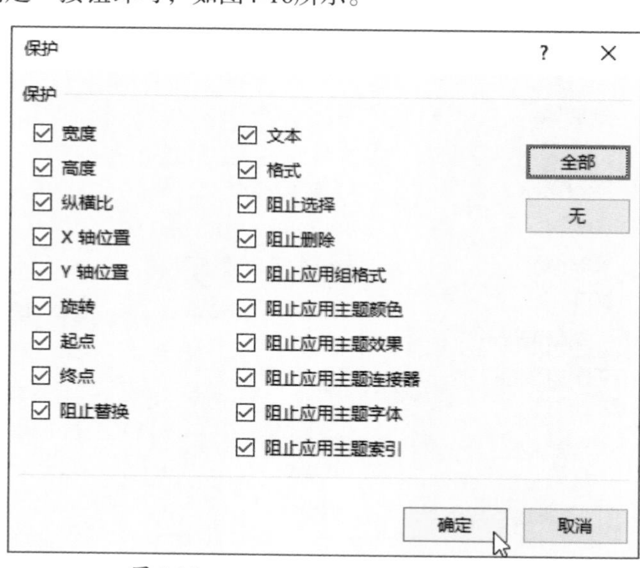

图 4-16

此时，如要对保护的文本进行编辑，则会显示警告提示，如图4-17所示。说明该文本已被保护，无法执行操作。

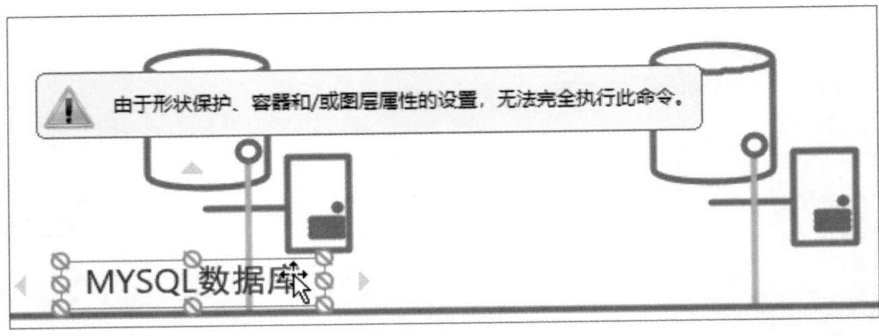

图 4-17

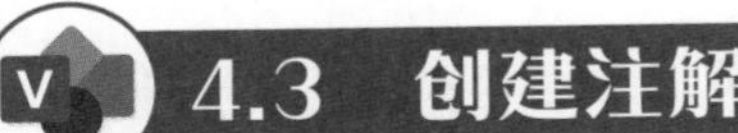

4.3 创建注解

绘图时用户可对图表中的重要信息、绘图文件的显示、绘图内容以及符号进行标注。下面对图形的注解功能进行介绍。

4.3.1 创建图表的注释

在左侧的“形状”窗格中选择“更多形状”选项，在打开的列表中选择“商务”选项，并在其级联菜单中依次选择“图表和图形”→“绘制图表形状”选项，如图4-18所示，即可调出该模具集。

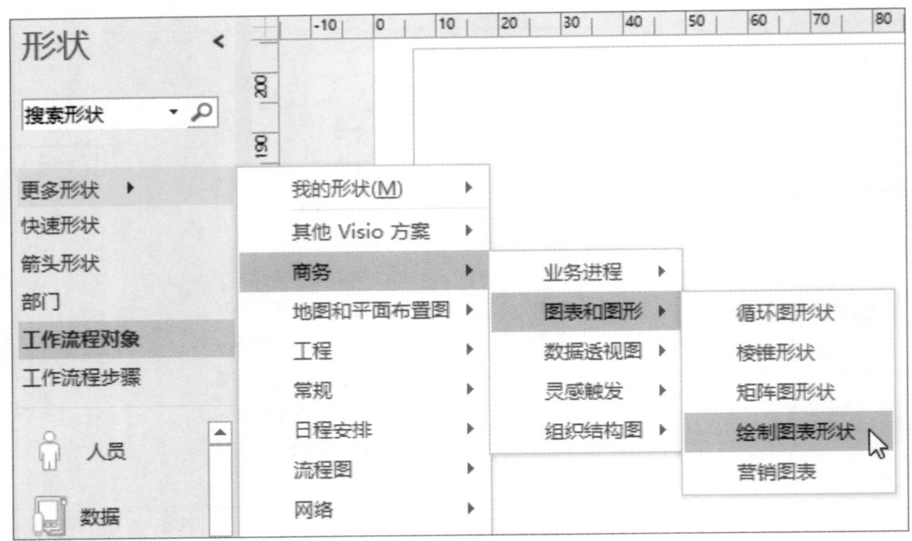

图 4-18

在该模具集中选择所需图表，例如选择“网格”模具，将其拖至页面中。在打开的“形状数据”对话框中，用户可设置“行”和“列”的参数（默认为10），如图4-19所示。输入完成后单击“确定”按钮即可插入相应的网格数值，如图4-20所示。

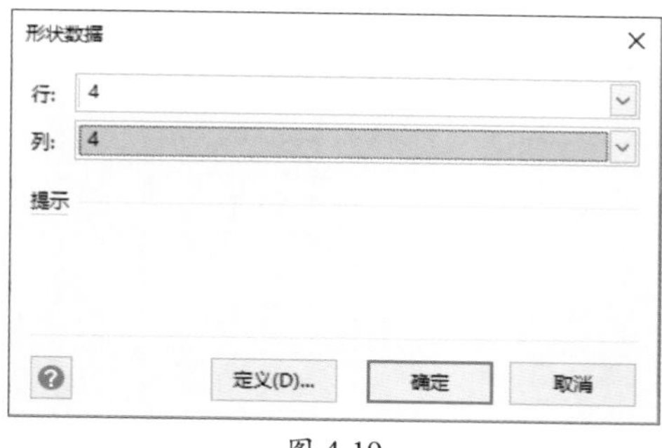

图 4-19

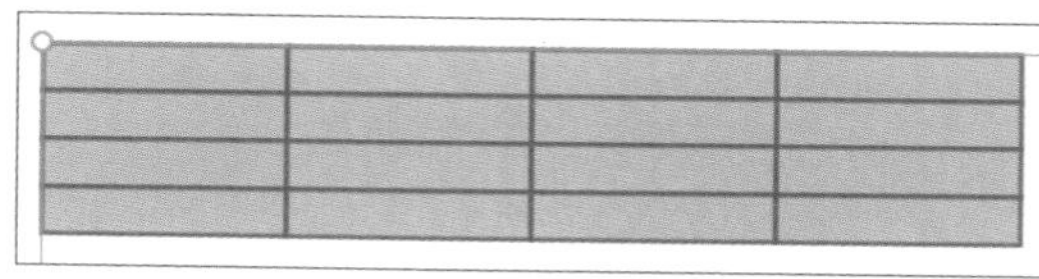

图 4-20

从模具集中选择“行标题”模具，将其拖至目标行的最左侧，将“列标题”模具拖至目标列的上侧，如图4-21所示。创建完成后，双击其中的文字进行更改即可，如图4-22所示。

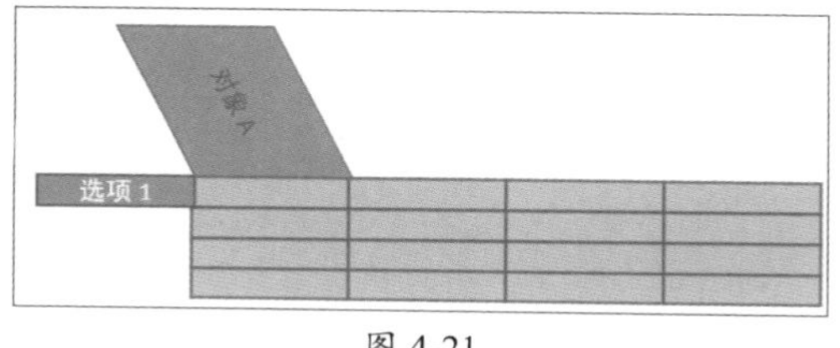

图 4-21

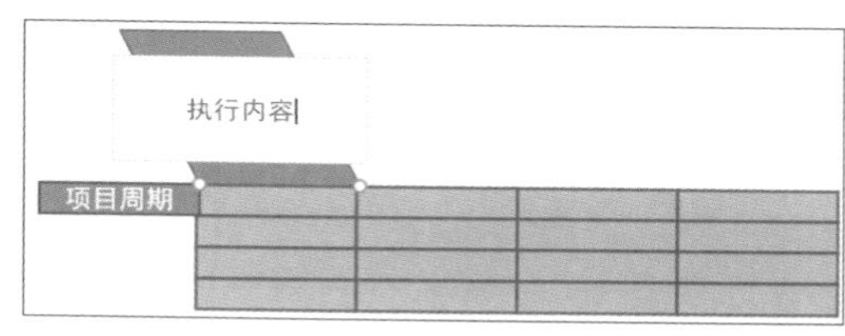

图 4-22

4.3.2 使用标注形状

除了为图表添加注解外，用户还可以对形状进行标注。在“形状”窗格中选择“更多形状”选项，在打开的列表中选择“其他Visio方案”选项，并在其级联菜单中选择“标注”选项，如图4-23所示。

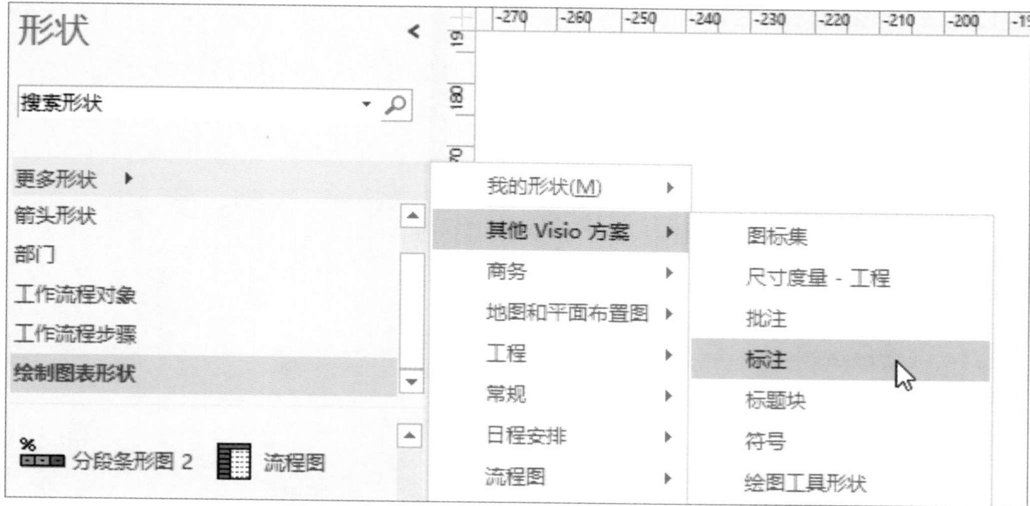

图 4-23

从“标注”模具集中选择标注样式，并将其拖至页面合适位置，双击标注内容即可修改其内容，如图4-24所示。

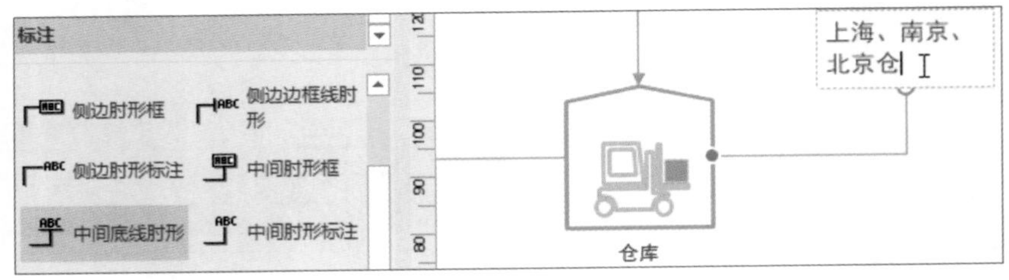

图 4-24

知识点拨

在Visio中用户还可以为图表添加批注内容。在“其他Visio方案”选项列表中选择“批注”选项，如图4-25所示，在“批注”模具集中选择批注样式，将其拖至页面中并输入其内容即可，如图4-26所示。

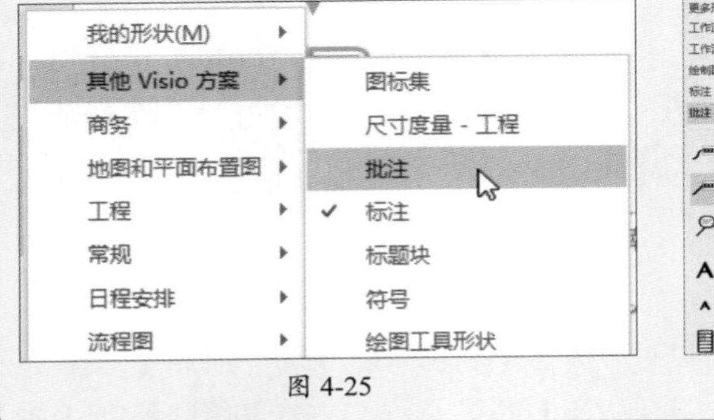

图 4-25

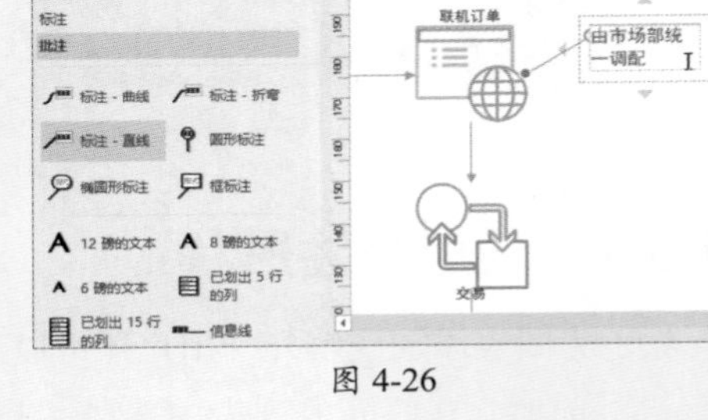

图 4-26

4.3.3 使用标题块

标题块的作用是标识或跟踪绘图信息与修订历史的形状，其功能类似于图签功能。在“形状”窗格中选择“更多形状”选项，在其级联菜单中依次选择“其他Visio方案”→“标题块”选项，如图4-27所示。

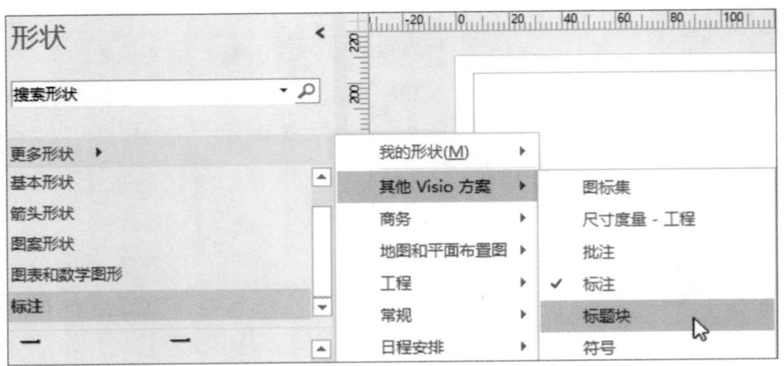

图 4-27

从“标题块”模具集中选择需要的形状，拖入绘图窗口即可，如图4-28所示。

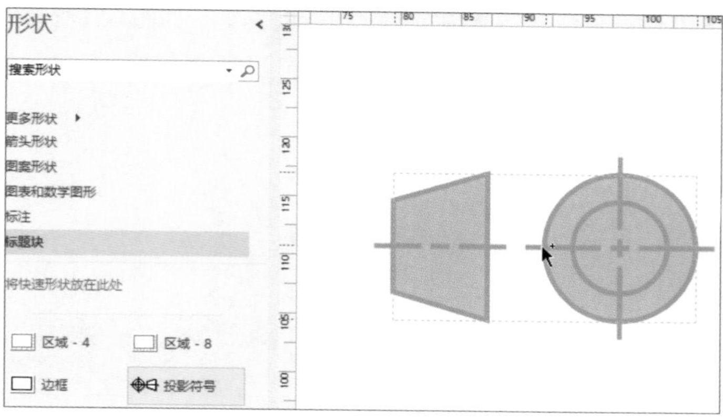

图 4-28

如果当前的标题块不能满足用户需要，用户可以添加自定义标题块。在“标题块”模具集中选择“边框”形状，拖动到主界面中，如图4-29所示。

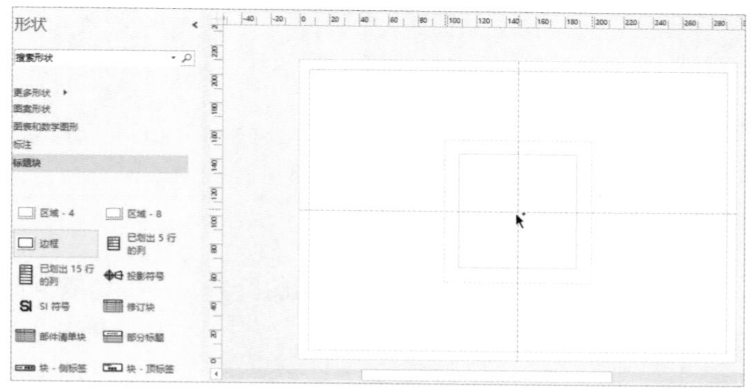

图 4-29

同样在“标题块”模具集中选择“制图员”“日期”“说明”模具，将其拖入到边框中并修改文本信息，如图4-30所示。

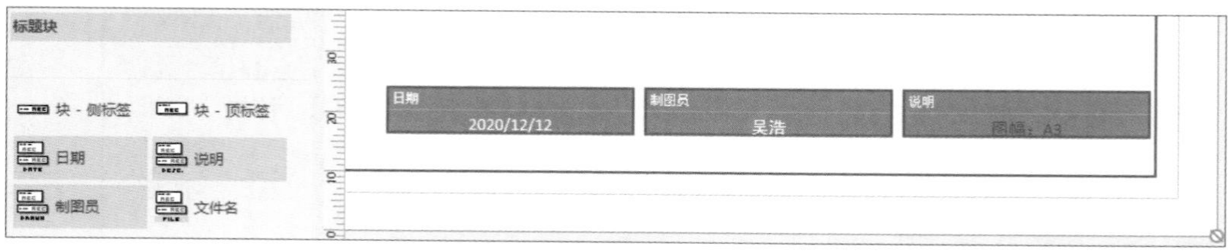

图 4-30

动手练 创建图例

使用图例可对图表中的一些符号进行说明并统计。用户要想在图表中添加图例，可通过以下方法进行操作。

Step 01 在“形状”窗格中选择“更多形状”选项，并在其级联菜单中选择“商务”→“灵感触发”→“图例形状”选项，调出图例模具集，如图4-31所示。

图 4-31

Step 02 在该模具集中将“图例”形状拖入页面中，如图4-32所示。

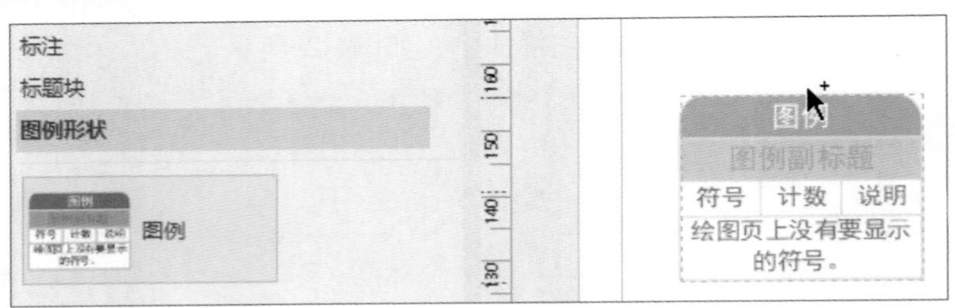

图 4-32

Step 03 在“图例形状”模具集中选择要添加的符号，并将其拖至页面中，系统会自动将其填入图例形状中，如图4-33所示。

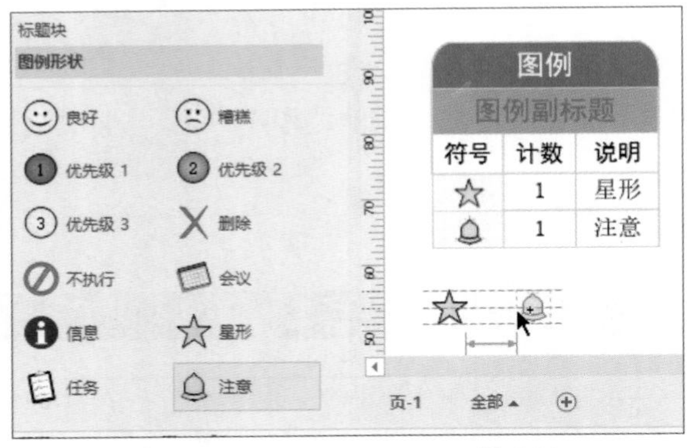

图 4-33

Step 04 右击页面图例形状，在弹出的快捷菜单中选择“配置图例”选项，如图4-34所示。

Step 05 在打开的“配置图例”对话框中可以调整顺序、显示内容等。完成后单击“确定”按钮，如图4-35所示，就可以返回绘图窗口继续编辑了。

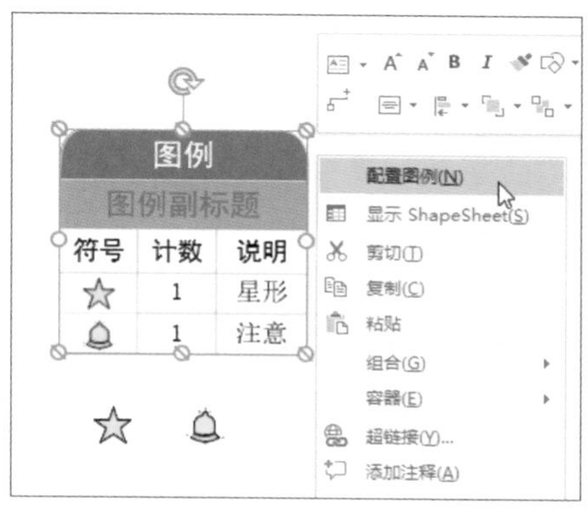

图 4-34

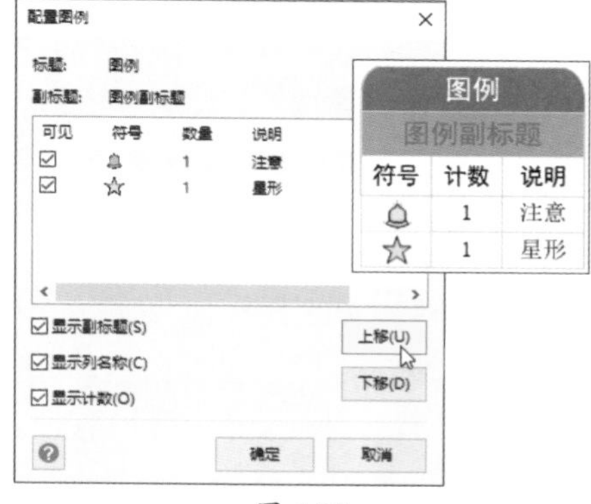

图 4-35

 4.4 文本格式的设置

为图表添加了文本后，为了使文本更加美观，需要对文本的格式进行一些必要设置，例如设置字体格式、段落格式等。

4.4.1 设置文本的字体格式

字体格式包括字体、字号、样式、文字效果、字间距等。在设置前，用户需要先选中需要设置的文本框或者文本内容，然后在“开始”选项卡的“字体”选项组中调整文本的字体格式，如图4-36所示。

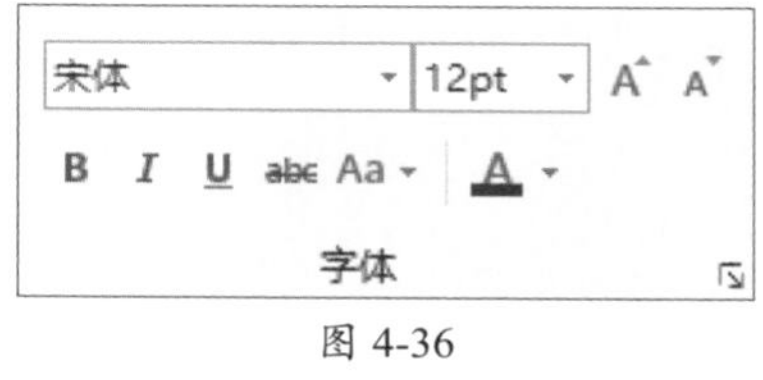

图 4-36

知识点拨

除了在“字体”选项组中设置字体格式外，还可单击该选项组右下角的 按钮，启动“文本”对话框，在此设置字体格式，如图4-37所示。此外，还可右击所需文字，在弹出的快捷菜单中进行设置，如图4-38所示。

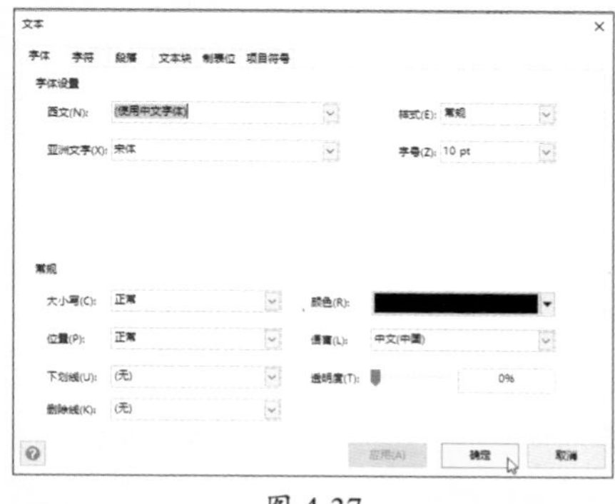
图 4-37

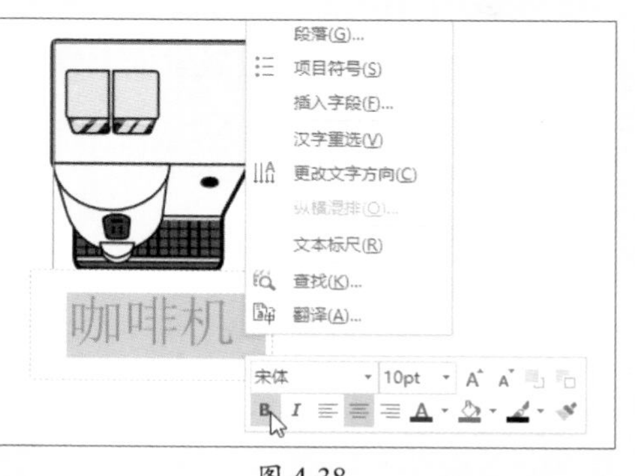

图 4-38

在“文本”对话框的“字符”选项卡中，用户可对字符间距及缩放比例进行设置，如图4-39所示。

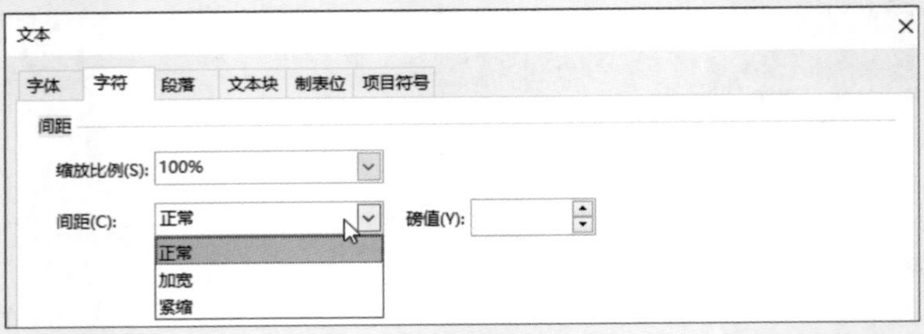

图 4-39

4.4.2 设置段落格式

段落格式的设置包括段落的对齐方式、段间距等内容。用户可以在“开始”选项卡的“段落”选项组中设置对齐方式、添加项目符号、设置文字方向、旋转文本、增大或者缩小缩进量等，如图4-40所示。

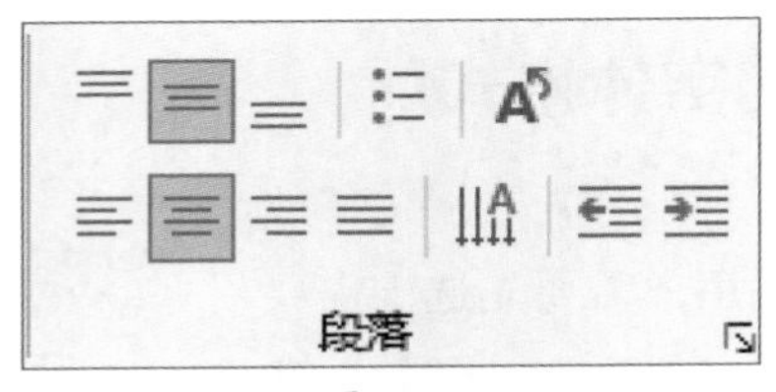

图 4-40

知识点拨

在“段落”选项组中单击右下角的⊿按钮，启动“文本”对话框，其中可以设置段落的对齐方式、缩进量、间距等参数，如图4-41所示。

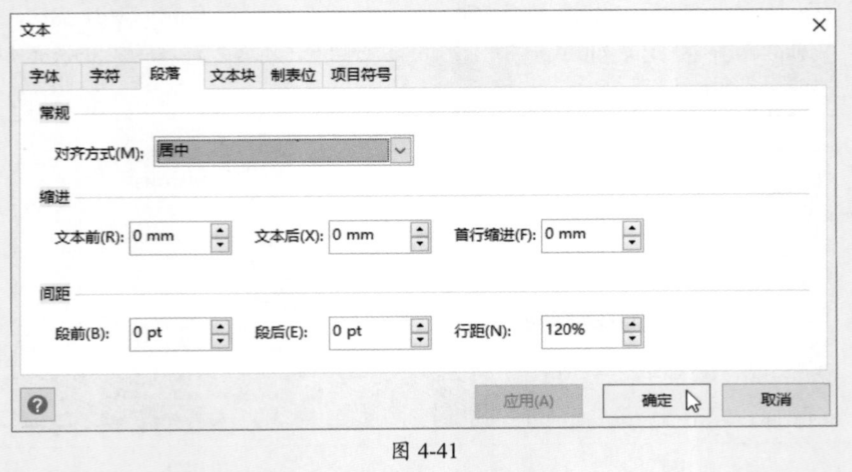

图 4-41

动手练 为文本添加项目符号

项目符号在Word中使用得比较多，主要用来为文本段落或形状添加强调效果，下面介绍具体设置方法。

Step 01 选中目标文本段落，在“开始”选项卡的“段落”选项组中单击右下角的⊡按钮，启动“段落”对话框。

Step 02 在“文本”对话框中的“项目符号”选项卡中，选择一款符号样式，单击“确定”按钮，如图4-42所示。

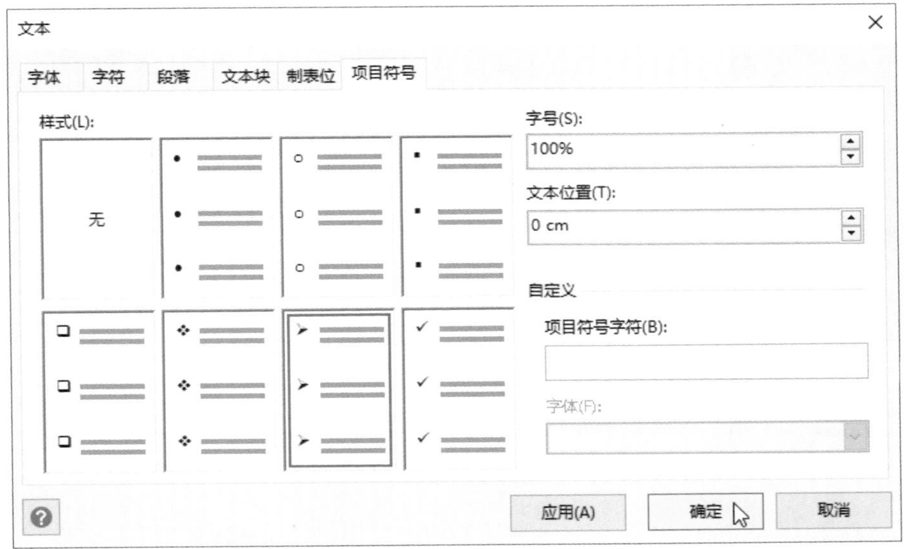

图 4-42

Step 03 选中需要添加项目符号的文本，在“开始”选项卡的“段落”选项组中单击“项目符号”按钮，会自动在文本段前添加刚设置的项目符号，如图4-43所示。

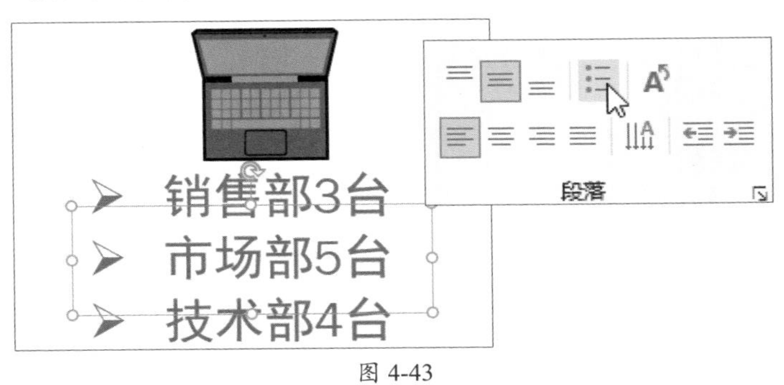

图 4-43

案例实战：绘制网络拓扑图

在网络工程中经常会出现网络拓扑图，是将实际的网络设备及其连接状态，使用简单的节点符号和连接线表示出来，突出其逻辑结构的一种网络图形。用于规划网络、故障排除、统计等场合。下面介绍如何绘制网络拓扑图。

Step 01 打开Visio软件，在“新建”界面中输入“3D”关键词，选择“详细网络图-3D”模板并单击，如图4-44所示，在打开的窗口中单击“创建”按钮，如图4-45所示。

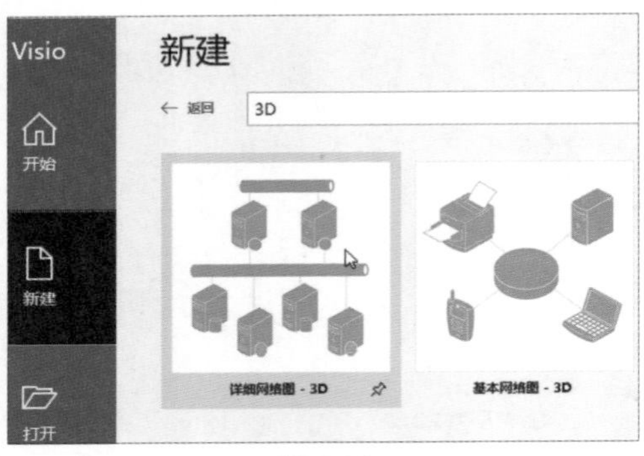

图 4-44

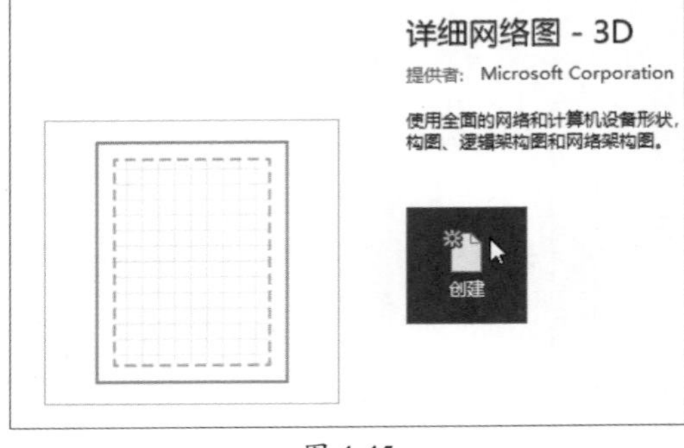

图 4-45

Step 02 在左侧“形状”窗格的模具集中选择所需的设备形状并拖至页面中，结果如图4-46所示。

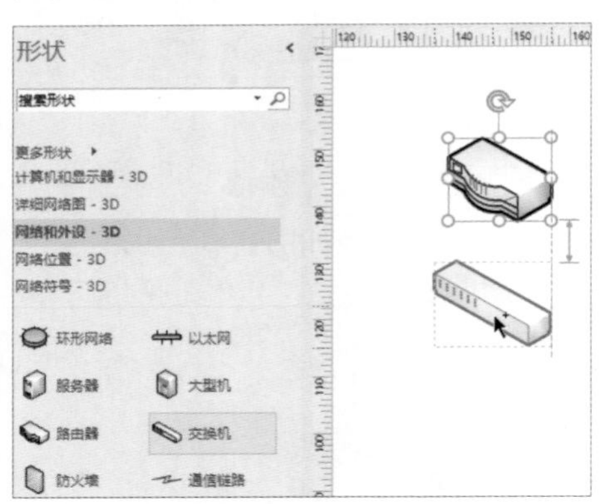

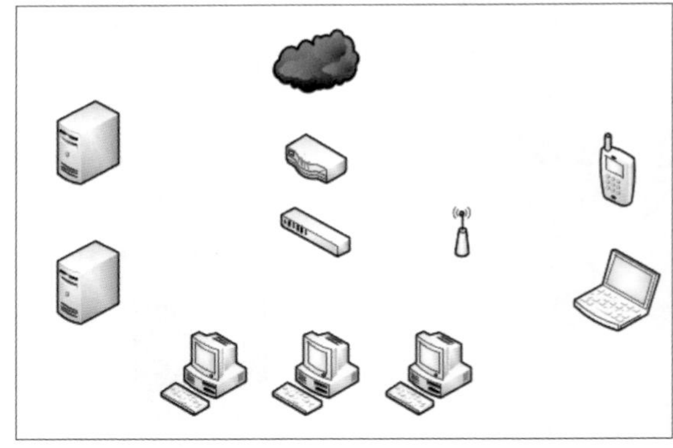

图 4-46

Step 03 在“开始”选项卡的“工具”选项组中单击“连接线”按钮，连接各个终端设备的连接点，如图4-47所示。

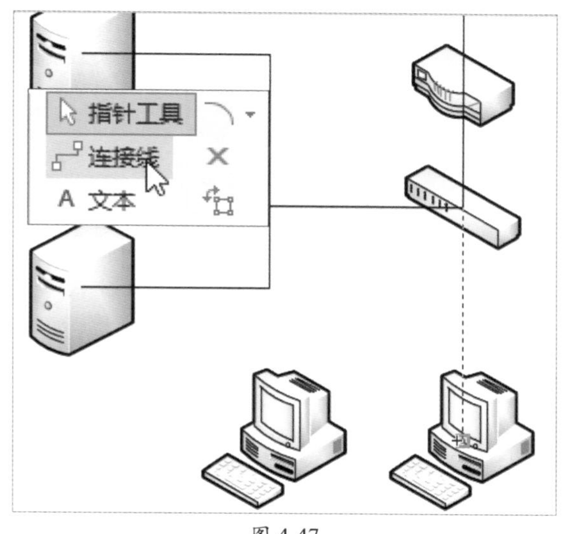

图 4-47

知识点拨

如果连接线的路径与用户需要的不符，可以按住连接线上的控制点，拖曳到目标位置，如图4–48所示。

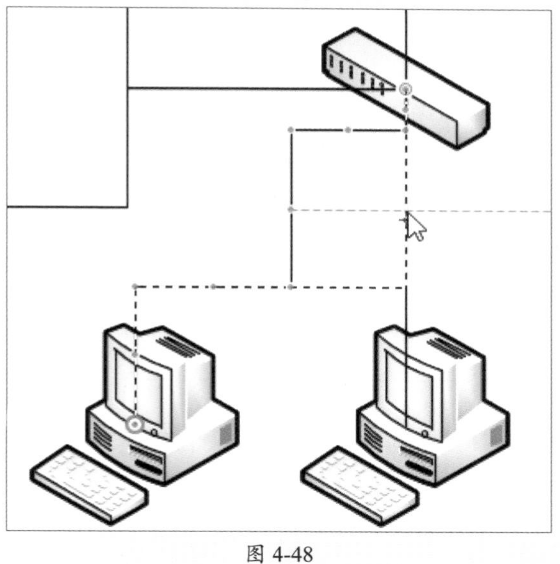

图 4-48

Step 04 在“开始”选项卡的“工具”选项组中单击“矩形”下拉按钮，在弹出的列表中选择“弧形”选项，手动绘制无线信号，结果如图4-49所示。

Step 05 双击服务器形状，输入服务器名称，如图4-50所示。使用Ctrl+2组合键在无线接入点下方绘制文本框并输入文字，如图4-51所示。

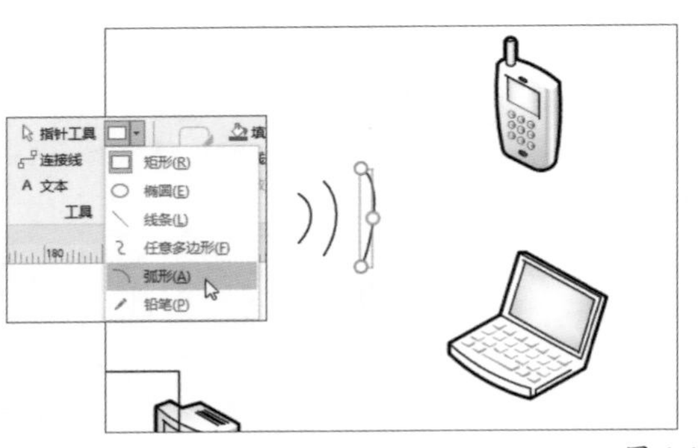

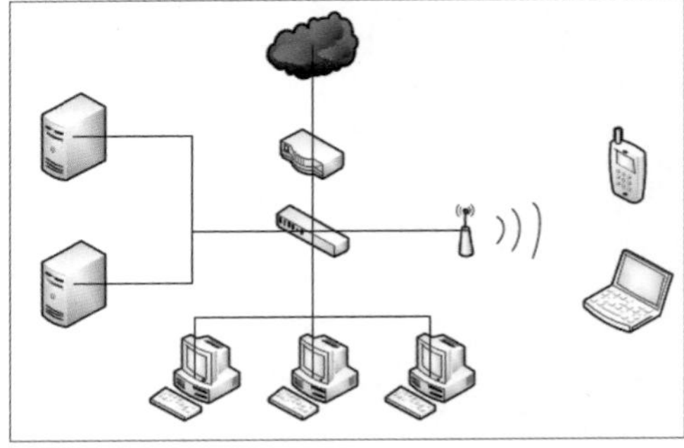

图 4-49

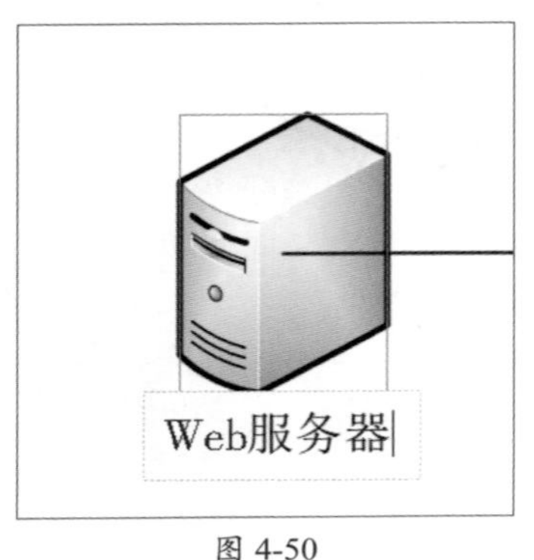

图 4-50

图 4-51

Step 06 按照同样的方法完成其他设备的标注，结果如图4-52所示。

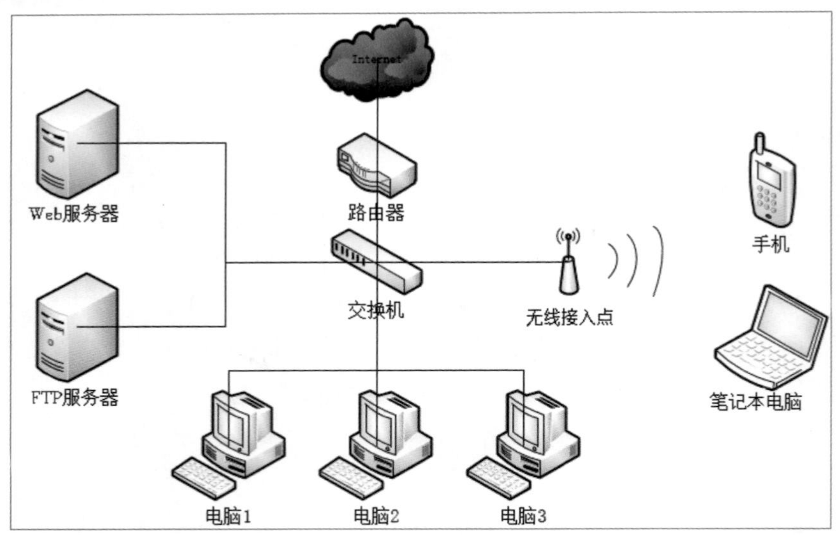

图 4-52

Step 07 在“设计”选项卡的“背景”选项组中单击“背景”下拉按钮，为页面添加背景，如图4-53所示。单击“边框和标题”下拉按钮，在弹出的列表中选择“简朴型”选项，如图4-54所示。

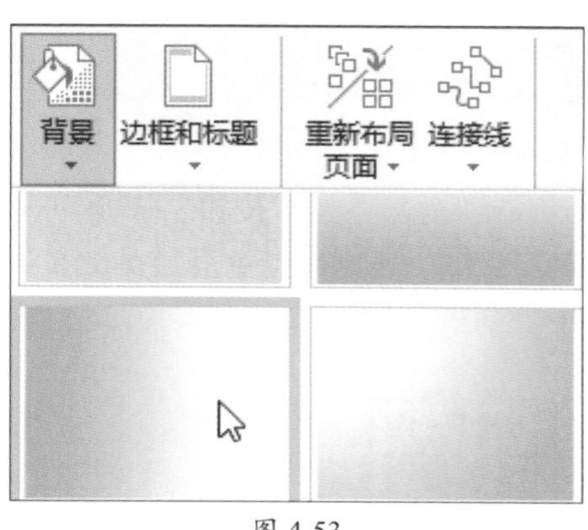

图 4-53

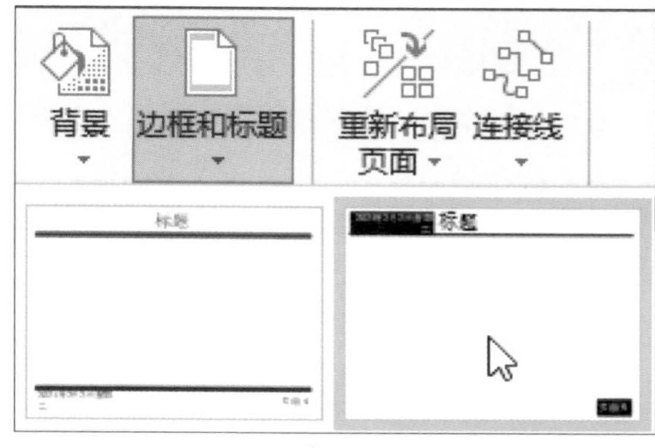

图 4-54

Step 08 进入到“背景-1”中，修改边框和标题内容，最终效果如图4-55所示。至此网络拓扑图绘制完成。

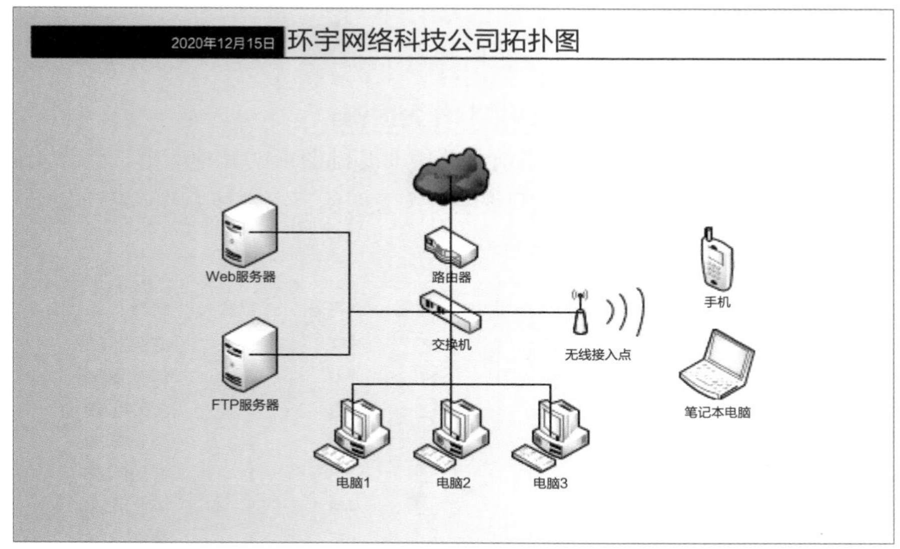

图 4-55

新手答疑

1. Q：在替换时，如果有些需要替换，有些不需要替换应该怎么办？

A： 用户仍然可以使用“替换”功能，但不要单击“全部替换”按钮，而是单击“查找下一个”按钮，决定替换时单击“替换”按钮，否则继续单击“查找下一个”按钮，如图4-56所示。

图 4-56

2. Q：“保护”功能只能通过搜索找到吗？

A： 用户可以在菜单栏右击，在弹出的快捷菜单中选择“自定义功能区”选项，在弹出的对话框中勾选“开发工具”复选框，单击“确定”按钮。可以在“开发工具”选项卡的“形状设计”选项组中单击“保护”按钮，如图4-57所示。

图 4-57

3. Q：使用图例时，怎样添加自己的形状作为图例？

A： 不用添加，图例会自己搜集当前文档中非基础图形的其他图形，并作为图例统计处理，如图4-58所示。用户只要在“配置图例”中选择哪些形状可以显示在图例中即可完成图例制作，如图4-59所示。

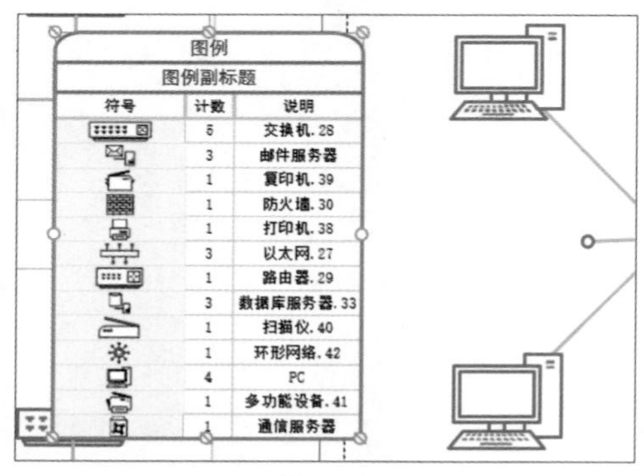

图 4-58

可见	符号	数量	说明
☑		5	交换机.28
☑		3	邮件服务器
☑		1	复印机.39
☑		1	防火墙.30
☑		1	打印机.38
☑		3	以太网.27
☑		1	路由器.29
☐		3	数据库服务器.33
☐		1	扫描仪.40

图 4-59

第5章 图片和图表功能的应用

在Visio中利用图片和图表不仅可以增强页面的美感，还可以让数据内容更加直观地展示出来。本章将介绍插入、美化图片和图表的相关知识，其中包括图片的插入、编辑与美化；图表的创建与美化等。

5.1 图片的插入

图片的插入方法有两种，分别是插入本地图片和插入联机图片。在Visio中插入图片可以很好地增强页面整体的美观性。下面分别对这两种方法进行介绍。

5.1.1 插入本地图片

如果用户的计算机中有现成的图片可用，那么可直接使用插入图片功能来进行操作。在“插入”选项卡的“插图”选项组中单击“图片”按钮，在“插入图片”对话框中选择图片，单击“打开”按钮，即可将图片插入至页面中，如图5-1所示。

图 5-1

知识点拨

将图片直接拖入Visio的页面中也可完成图片插入的操作，如图5-2所示。

图 5-2

5.1.2　插入联机图片

和使用在线模板创建Office文档类似，Visio也提供了大量的在线图片，用户可以直接搜索并插入。

在“插入”选项卡的“插图”选项组中单击“联机图片”按钮，在“联机图片”界面中输入需要搜索的图片关键字，按Enter键启动搜索，如图5-3所示。

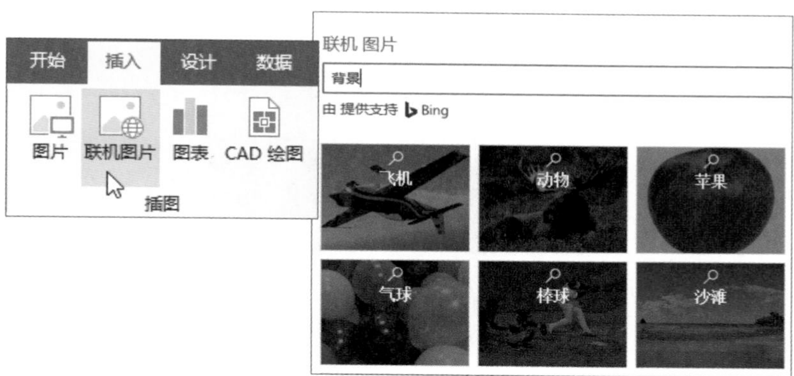

图 5-3

在搜索结果列表中选择所需的图片，单击“插入”按钮，即可将其插入至页面中，如图5-4所示。

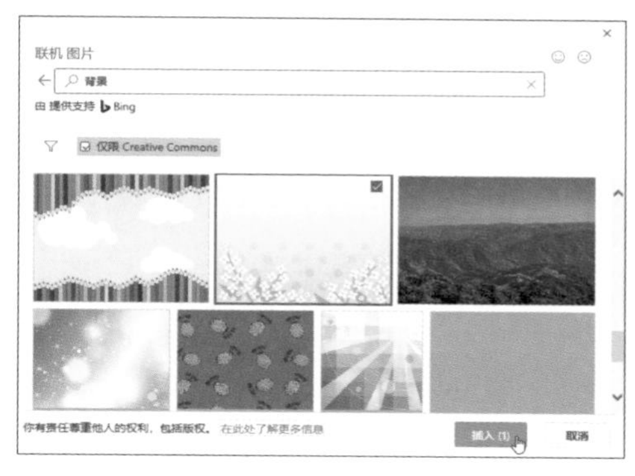

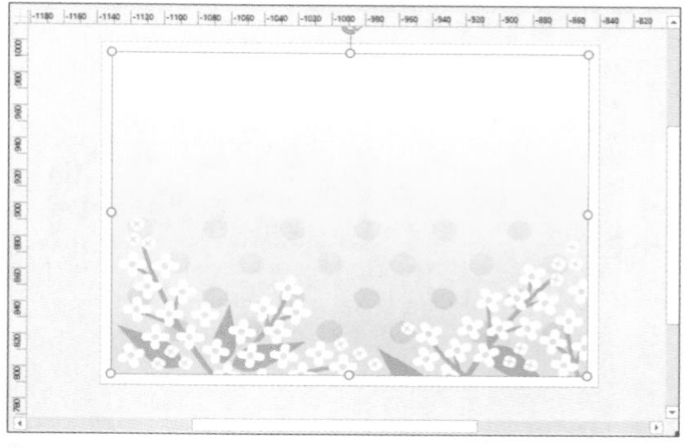

图 5-4

5.2　图片的编辑

图片插入后，通常会对图片进行必要的编辑，其中包括调整图片的大小、调整图片的位置、旋转图片、裁剪图片、叠放图片的顺序等。

5.2.1　调整图片的大小和位置

插入图片后，如果图片不符合当前的页面排版要求，用户可以手动调整图片。

1. 缩放图片

选中图片后，图片四周出现8个控制点，将鼠标移至图片任意一个对角点上，按住Ctrl键并拖动该控制点至合适位置，即可等比放大或缩小图片，如图5-5所示。

图 5-5

2. 调整图片位置

选中图片，按住鼠标左键拖动图片到满意的位置后，松开鼠标即可，如图5-6所示。

图 5-6

5.2.2 旋转图片及调整叠放次序

除了设置图片的大小和位置外，还可以旋转图片，以及调整图片的排列顺序。

1. 旋转图片

选中图片后，在图片上方会显示旋转控制柄，选中该控制柄并拖动鼠标，便可旋转图片到任意角度，如图5-7所示。

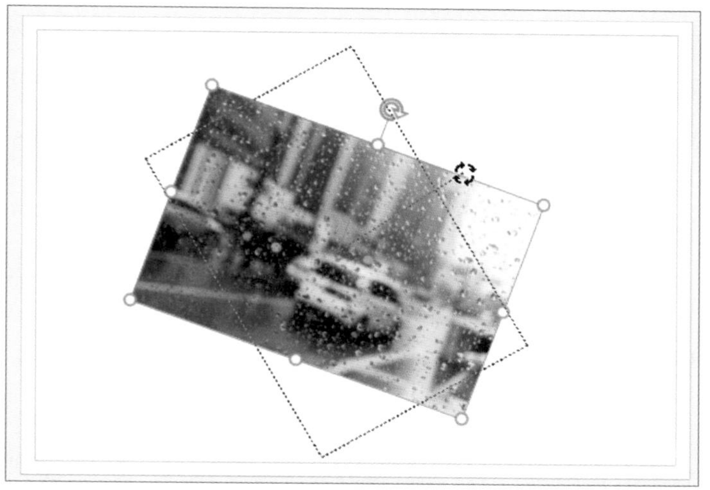

图 5-7

知识点拨

默认状态下，旋转图片时系统会自动按角度进行旋转，若按住Alt键配合旋转，旋转起来就会很平滑。如果需要旋转到某一特定的角度，可在“开始”选项卡中单击“位置”下拉按钮，在弹出的列表中选择“旋转形状”选项，并在其级联菜单中选择所需角度选项，如图5-8所示。

图 5-8

2. 设置图片叠放顺序

若多张图片叠放在一起，或者与其他形状有重叠，用户可以对图片的叠放顺序进行调整。选中最上层的图片，在“图片工具-格式”选项卡中单击“置于底层”下拉按钮，在列表中根据需要选择“置于底层”选项，此时被选图片将自动放置在最底层，如图5-9所示。

图 5-9

动手练 对图片进行裁剪

扫码看视频

如果只需要图片中的一部分，可以使用裁剪功能将图片多余的部分裁剪掉。选中图片，在“图片工具-格式”选项卡的“排列”选项组中单击“裁剪工具”按钮，图片四周会出现裁剪点，将鼠标移动至所需的裁剪点上，拖动该裁剪点至合适位置，调整好图片保留的区域，如图5-10所示。单击图片外空白处即可完成裁剪操作，如图5-11所示。

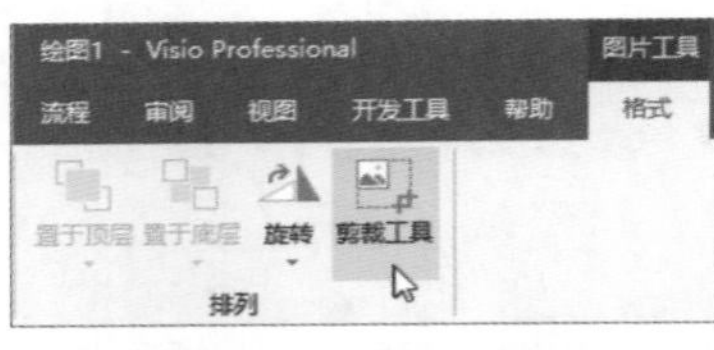

图 5-10

图 5-11

5.3 图片的美化

如果插入的图片色调、明暗不能够满足需求，用户可利用相关美化功能来调整图片。其功能包括调整图片的亮度及对比度、调整图片的效果、设置图片边框样式、图片显示效果等。

5.3.1 调整图片效果

扫码看视频

选中图片，在“图片工具-格式”选项卡的“调整”选项组中单击“亮度”下拉按钮，从列表中选择正百分比选项，可以增加图片的亮度，选择负百分比选项，可降低图片的亮度，如图5-12所示为调整前效果，如图5-13所示为调整后效果。

图 5-12

图 5-13

在该选项组中单击“对比度”下拉按钮，在弹出的列表中用户可选择增大或减小图片对比度，图5-14、图5-15是调整对比度前后的效果。

图 5-14

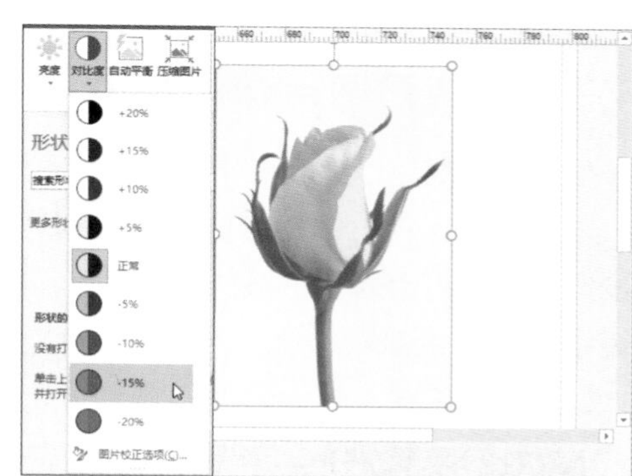

图 5-15

用户还可使用自动调整功能来自动优化图片的显示效果。在“图片工具-格式”选项卡的“调整”选项组中单击“自动平衡”按钮，图片会自动进行调整，图5-16、图5-17是调整前后的对比。

图 5-16

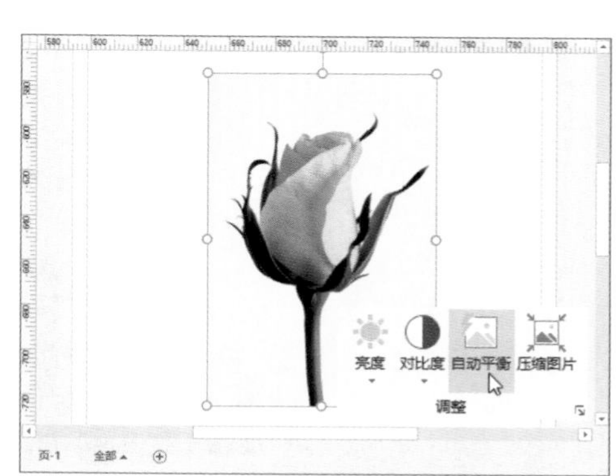

图 5-17

知识点拨

文档中的图片越多，文档就越大。用户可通过压缩图片的方法来控制文档的大小。选中图片，在“图片工具-格式”选项卡的“调整”选项组中单击“压缩图片”按钮，在弹出的“设置图片格式”对话框的“压缩”选项卡中，设置压缩的百分比、是否删除图片裁剪区域、更改分辨率等，单击“确定”按钮即可完成图片压缩操作，如图5-18所示。

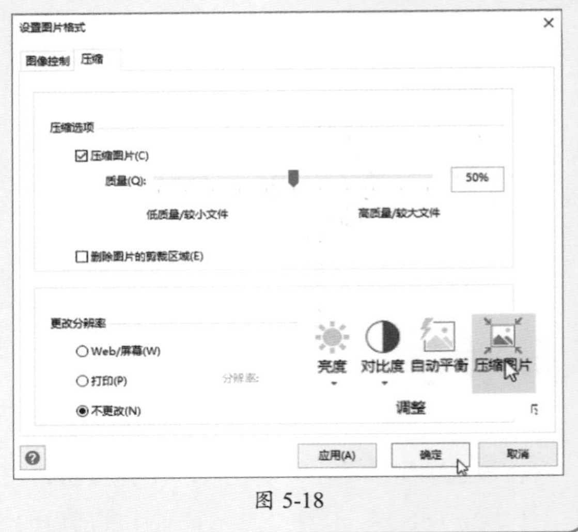

图 5-18

5.3.2 调整图片边框样式

除了调整图片本身效果外，还可以调整图片边框线的样式来美化图片。

选中图片，在“图片工具-格式”选项卡的“图片样式”选项组中单击“线条”下拉按钮，在弹出的列表中选择一种颜色，即可设置边框线的颜色，如图5-19所示。在该列表中选择“粗细”选项，并在其级联菜单中选择合适的参数，即可调整边框线的粗细，如图5-20所示。

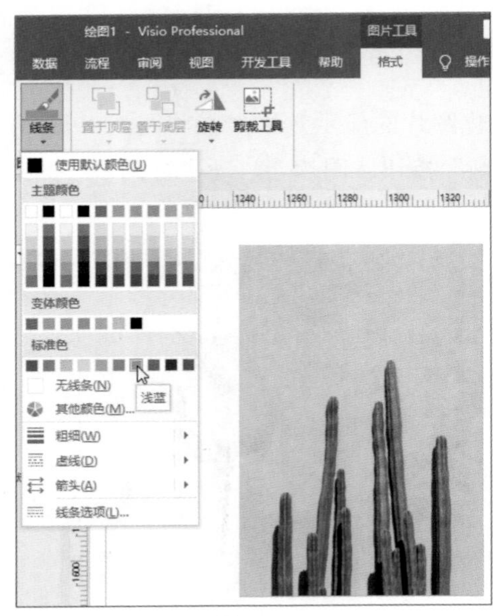

图 5-19

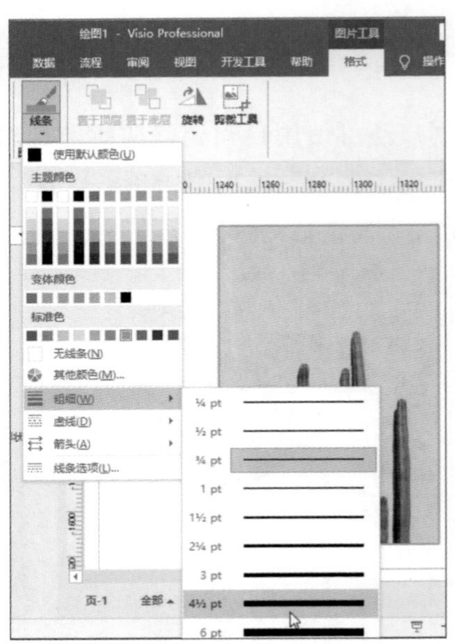

图 5-20

在该列表中还可选择“虚线”选项，并在其级联菜单中对边框线的线型进行设置，如图5-21所示。

图 5-21

动手练 对图片轮廓线样式进行设置

除了前面介绍的方法外，用户还可以使用“设置形状格式”窗格设置图片的边框线样式。

扫码看视频

Step 01 选中图片，在“图片工具-格式”选项卡的“图片样式”选项组中单击“线条”下拉按钮，在弹出的列表中选择“线条选项”选项，启动“设置形状格式”窗格，如图5-22所示。

Step 02 在该窗格中选择“填充与线条”选项，在“线条”选项组中选中“实线”单选按钮，在其下方用户可设置边框线的“颜色”“宽度”以及线型等参数，如图5-23所示。

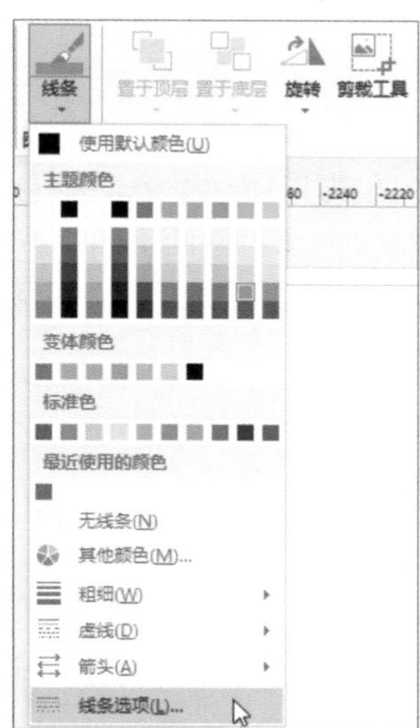

图 5-22

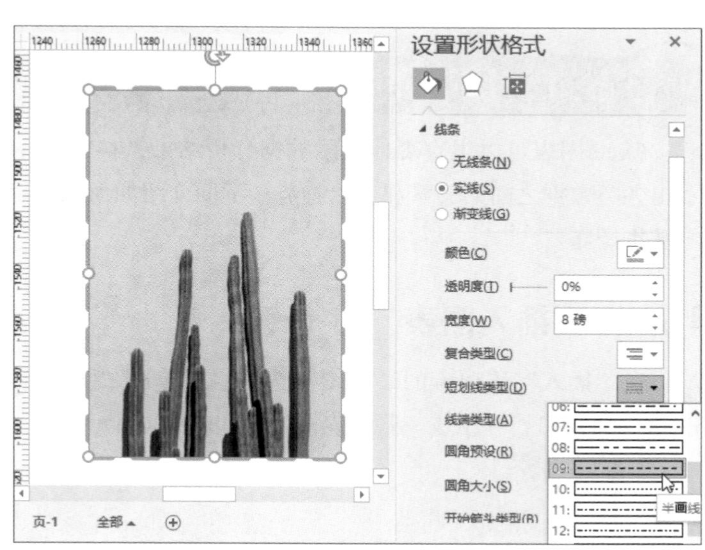

图 5-23

5.3.3 设置图片显示效果

与“形状”的设置类似，图片也可以设置其整体显示效果，例如设置图片阴影、映像等内置的效果。

启动“设置形状格式”窗格，在“效果”选项卡中展开“阴影”功能组，选择一款预设，并设置阴影参数，设置完成后即可查看到图片的阴影效果，如图5-24所示。

在“效果”选项卡中展开“映像”功能组，选择一款映像预设效果，并设置透明度、大小、模糊度、距离等参数，即可为图片添加映像效果，如图5-25所示。

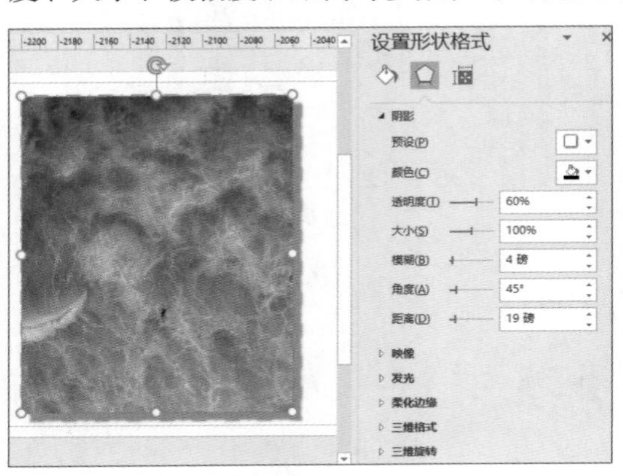

图 5-24

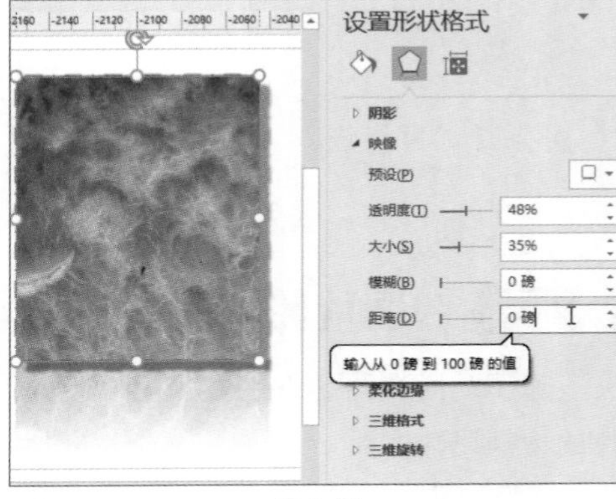

图 5-25

知识点拨

其他显示效果还有“发光”“柔化边缘”“三维格式”和“三维旋转”，用户可以直接选择预设的选项，或者手动设置各参数。

5.4 图表的创建

Excel图表可以很直观地展示数据分析结果，在Visio中用户也可以使用图表功能展示出各类数据之间的关系和变化趋势。下面介绍如何在Visio中插入图表以及图表的美化等基本操作。

5.4.1 插入图表

在“插入”选项卡的“插图”选项组中单击“图表”按钮，Visio软件会自动启动Excel编辑窗口，并生成一张图表模板，如图5-26所示。

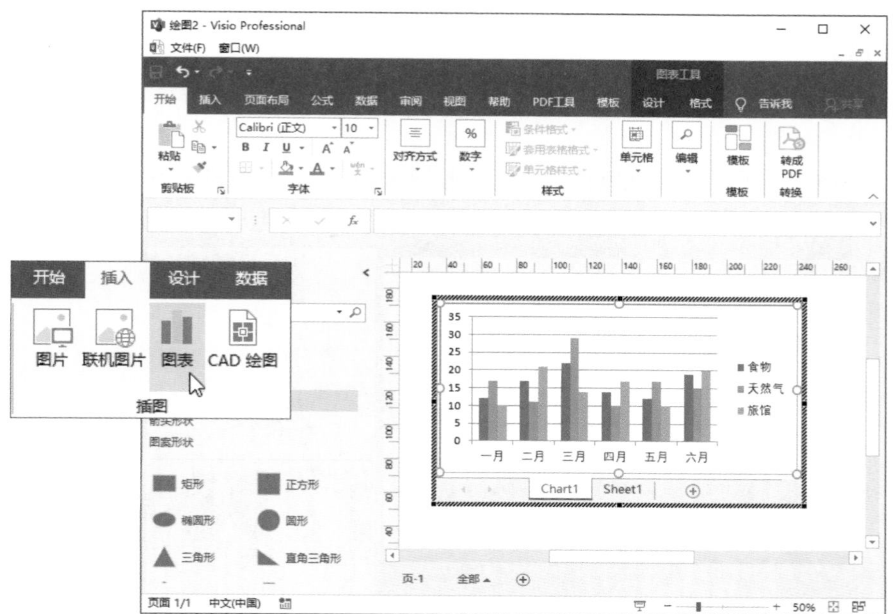

图 5-26

在该模板中单击Sheet1工作表标签，即可切换到数据列表，在此用户可修改模板中的数据。修改完成后，单击Chart1工作表标签返回图表窗口，单击图表外空白处即可完成图表的创建操作，如图5-27所示。

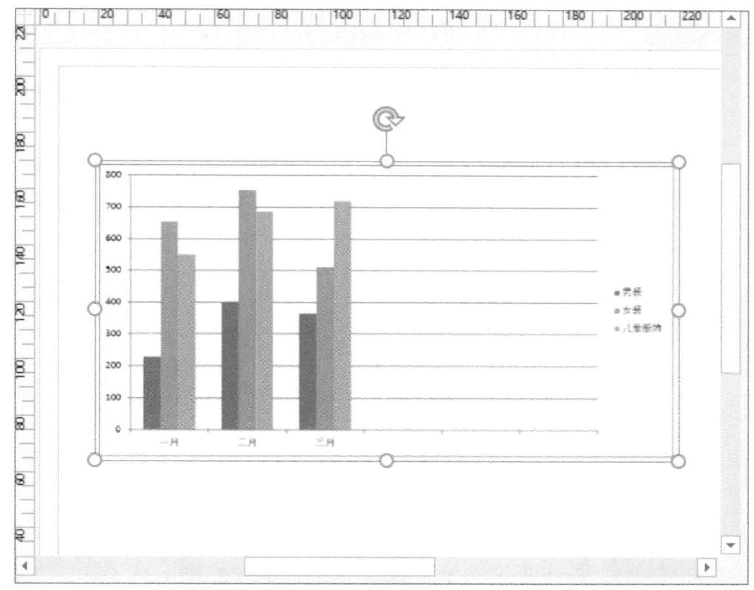

图 5-27

此外，如果有创建好的Excel图表，用户只需将其复制粘贴至Visio软件中即可，非常方便。

5.4.2 调整图表

图表插入后，可对图表进行一些必要的调整，例如位置、大小、类型等，使图表更符合绘图页的布局要求。

选中插入的图表，使用鼠标拖曳的方法可调整图表的位置，如图5-28所示。将鼠标移至图表任意对角点，按住Ctrl键，将对角点拖曳至合适位置，可以等比例缩放图表，调整后如图5-29所示。

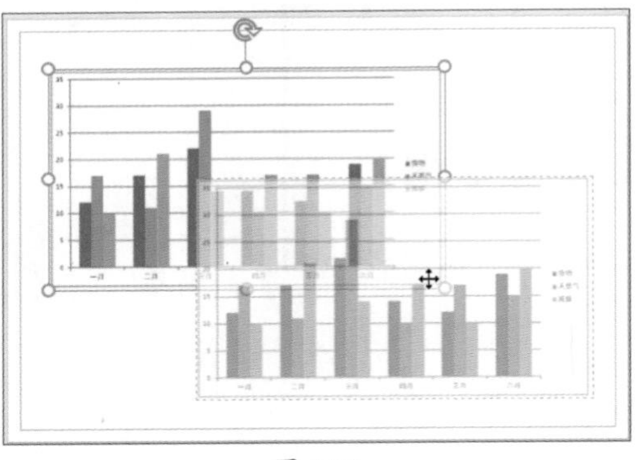

图 5-28

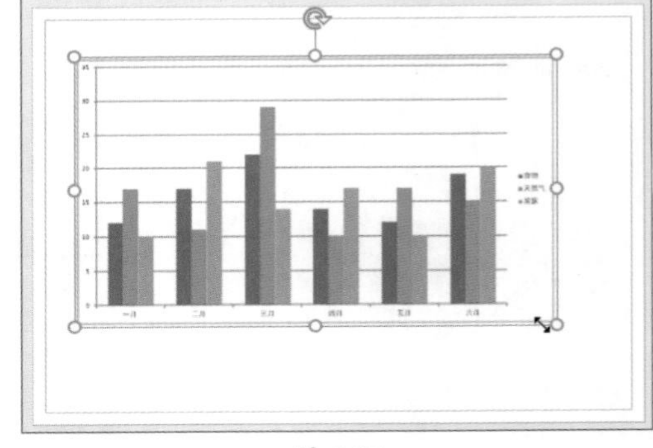

图 5-29

动手练 创建电子产品销售统计图表

扫码看视频

下面以电子产品销售统计图表为例介绍图表创建的具体操作。

Step 01 在“插入”选项卡中单击“图表”按钮，插入图表模板。单击Sheet1选项卡，在数据表中填入产品销售数据，如图5-30所示。单击Chart1选项卡返回图表中。

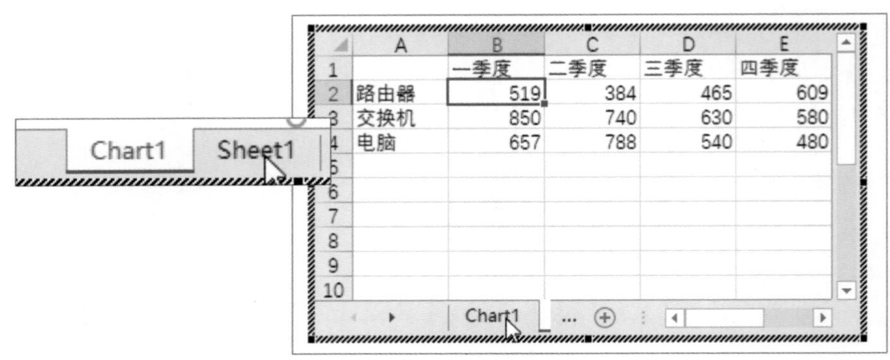

	A	B	C	D	E
1		一季度	二季度	三季度	四季度
2	路由器	519	384	465	609
3	交换机	850	740	630	580
4	电脑	657	788	540	480
5					
6					
7					
8					
9					
10					

图 5-30

Step 02 返回图表后发现少了“四季度”的数据，如图5-31所示。双击图表进入Excel编辑窗口，在“图表工具-设计”选项卡的“数据”选项组中单击“选择数据”按钮，在弹出的“选择数据源”对话框中单击“图表数据区域”右侧的“选择数据”按钮，如图5-32所示。

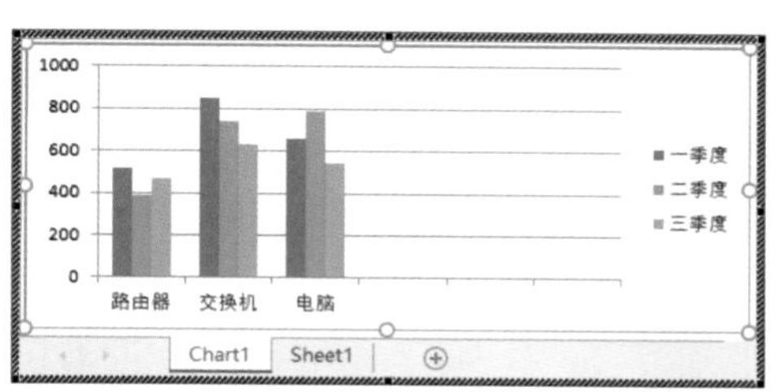

图 5-31

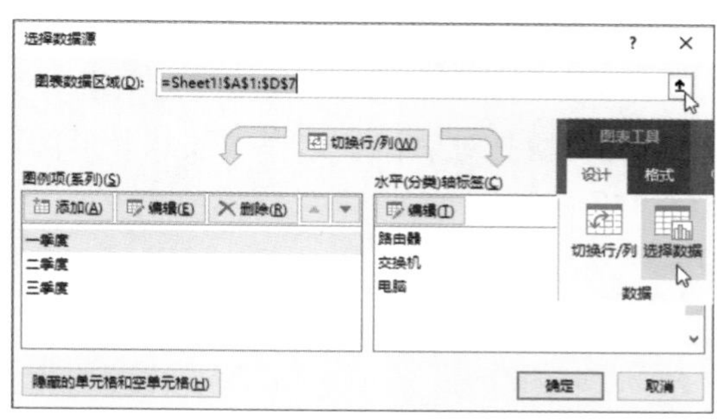

图 5-32

知识点拨

用户也可以在“选择数据源”对话框中，通过添加图例项将“四季度”的数据添加到图表中。通过“删除”功能将不需要的图例项删除掉。

Step 03 选中A1～E4的所有单元格，单击“完成选择”按钮，如图5-33所示。

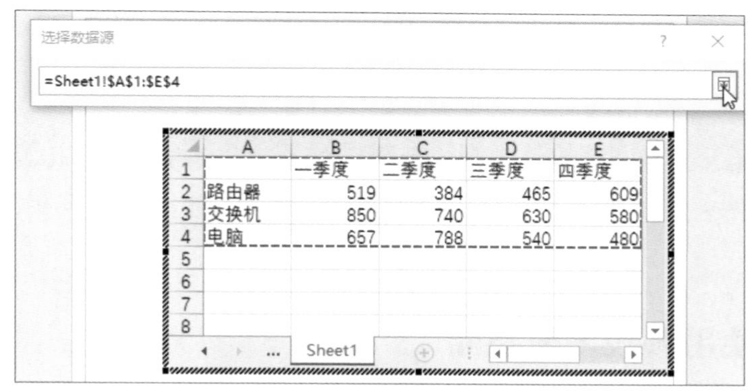

	A	B	C	D	E
1		一季度	二季度	三季度	四季度
2	路由器	519	384	465	609
3	交换机	850	740	630	580
4	电脑	657	788	540	480
5					
6					
7					
8					

图 5-33

Step 04 返回“选择数据源”对话框中，单击“确定”按钮退出数据选择，此时图表数据更换完毕，如图5-34所示。

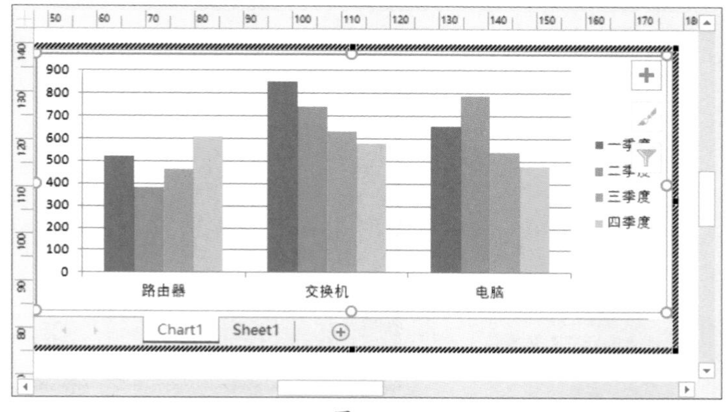

图 5-34

Step 05 默认的图表是柱形图，用户可以根据需要更换为其他类型的图表。在“图表工具-设计”选项卡的“类型”选项组中单击“更改图表类型”按钮，在弹出的“更改图表类型”对话框中选择“簇状条形图”类型，即可更换当前柱形图表类型，如图5-35所示。

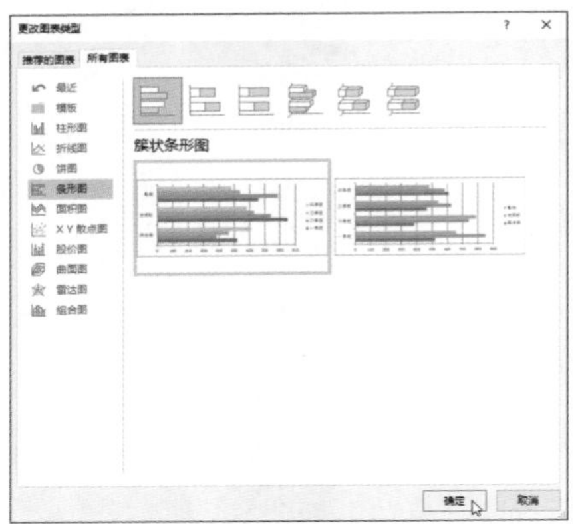

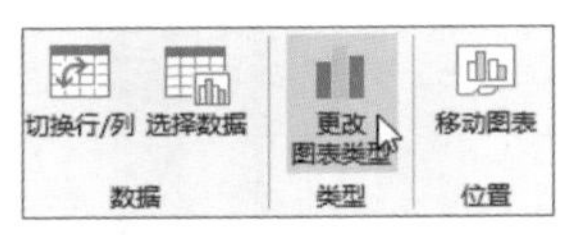

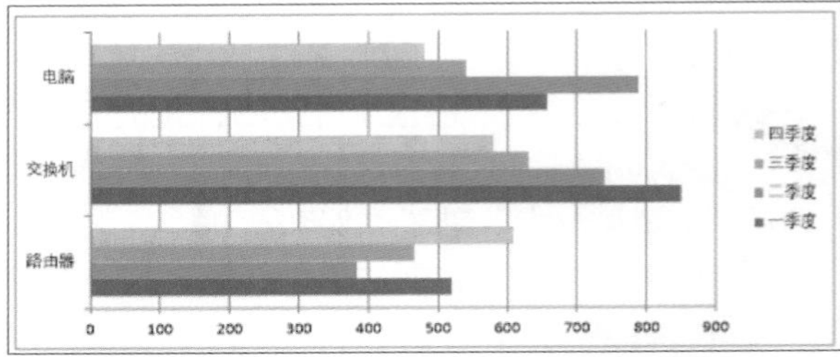

图 5-35

5.5 设置图表的布局

通过调整图表的布局，可以使图表变得更加美观、优雅。下面介绍图表的布局调整操作。

5.5.1 使用预设图表布局

Visio中预设了很多图表的布局，用户可以直接套用。双击图表打开Excel编辑窗口，在“图表工具-设计”选项卡的“图表布局”选项组中单击“快速布局”下拉按钮，根据提示的内容和示例选择满意的预设布局，如图5-36所示，更改完毕后的效果如图5-37所示。

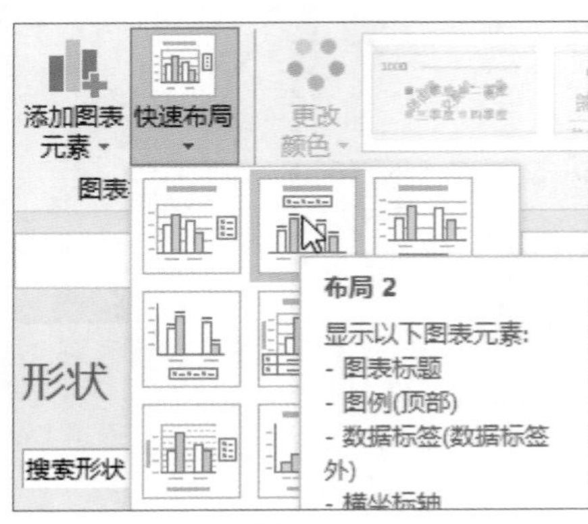

图 5-36

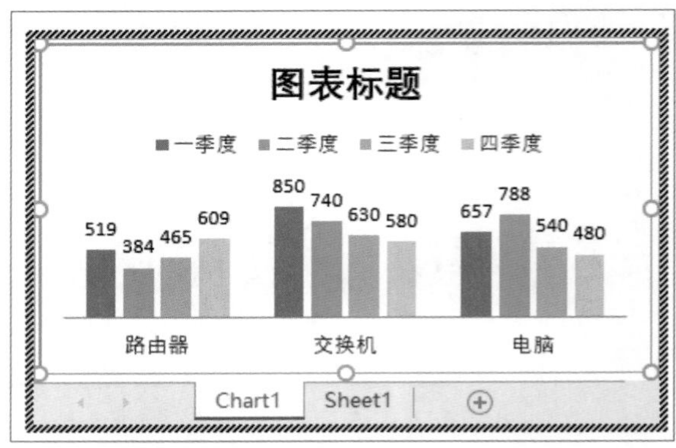

图 5-37

5.5.2 自定义图表中的元素

除了预设外，用户也可以手动设置图表元素的显示方式。

1. 添加图表标题

默认的柱形图没有标题，用户可以根据需要手动添加图表标题。在“图表工具-设计”选项卡的“图表布局”选项组中单击“添加图表元素”下拉按钮，在弹出的列表中选择“图表标题”→“图表上方”选项，如图5-38所示。此时在图表上方会显示标题框，双击标题框后可输入标题内容，如图5-39所示。

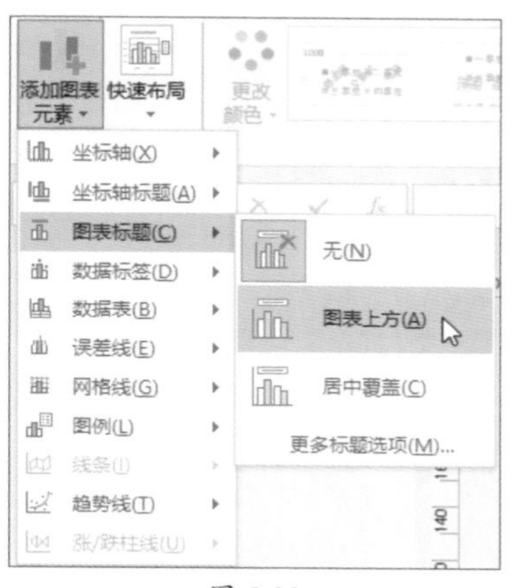

图 5-38

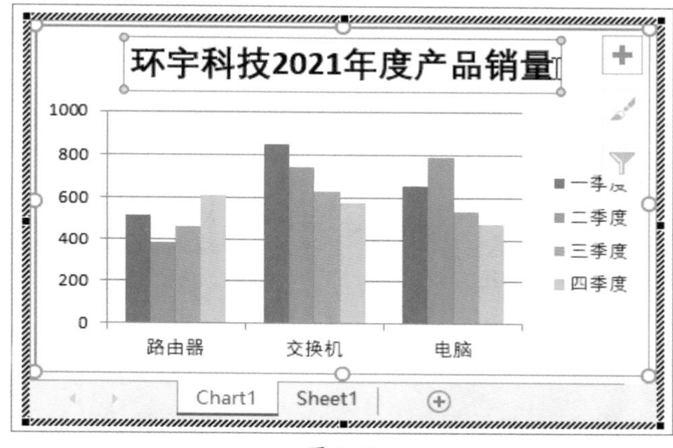

图 5-39

2. 为图表添加数据表

为了增加图表的表现能力，可以为图表添加数据表，通过表和图，可以更准确地表现图上的各参数。

在“图表工具-设计”选项卡中单击“添加图表元素”下拉按钮，在弹出的列表中选择“数据表”→“显示图例项标示”选项，如图5-40所示。此时在图表下方出现数据表格，内容就是之前编辑的数据源，如图5-41所示。

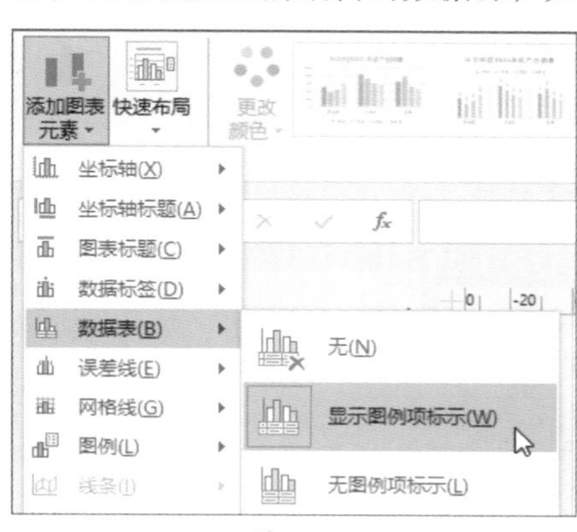

图 5-40

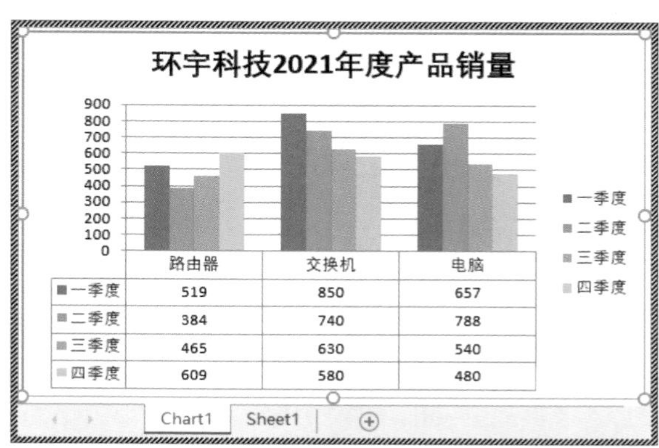

	路由器	交换机	电脑
一季度	519	850	657
二季度	384	740	788
三季度	465	630	540
四季度	609	580	480

图 5-41

3. 添加数据标签

在“图表工具-设计”选项卡的“图表布局”选项组中单击“添加图表元素”下拉按钮，在弹出的列表中选择“数据标签”→“数据标签外”选项，如图5-42所示。完成后效果如图5-43所示。

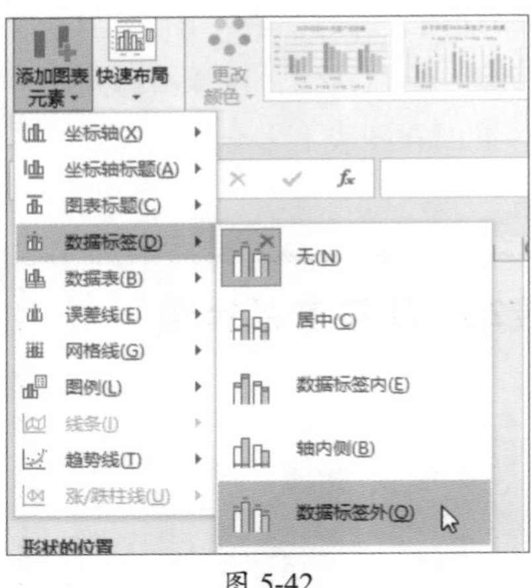

图 5-42

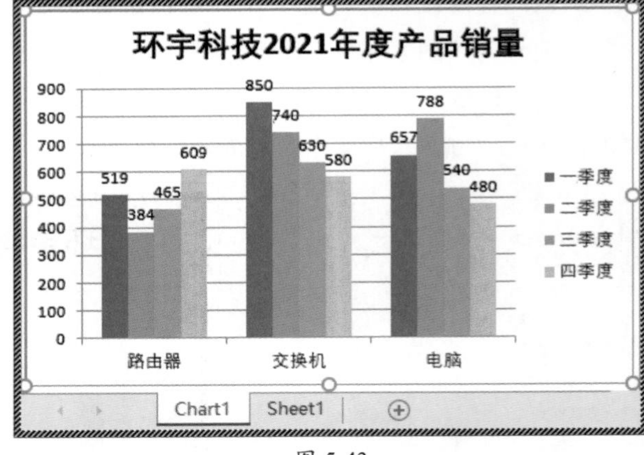

图 5-43

5.5.3 添加分析线

分析线包括误差线、趋势线和涨/跌柱线。通过分析线，可让图表数据的表达更准确。

1. 添加误差线

误差线可以用来表述每个数据点或数据标记的潜在误差值。在“图表工具-设计”选项卡的“图表布局”选项组中单击“添加图表元素”下拉按钮，在弹出的列表中选择“误差线”→“标准误差”选项，如图5-44所示。完成后效果如图5-45所示。

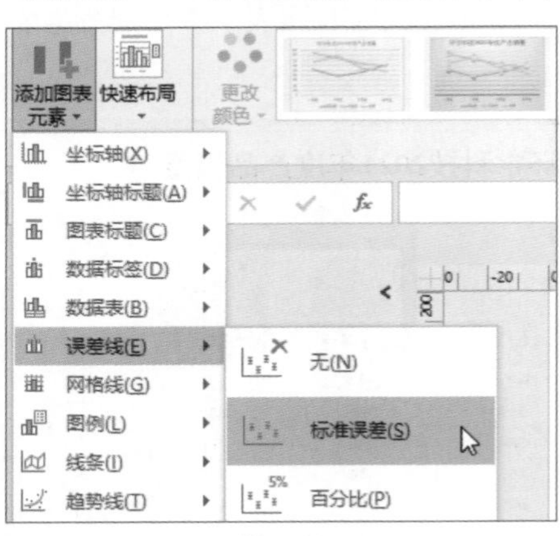

图 5-44

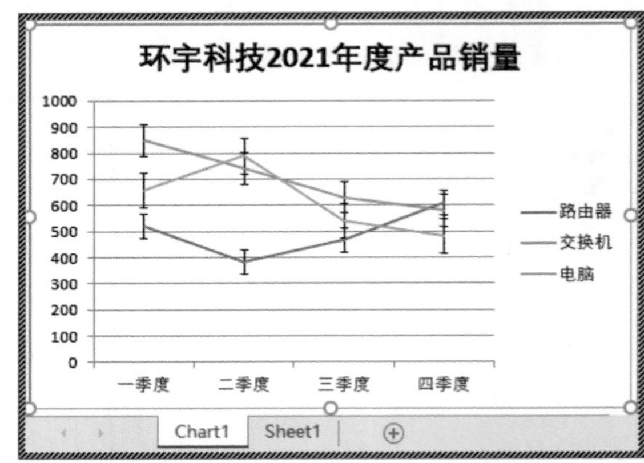

图 5-45

2. 添加趋势线

趋势线主要用来显示每个系列中数据的发展趋势。在“图表工具-设计”选项卡的“图表布局”选项组中单击“添加图表元素”下拉按钮，在弹出的列表中选择“趋势线”→“线性”选项，如图5-46所示。在弹出的对话框中选择“路由器”选项，单击“确定”按钮，可以查看路由器的趋势线，如图5-47所示。

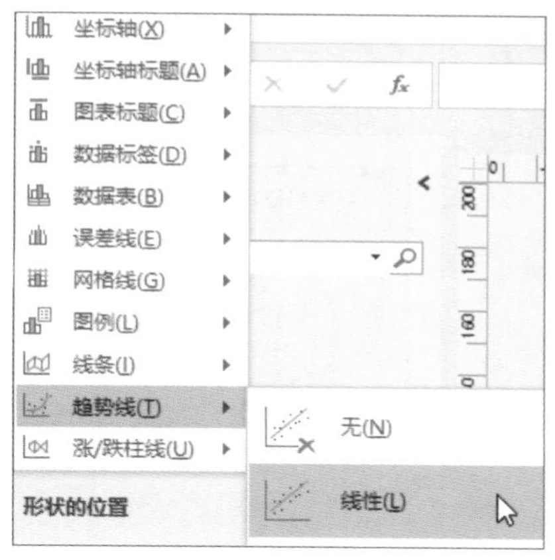

图 5-46

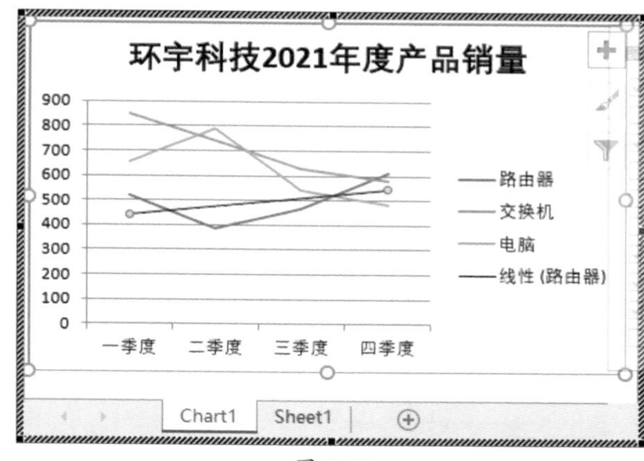

图 5-47

知识点拨

选中图表，单击图表右侧的“+”按钮，在弹出的列表中用户可以快速添加相关的图表元素，如图5-48所示。

图 5-48

 5.6 设置图表格式

通过设置图表区及其边框颜色样式，可以起到美化图表的目的，下面介绍具体的操作方法。

5.6.1 设置图表区格式

在“图表工具-格式”选项卡的“当前所选内容”选项组中单击“绘图区”下拉按钮，在弹出的列表中选择“图表区”→“设置所选内容格式”选项，在弹出的“设置图表区格式”窗格中展开“填充”列表，选中“纯色填充”单选按钮，并设置填充的颜色和透明度等参数，如图5-49所示。完成后单击“确定”按钮。

图 5-49

知识点拨

除了设置填充效果外，用户还可以设置边框的格式。在“设置图表区格式”对话框中展开“边框”列表，设置边框的相关参数，如图5-50所示。

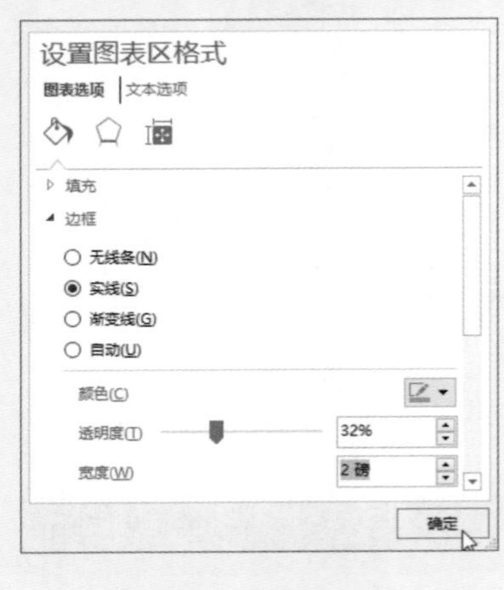

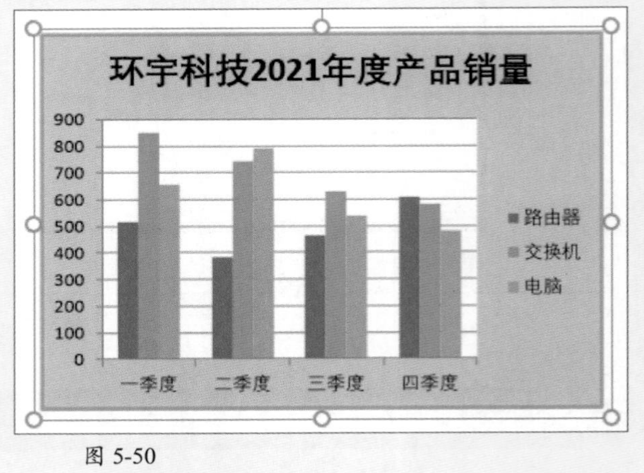

图 5-50

对于图表，可以设置其阴影格式等效果，让其更加立体美观。在“设置图表区格式”对话框的“效果”选项卡中，可设置“阴影”“发光”“柔化边缘”等选项组参数，效果如图5-51所示。

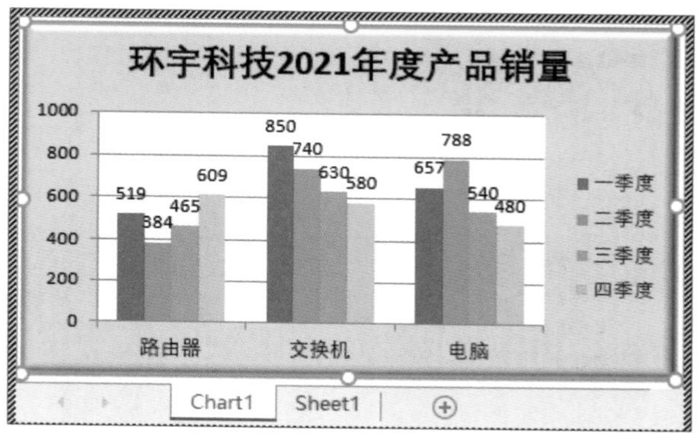

图 5-51

5.6.2 快速设置数据系列格式

数据系列是图表中的重要元素之一，用户可以通过设置数据系列的形状、填充、边框颜色、阴影等效果，达到美化数据系列的目的。

在图表中选择需要调整的数据系列，比如“路由器”数据列。在“图表工具-格式”选项卡的“形状样式”选项组中选择一个预设样式，如图5-52所示，选择后效果如图5-53所示。

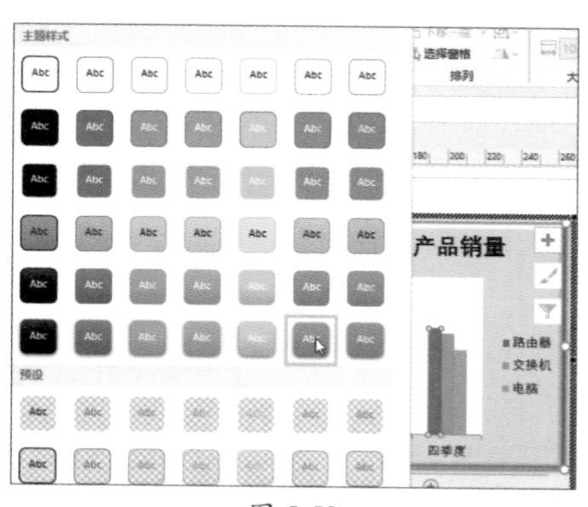

图 5-52

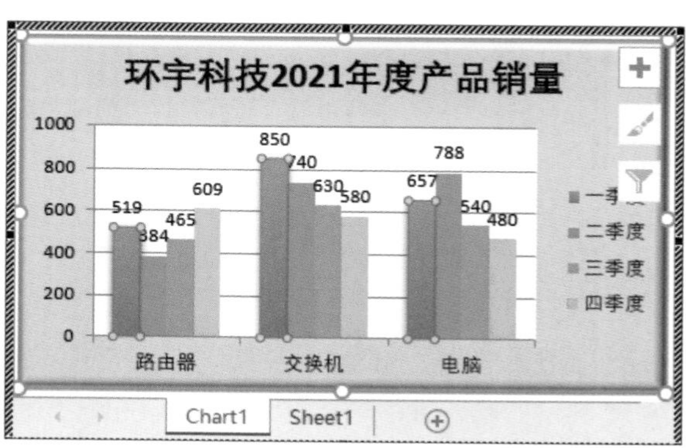

图 5-53

动手练 美化科技产品销量统计图表坐标轴

扫码看视频

坐标轴是标识图表数据类别的坐标线，用户可以在“设置坐标轴格式”对话框中设置坐标轴的数字类别与对齐方式。

双击水平坐标轴，启动“设置坐标轴格式”对话框，在“填充与线条”选项卡中设置坐标轴的填充和线条的样式，单击“确定”按钮，如图5-54所示，按同样方法完成纵坐标的设置，效果如图5-55所示。

图 5-54

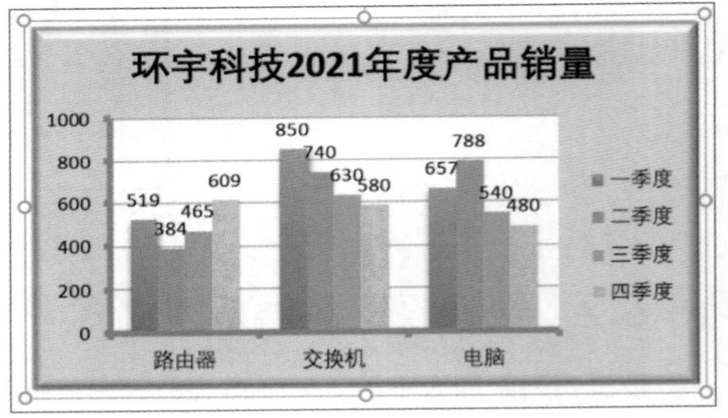

图 5-55

案例实战：制作调查流程甘特图

甘特图是一张水平条形图，常用于项目管理。通过甘特图，可以清晰地查看项目的整个流程，以及每一个流程的时间节点。Visio中可以直接制作甘特图，也可以通过图表功能来制作甘特图。下面以制作调查流程甘特图为例介绍甘特图的制作步骤。

Step 01 新建空白Visio文档，并设置纸张方向为横向。在“插入”选项卡的“插图”选项组中单击“图表”按钮，插入图表，如图5-56所示。

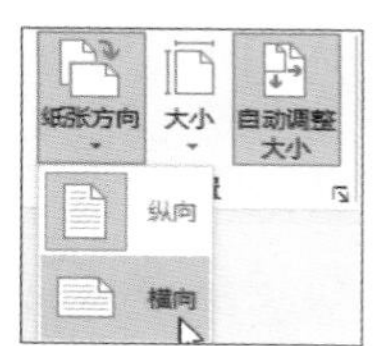

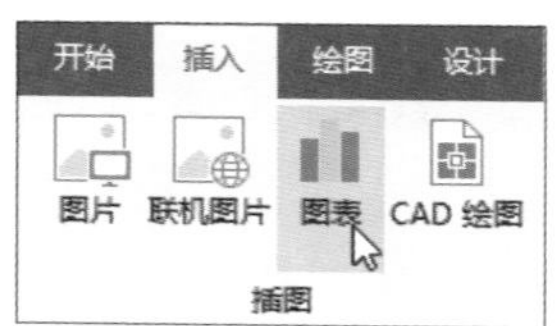

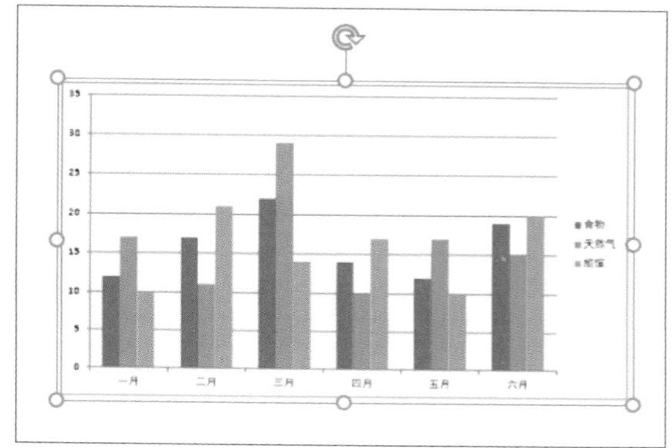

图 5-56

Step 02 进入Excel编辑状态，切换到工作表内并输入数据，如图5-57所示。

Step 03 返回到图表状态，在“图表工具-设计”选项卡的“类型”选项组中单击“更改图表类型”按钮，在“条形图”选项中选择“堆积条形图”选项，单击“确定”按钮，如图5-58所示。

	A	B	C	D
1		开始时间	天数	
2	制订调查表问题	2021/1/11	3	
3	打印调查表	2021/1/14	2	
4	发放调查表	2021/1/16	5	
5	收集回答数据	2021/1/21	2	
6	数据整理与分析	2021/1/23	2	
7	撰写报告	2021/1/25	1	
8	讨论报告	2021/1/26	3	
9	提出改进意见	2021/1/29	2	
10				
11				
12				
13				

Chart1 Sheet1

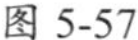

图 5-57

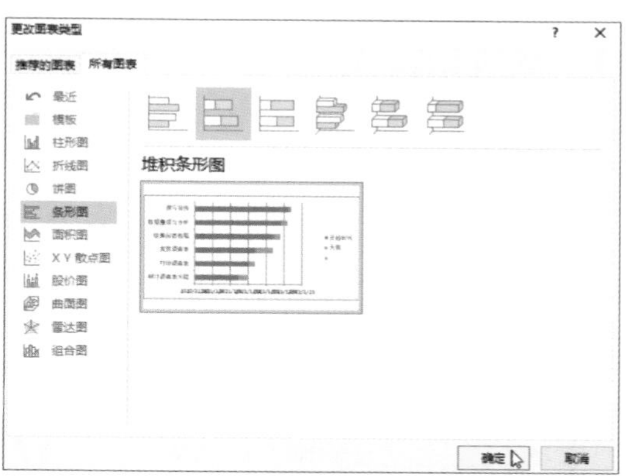

图 5-58

Step 04 在“图表工具-设计”选项卡的“数据”选项组中单击“选择数据”按钮，在“选择数据源”对话框“图例项（系列）”中选择“空白系列”选项，单击“删除”按钮，如图5-59所示。

Step 05 选中“开始时间”选项，单击“编辑”按钮，选中开始时间的范围，如图5-60所示。按照同样的方法完成“天数”的系列值。

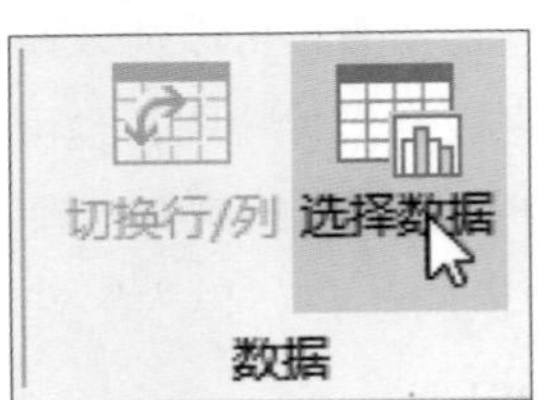

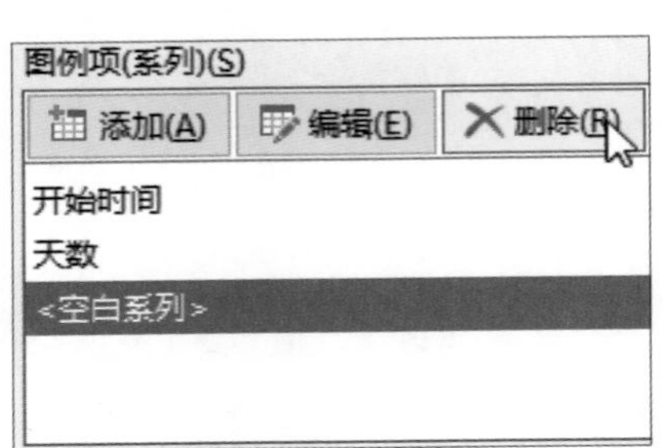

图 5-59

编辑数据系列

系列名称(N): =Sheet1!$B$1 = 开始时间

系列值(V): =Sheet1!$B$2:$B$9 = 2021/1/11, 202...

确定 取消

1		开始时间	天数
2	制订调查表问题	2021/1/11	3
3	打印调查表	2021/1/14	2
4	发放调查表	2021/1/16	5
5	收集回答数据	2021/1/21	2
6	数据整理与分析	2021/1/23	2
7	撰写报告	2021/1/25	1
8	讨论报告	2021/1/26	3
9	提出改进意见	2021/1/29	2

图 5-60

Step 06 在“水平（分类）轴标签”中单击“编辑”按钮，选择轴标签区域，如图5-61所示，单击“确定”按钮，返回到图表中。

Step 07 删除图例后，双击“垂直（类别）轴”，在弹出的“设置坐标轴格式”对话框中选中“最大分类”单选按钮，勾选“逆序类别”复选框，完成后单击“确定”按钮，如图5-62所示。

	A	B	C	D
1		开始时间	天数	
2	制订调查表问题	2021/1/11	3	
3	打印调查表	2021/1/14	2	
4	发放调查表	2021/1/16	5	
5	收集回答数据	2021/1/21	2	
6	数据整理与分析	2021/1/23	2	
7	撰写报告	2021/1/25	1	
8	讨论报告	2021/1/26	3	
9	提出改进意见	2021/1/29	2	

图 5-61

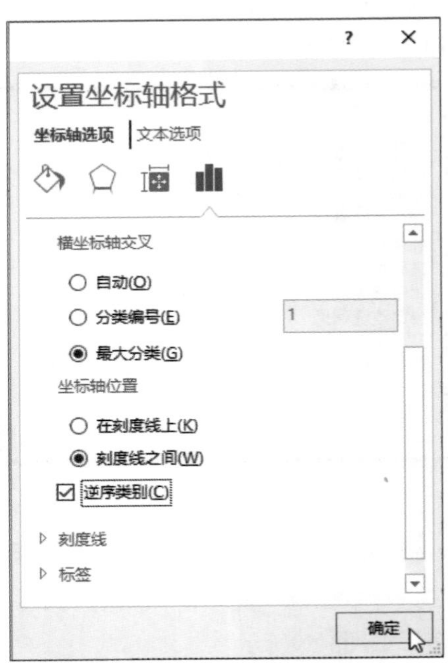

图 5-62

Step 08 双击“开始时间”数据系列，在弹出的“设置数据系列格式”对话框中，在“填充”选项卡中选中“无填充”单选按钮，单击“确定”按钮，如图5-63所示。

Step 09 双击“水平（值）轴”，设置最小值、最大值及最大刻度单位，如图5-64所示。

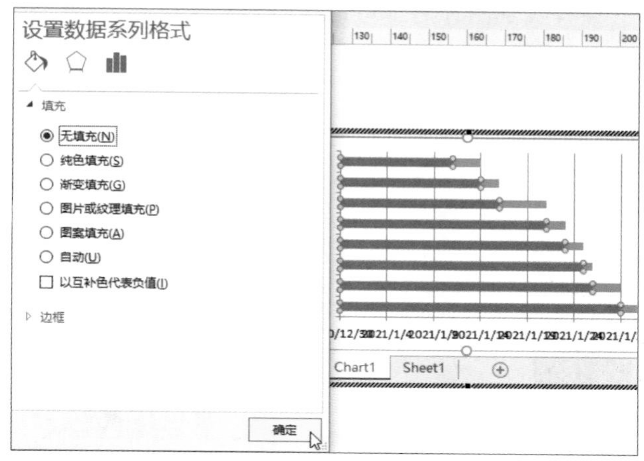

图 5-63

图 5-64

Step 10 展开“数字”选项组，设置日期的显示类型，单击“确定”按钮，如图5-65所示。

Step 11 为图表添加预设的效果及背景，效果如图5-66所示。

图 5-65

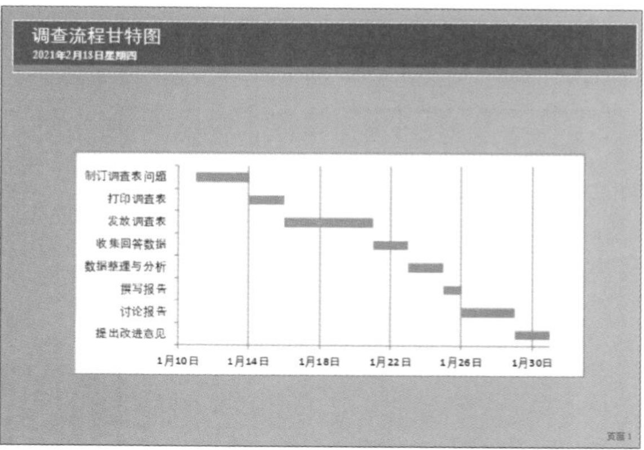

图 5-66

新手答疑

1. Q：如何查找并筛选出合适的联机图片?

A：在使用联机图片时可以按照需要的图片关键字进行搜索，也可以通过默认的分类进行查找，如图5-67所示。在查找到图片后，可以按照图片大小、类型、布局、颜色等筛选出符合要求的图片，如图5-68所示。

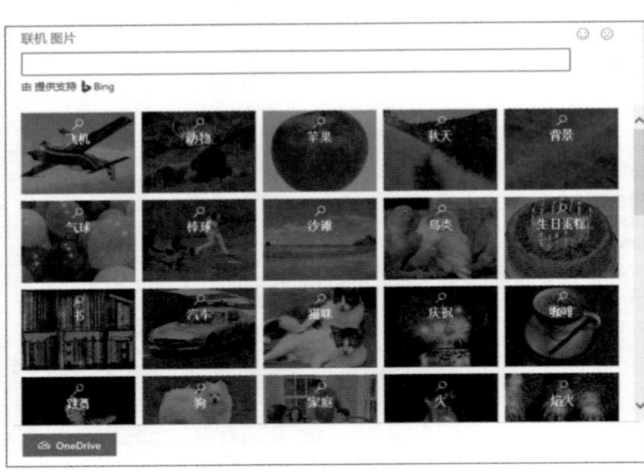

图 5-67

图 5-68

2. Q：如何快速选择图表对象及重设匹配样式?

A：用户可以在图表上右击，在弹出的快捷方式中单击“绘图区”下拉按钮，可以快速选择图表元素并进行对应的更改。如果要还原，可以选择“重设以匹配样式”选项，如图5-69和图5-70所示。

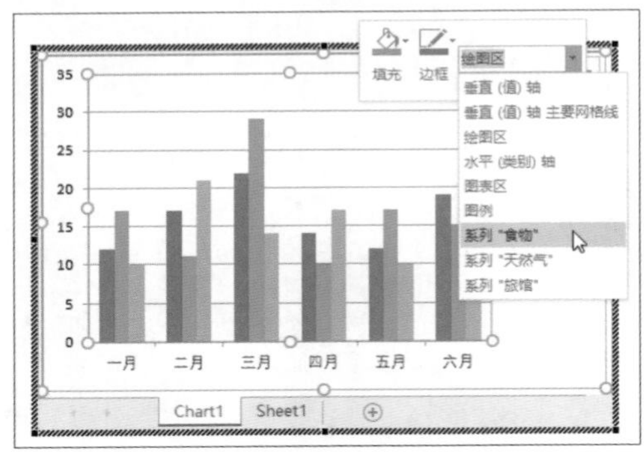

图 5-69

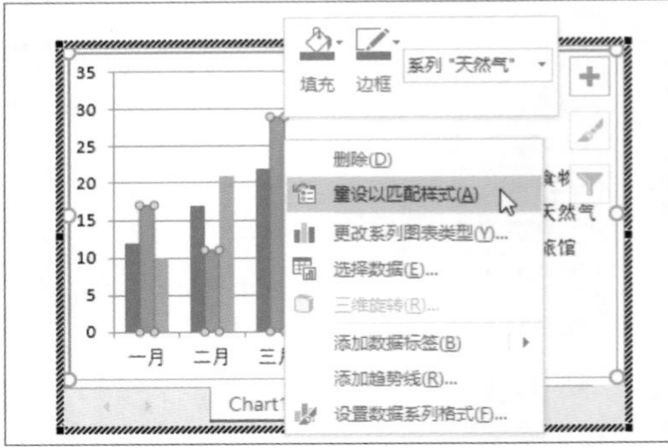

图 5-70

第6章

图部件和文本对象功能的应用

Visio中有一些专用的工具，如容器与标注工具可以快速为形状添加标注和注释。此外利用文本框对象功能可以将其他文件快速调入Visio中，以方便软件间的相互协作。本章将对图部件以及文本对象功能进行简单介绍，包括超链接的插入与编辑、容器的应用、标注的应用、文本对象的应用等。

6.1 使用超链接

使用过PowerPoint的用户对超链接应该很熟悉。通过超链接可将某元素链接至其他页面，从而轻松实现跳转操作。Visio软件也不例外，下面将对Visio软件的超链接功能进行介绍。

6.1.1 插入超链接

选中需要创建超链接的图形，在“插入”选项卡的“链接”选项组中单击“链接”按钮，如图6-1所示。在弹出的“超链接”对话框中单击“地址”后的“浏览”按钮，在弹出的下拉列表中选择“本地文件”选项，如图6-2所示。

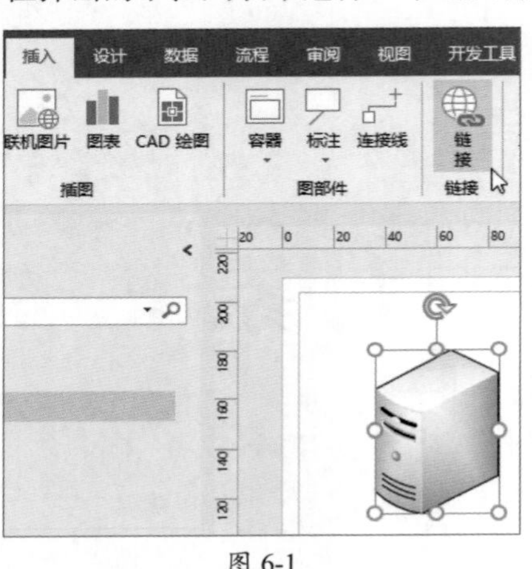

图 6-1

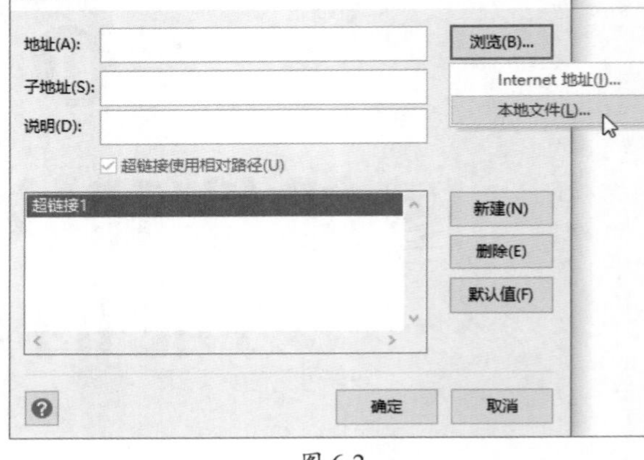

图 6-2

在“链接到文件”对话框中选择需要链接的文件，单击“打开”按钮，如图6-3所示。

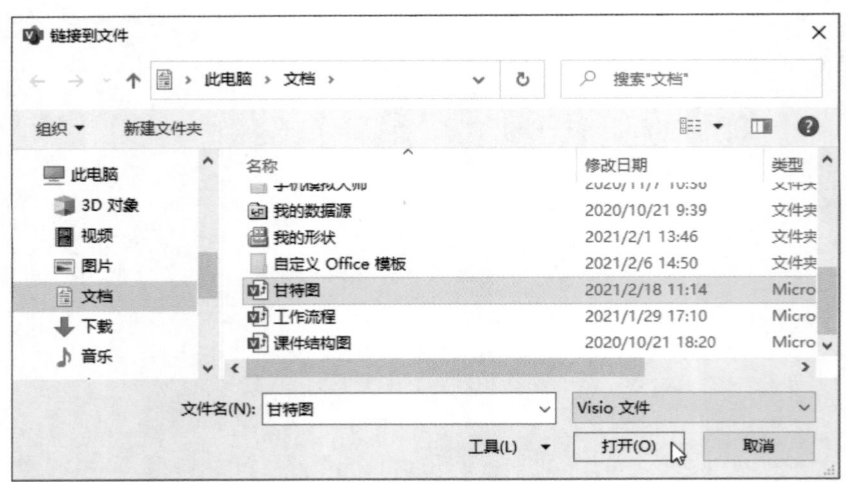

图 6-3

返回到上层对话框，单击“确定”按钮，如图6-4所示。按住Ctrl键，单击该图形，弹出“Microsoft Visio安全声明”对话框，单击“是”按钮即可实现跳转操作，如图6-5所示。

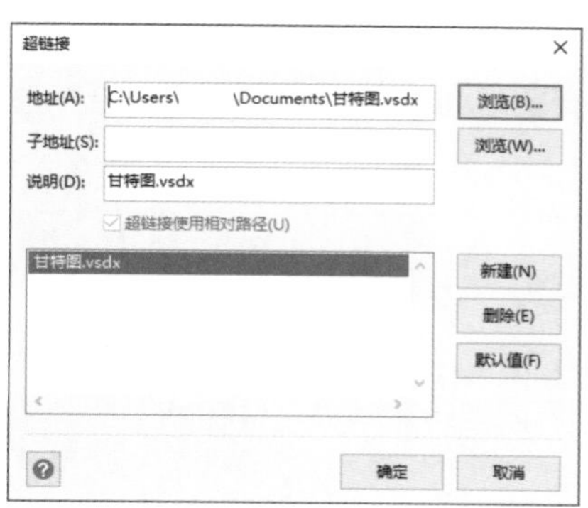

图 6-4

图 6-5

在设置链接“本地文件”功能时，默认链接的是Visio文件，用户也可以将图形链接至其他类型的文件。在“链接到文件”对话框中单击“Visio文件”下拉按钮，在弹出的列表中选择“Office 文件”选项，如图6-6所示，或者选择“所有文件”选项，设置链接至Word、Excel、PowerPoint等文件。

图 6-6

知识点拨

如果想要链接至网页，可在“超链接”对话框的“地址”选项中输入网站的网址。

6.1.2 链接到其他文件

除使用超链接将其他文件调入Visio软件中以外，还可以使用复制、粘贴功能将Visio的文档内容链接到其他文件中。此外，利用“插入对象”功能也可将其他文件链接到Visio文档中。

1. 直接粘贴绘图对象

在Visio页面中选中图形对象，按Ctrl+C组合键进行复制，然后在其他文件（例如Word文档）中，单击“开始”选项卡中的“粘贴”下拉按钮，在弹出的列表中选择“选择性粘贴”选项，如图6-7所示。在弹出的对话框中选择“Microsoft Visio绘图对象”选项，单击“确定”按钮，如图6-8所示。

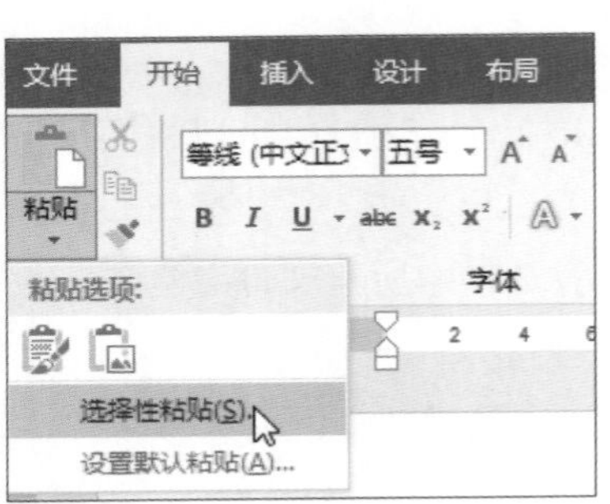

图 6-7

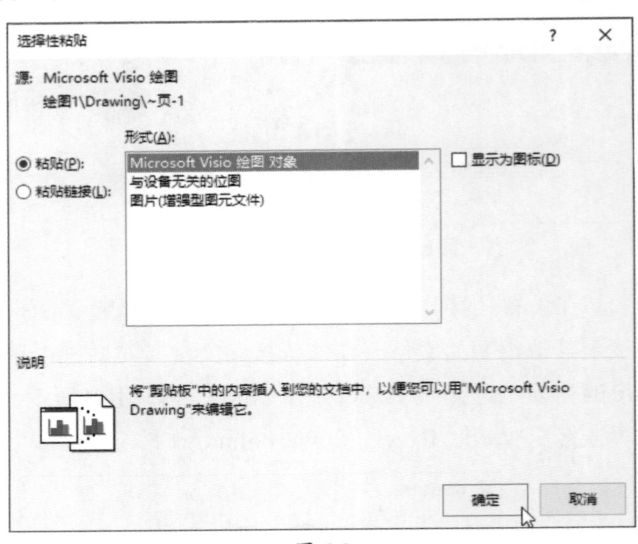

图 6-8

设置完成后，在Word文档中可查看复制的Visio文件内容，如图6-9所示。双击粘贴的Visio内容，即可启动Visio编辑窗口，可对其内容进行修改操作，如图6-10所示。

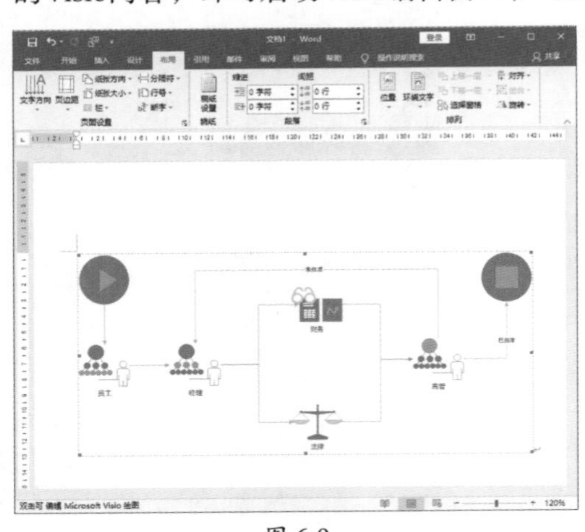

图 6-9

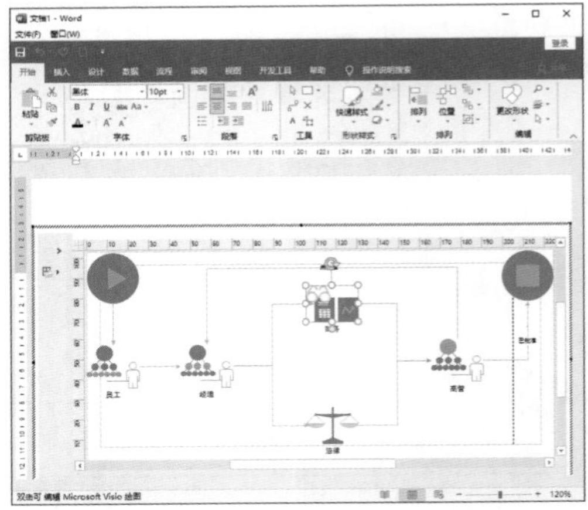

图 6-10

2. 粘贴为链接

利用以上方法，在Word文档中修改了Visio内容后，其修改结果不会影响源文件。如果需要修改的文件与源文件保持一致，可利用“粘贴为链接”功能。

按照以上操作，打开“选择性粘贴”对话框，选中“粘贴链接”单选按钮，选择“Microsoft Visio绘图对象”选项，单击“确定”按钮，如图6-11所示。此时粘贴的文件则变为链接。双击链接的内容，系统会打开原始Visio文件。编辑完成后会自动同步到Word文件中。

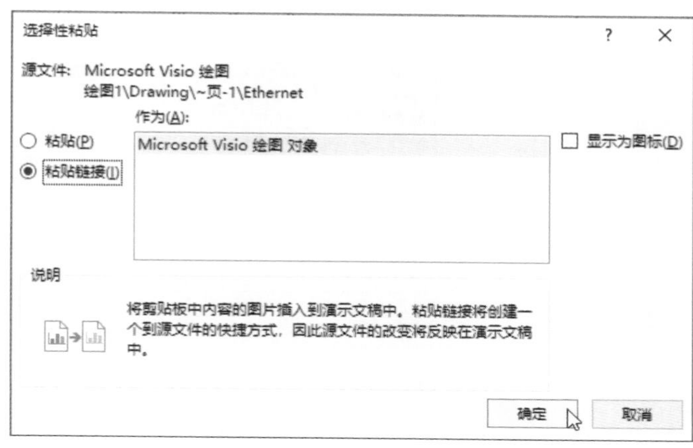

图 6-11

知识点拨

若在“选择性粘贴”对话框中勾选“显示为图标”复选框，Visio文件则会粘贴为图标，双击该图标可以启动Visio并打开对应的文档。

动手练 将结构图文件调入至PPT中

下面介绍将Visio文件链接至PPT中的操作。

扫码看视频

Step 01 打开Visio素材文件，选择结构图内容，按Ctrl+C组合键复制，如图6-12所示。

Step 02 启动PowerPoint软件，在“开始”选项卡中单击“粘贴”下拉按钮，在弹出的列表中选择“选择性粘贴”选项，打开相应的对话框，选中“粘贴链接”单选按钮，并单击“确定”按钮，如图6-13所示。

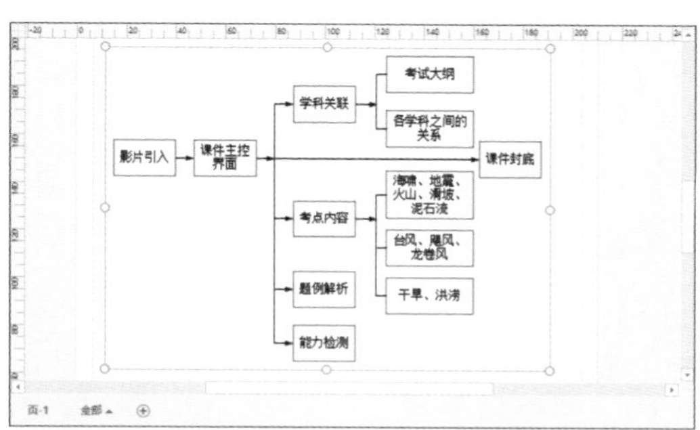

图 6-12

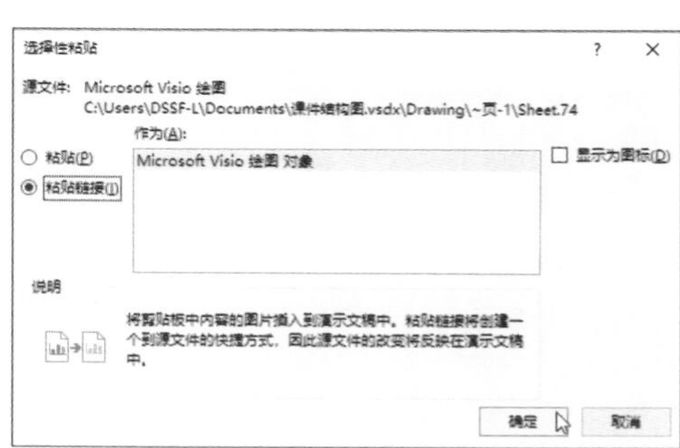

图 6-13

Step 03 将复制的结构图粘贴至PPT中，如图6-14所示。

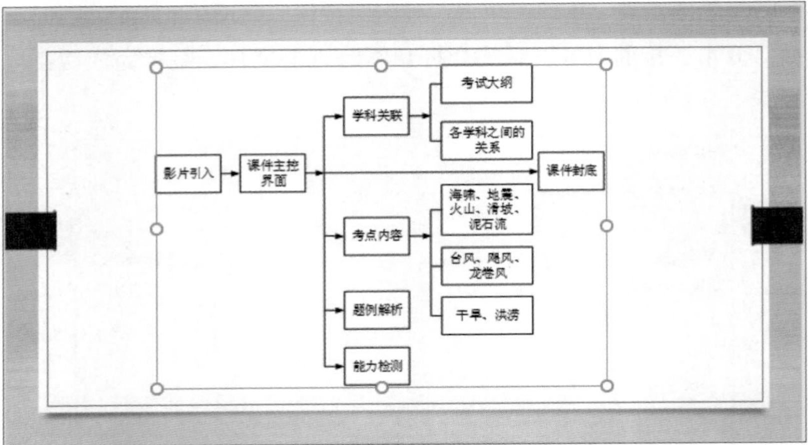

图 6-14

6.2 容器的使用

容器是一种特殊的图形，它由预置的各种形状组合而成。通过容器，可以将页面中的局部区域与其他区域分隔开。下面介绍容器的使用方法。

6.2.1 插入容器

Visio为用户提供了多种容器风格，每种容器包含容器的内容区域和标题区域，方便用户快速使用容器对象。

容器需要插入到当前文档后才能使用。在“插入”选项卡中单击“容器”下拉按钮，在打开的样式列表中选择需要的样式即可插入容器，如图6-15所示。

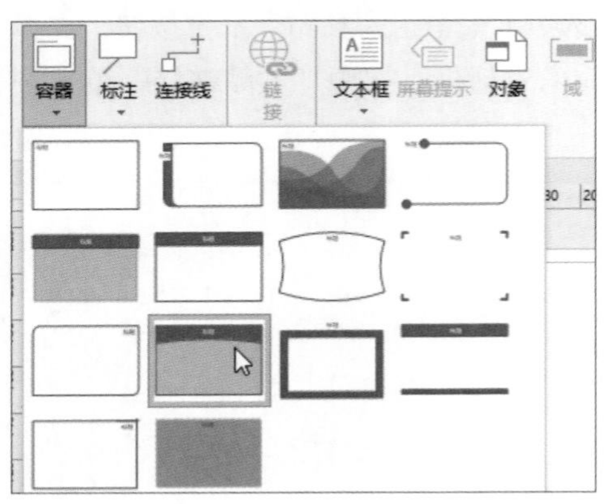

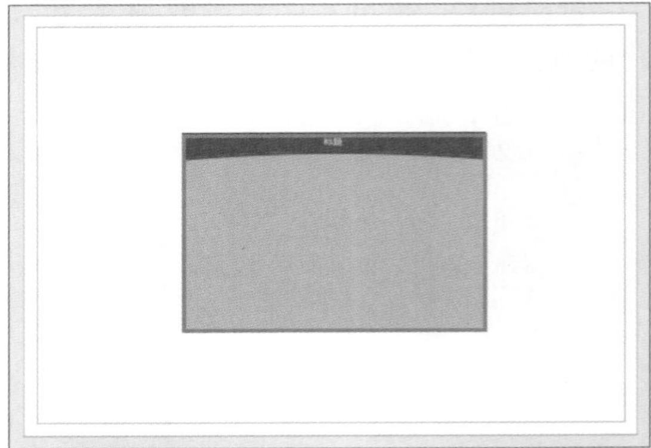

图 6-15

插入容器后，用户可将图形直接拖至容器中，如图6-16所示。

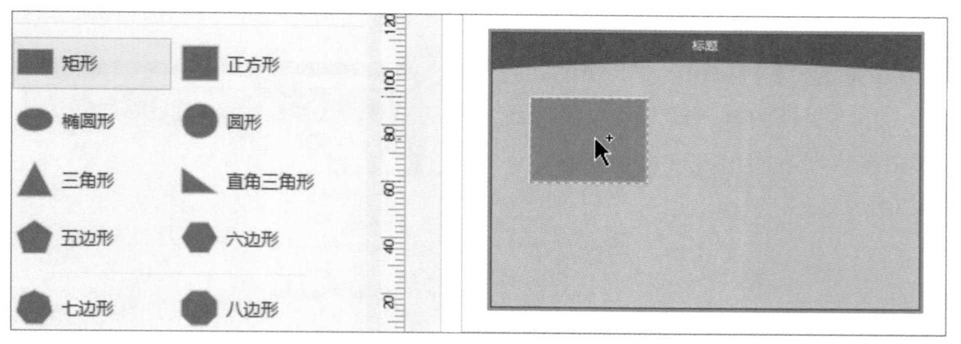

图 6-16

知识点拨

容器除了可以添加图形外，还可以进行容器的嵌套。如要在创建的容器内部再添加容器，可以新建容器后，将新容器拖曳至已有容器的内部，如图6−17所示。此外，选中容器，在容器列表中选择一款容器样式，可在已有容器的外部再创建一个新容器，如图6−18所示。

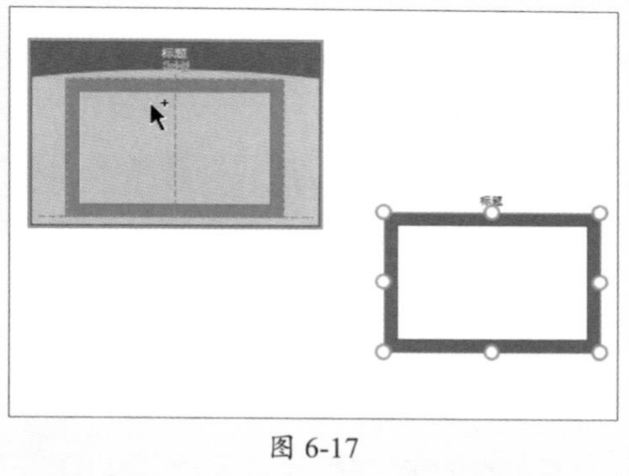

图 6-17

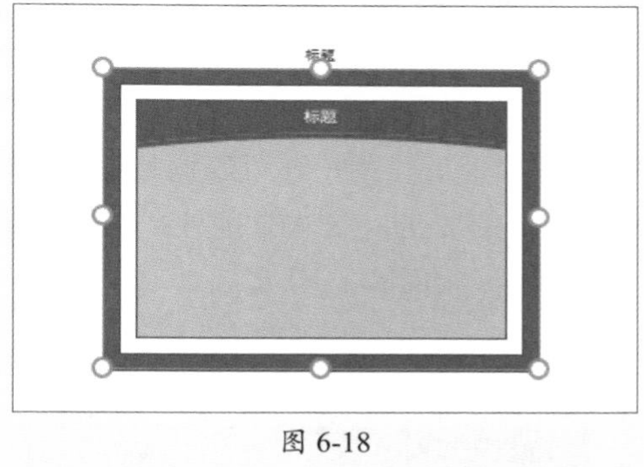

图 6-18

6.2.2 调整容器的尺寸

插入容器后，用户可以根据绘制的图形大小来调整容器的尺寸，以满足图形和页面的需要。

选中容器，将光标移动到容器的对角点上，按住Ctrl键同时拖曳控制点至合适位置，即可等比例缩放容器，如图6-19所示。

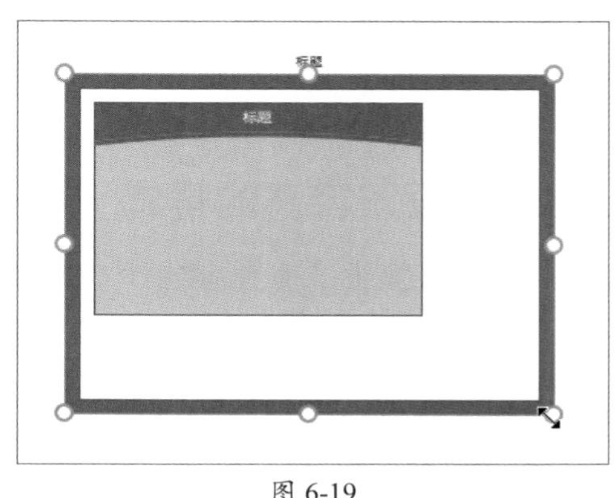

图 6-19

在“容器工具-格式”选项卡中单击“自动调整大小”下拉按钮，在弹出的列表中选择“始终根据内容调整”选项，系统会自动根据容器中的内容来调整其大小，如图6-20所示。

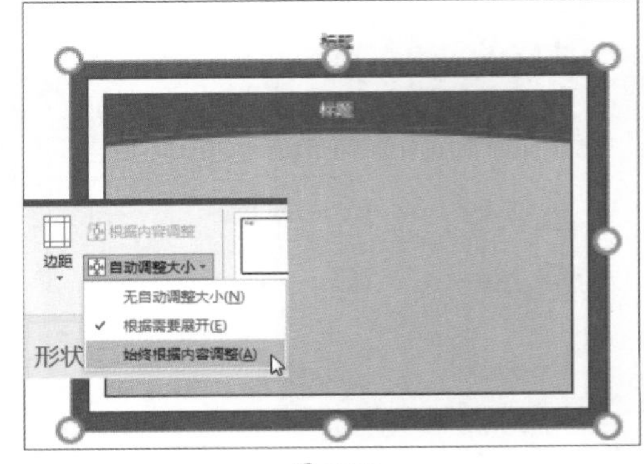

图 6-20

知识点拨

单击“自动调整大小”下拉按钮，会显示3个选项，其中“无自动调整大小”选项则表示容器只能以用户定义的尺寸进行显示；“根据需要展开”选项则表示容器在内容未超出容器时显示原始尺寸，而内容超出容器尺寸时则自动展开容器；而“始终根据内容调整”选项则表示容器的尺寸将随时根据内容的数量进行扩展或缩小。用户可以根据实际的需要选择不同的功能选项。

选中容器后，用户还可以调整容器的边距值。在“容器工具-格式”选项卡中单击“边距”下拉按钮，在弹出的列表中选择所需参数，如图6-21所示。此时被选的容器将会发生变化，如图6-22所示。

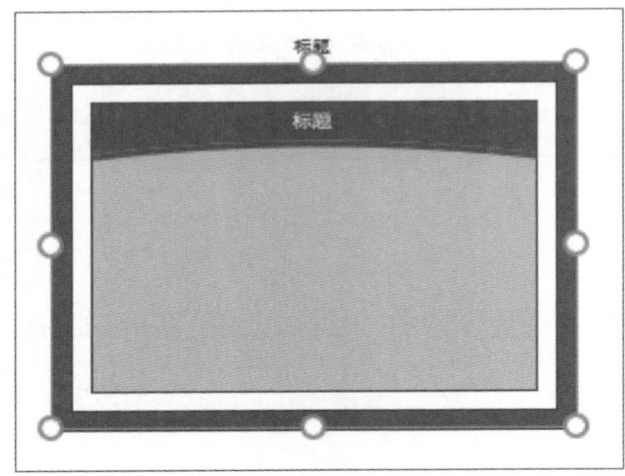

图 6-21

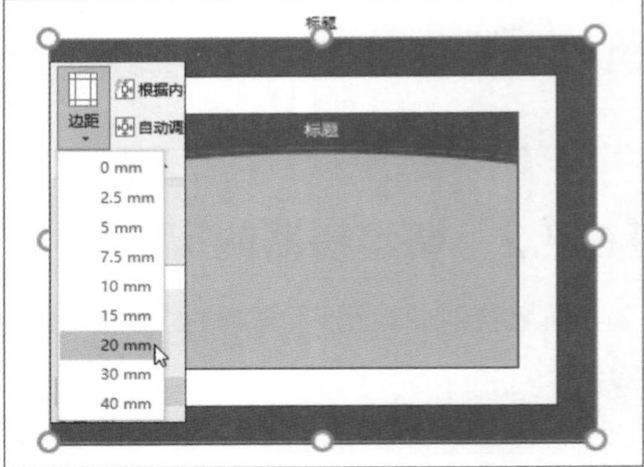

图 6-22

6.2.3 设置容器的样式

Visio默认提供了多种容器样式，创建容器后，用户可以根据页面风格来美化容器。

选中容器，在“容器工具-格式”选项卡中单击“更多”下拉按钮，在弹出的列表中选择一款需要的样式即可完成更换，如图6-23所示。

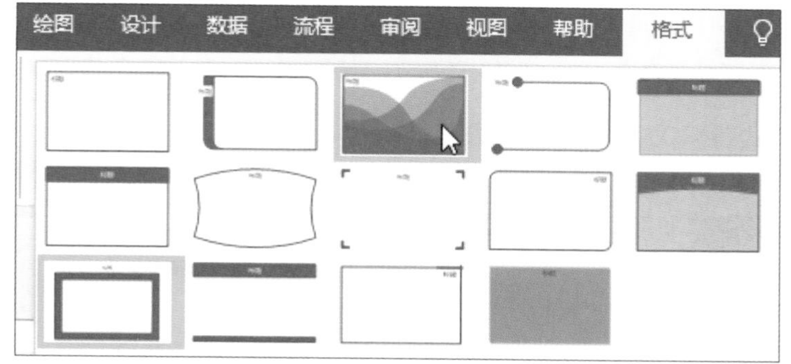

图 6-23

标题样式的更改包括更改容器的标题样式和显示位置，标题样式并不是一成不变的，会根据容器样式的改变而自动改变。选中创建的容器，在“容器工具-格式”选项卡中单击“标题样式”下拉按钮，在弹出的列表中选择需要的样式即可，如图6-24所示。

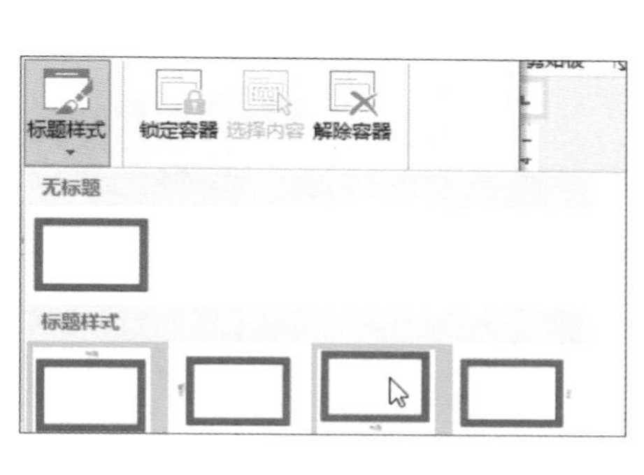

图 6-24

知识点拨

如果无须显示标题，可以在“容器工具-格式”选项卡中单击“标题样式”下拉按钮，在弹出的列表中选择“无标题”选项。

6.2.4 定义成员资格

用户可以使用“容器”的“成员资格”中的功能来编辑容器的内容，包括锁定容器、解除容器和选择内容。

1. 锁定容器

锁定容器是禁止用户对容器中的图形进行移动或删除操作。在“容器工具-格式”选项卡的“成员资格”选项组中单击“锁定容器”按钮，此时该容器会变成独立的图形，如果再向容器中添加图形，移动容器后新图形不会随容器一起移动。之前添加的图形将随容器一起移动。如图6-25、图6-26所示。

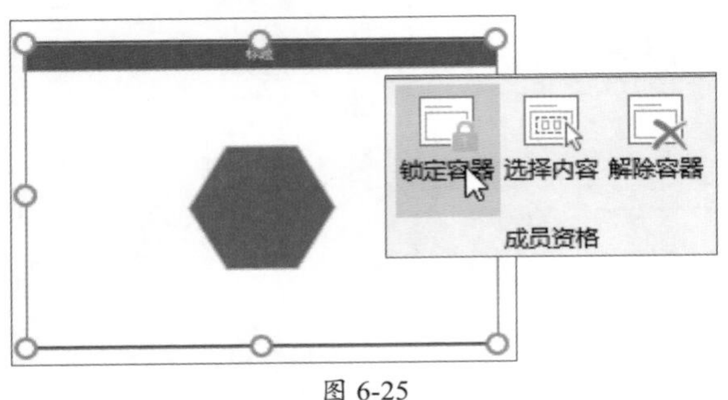

图 6-25

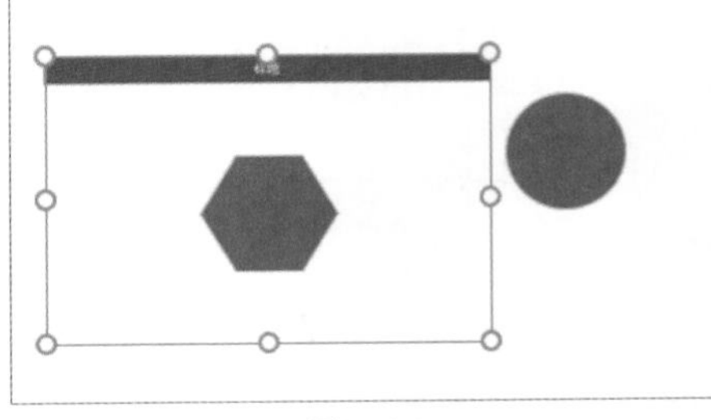

图 6-26

2. 解除容器

解除容器是删除容器而不影响容器中的各种形状。在“成员资格”选项组中单击“解除容器”按钮即可删除容器，而保留容器中的图形，如图6-27所示。

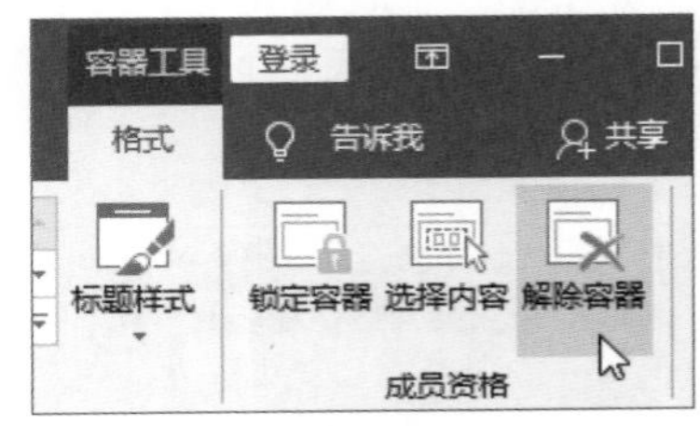

图 6-27

注意事项

如果容器为锁定状态是不能够进行解除操作的，只有先解除锁定后才能够进行解除容器操作。要想解除锁定操作，只需选中容器，再次单击“锁定容器”按钮即可。

3. 选择内容

选择内容的作用是快速选中容器中的所有形状。在“成员资格”选项组中单击“选择内容”按钮，就可以选中容器中的所有形状了，如图6-28所示。

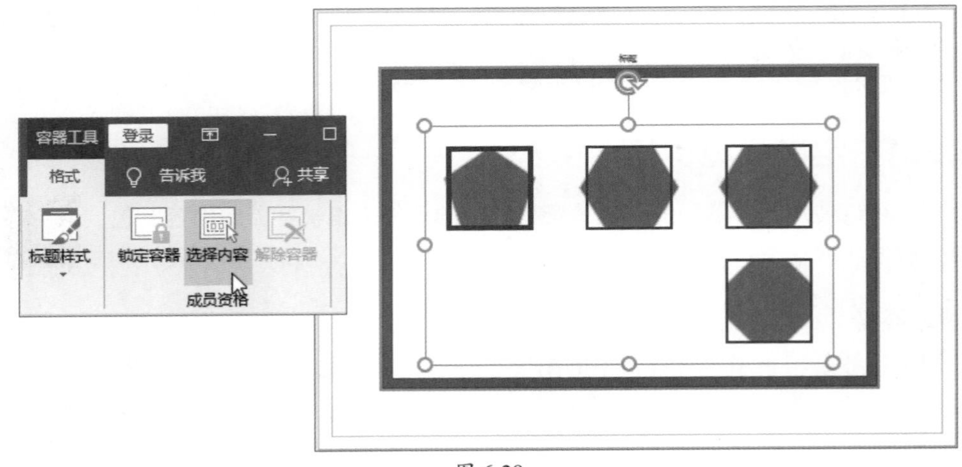

图 6-28

6.3 使用标注

标注主要是为图形提供文字说明。使用标注可将文字添加到图表中，并且添加的标注会随着其附加的图形进行移动、复制与删除等操作。下面介绍标注的使用方法。

6.3.1 插入标注

选中图形，在“插入”选项卡中单击“标注”下拉按钮，在弹出的列表中选择一款需要的标注样式，如图6-29所示。利用鼠标拖曳的方法将其移动至图形周围，双击标注图形后即可添加标注文本内容，如图6-30所示。

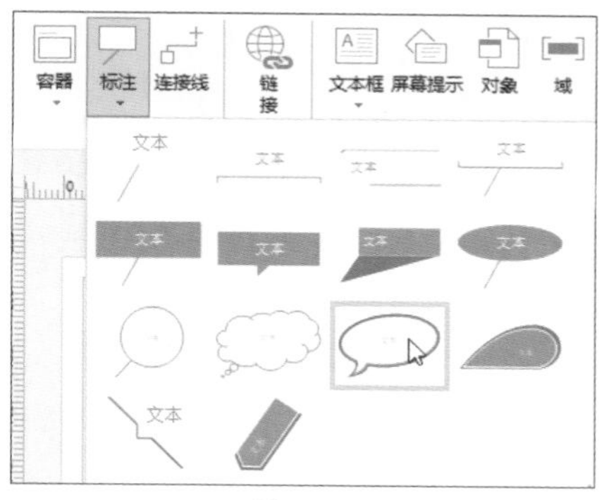

图 6-29

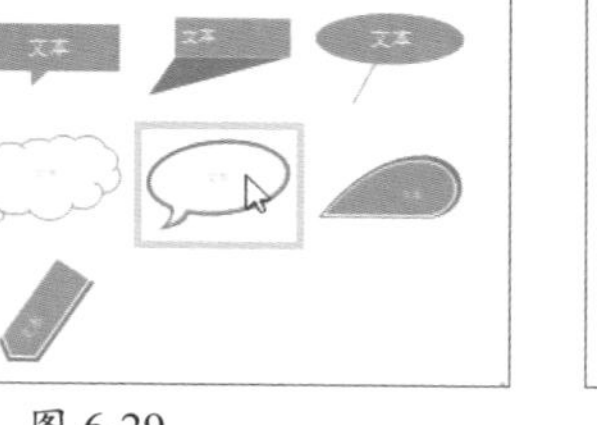

图 6-30

6.3.2 编辑标注

标注插入后，用户可对标注的形状及样式进行更改，此外，还可将标注关联到形状中。

1. 更改标注的形状

右击标注，在弹出的快捷菜单中单击“更改形状”下拉按钮，在弹出的列表中选择一款新的样式即可更改，如图6-31所示。

图 6-31

2. 关联形状

如果想要将标注与图形进行关联，与图形一起移动或删除，可选中标注上黄色控制点，将其拖曳至要关联的图形上，如图6-32所示。此后移动该图形，其标注也会随之移动，如图6-33所示。

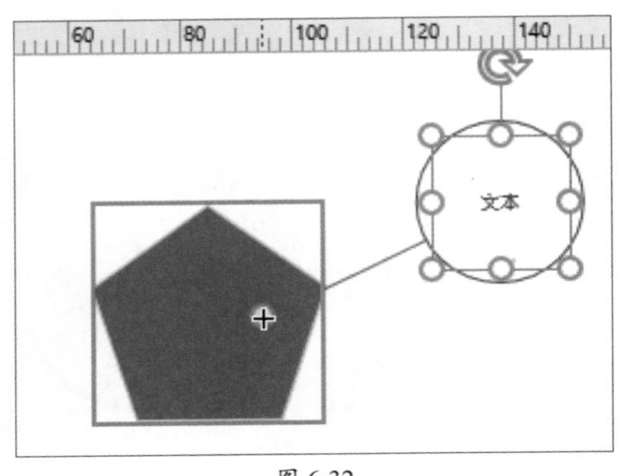

图 6-32

图 6-33

3. 设置标注样式

选中标注图形，在“开始”选项卡中单击“快速样式”下拉按钮，在打开的样式列表中选择一款需要的预设样式，如图6-34所示。

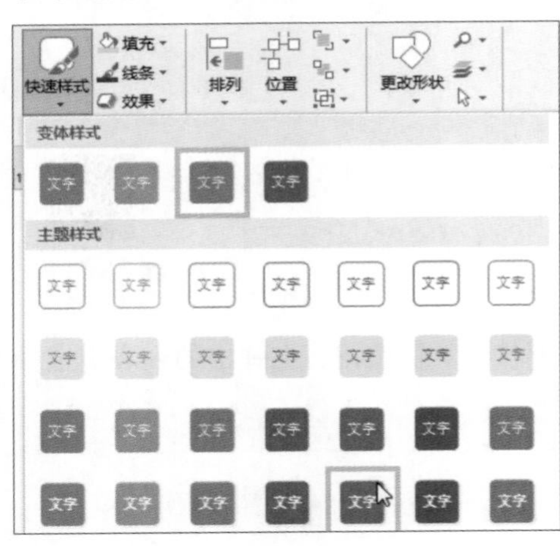

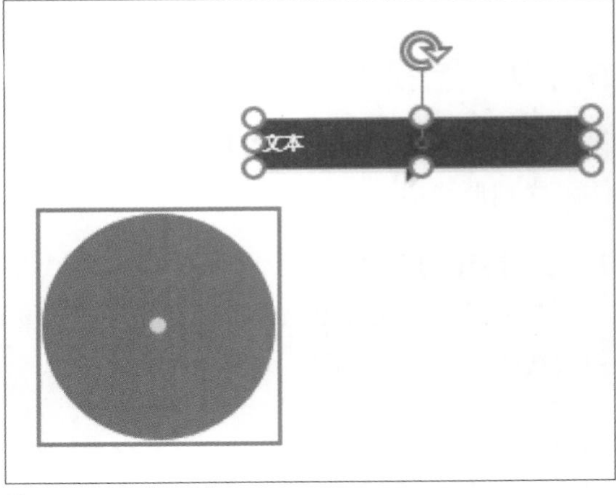

图 6-34

6.4 文本对象的使用

文本对象包括符号、屏幕提示、PowerPoint空白演示文稿等，都属于Visio中的嵌入对象。下面对文本对象的使用方法进行介绍。

6.4.1 添加屏幕提示

屏幕提示是指为图形添加说明文字后，将光标悬停在该图形上方时，系统会自动显示出相应的说明内容。

选择图形，在“插入”选项卡中单击“屏幕提示”按钮，在弹出的“形状屏幕提示”对话框中输入提示内容，单击“确定”按钮。将光标悬停在该图形上时，则会自动显示提示文本的内容，如图6-35所示。

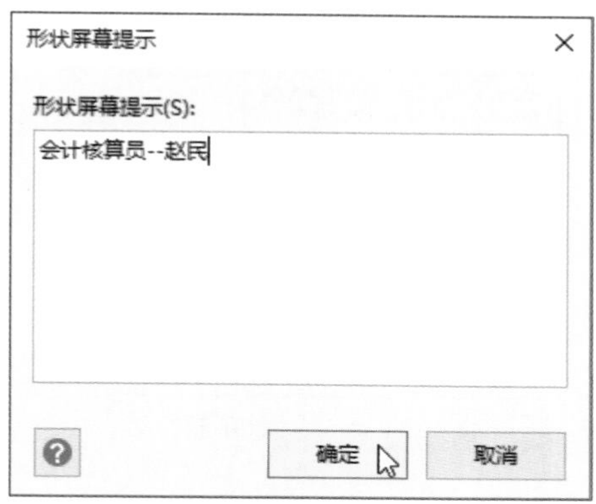

图 6-35

6.4.2 插入特殊符号

如果需要在页面中插入一些特殊符号，可使用“符号”功能来操作。

双击图形进入文本编辑状态，在“插入”选项卡中单击“符号”下拉按钮，在弹出的列表中选择“其他符号”选项。在弹出的“符号”对话框中选择所需要的符号，单击“插入”按钮即可，如图6-36所示。

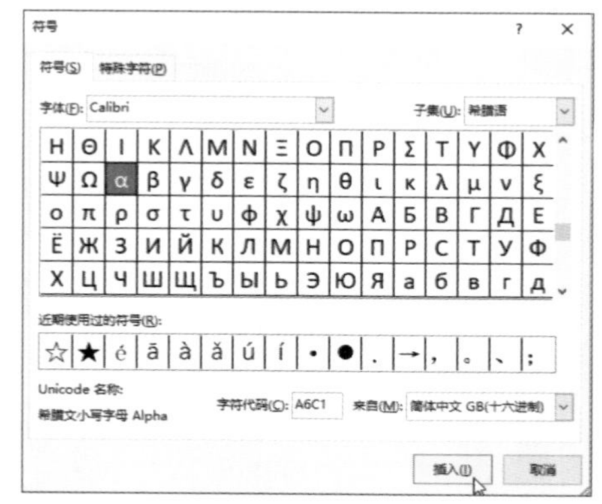

图 6-36

6.4.3 插入空白演示文稿

在Visio中用户可根据需要在页面中直接创建空白的PowerPoint演示文稿，并可以进行编辑操作。

在“插入”选项卡中单击“对象”按钮，在弹出的“插入对象”对话框中选中“新建”单选按钮，选择“Microsoft PowerPoint 演示文稿”选项，单击“确定”按钮，此时会在Visio页面中创建空白演示文稿，用户可以直接进行编辑，如图6-37所示。

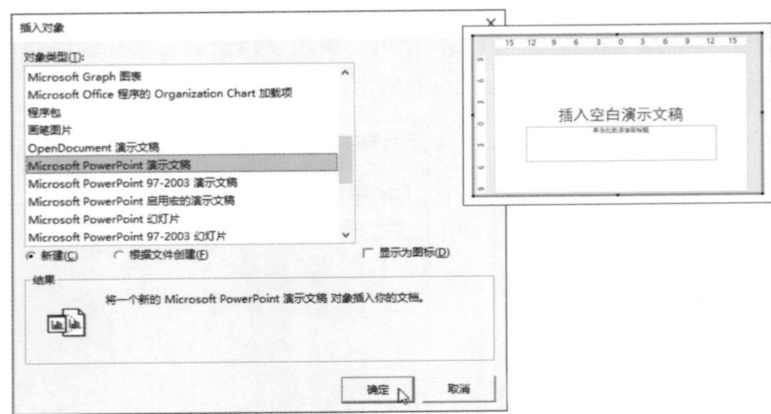

图 6-37

注意事项

编辑完PowerPoint演示文稿后单击页面的其他位置，可以完成修改。如果要再次修改，就不能再双击了，否则会自动进行幻灯片的放映。正确的做法是：在演示文稿上右击，在弹出的快捷菜单中选择“Presentation 对象”→“编辑”选项，即可再次进入编辑状态，如图6-38所示。

选择“显示”选项是启动演示文稿的演示功能；选择“打开”选项是启动PowerPoint后对该演示文稿进行编辑，而不是在Visio软件中；选择“转换”选项是将当前演示文稿转换成其他的演示文稿格式，如图6-39所示。

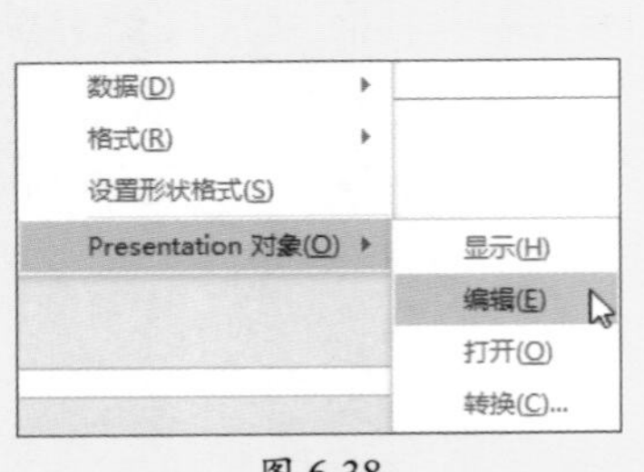

图 6-38

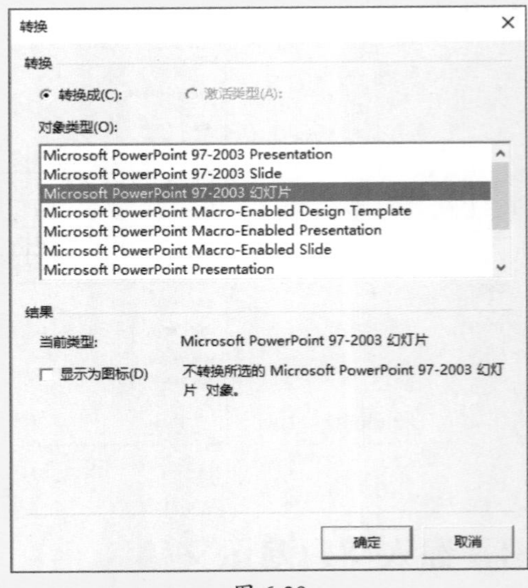

图 6-39

6.5 批注的使用

用户在查看Visio文档后，可以通过批注功能为文档添加批注内容。作者可以根据批注内容进行相应的修改。

6.5.1 创建批注

除了显示默认的批注者外，批注中还会显示批注的其他信息，例如批注的时间、批注内容和答复内容等。

1. 新建批注

选中需要添加批注的图形，在“审阅”选项卡中单击“新建批注”按钮，此时在图形右上方会打开批注窗口，在此输入批注的内容，如图6-40所示。

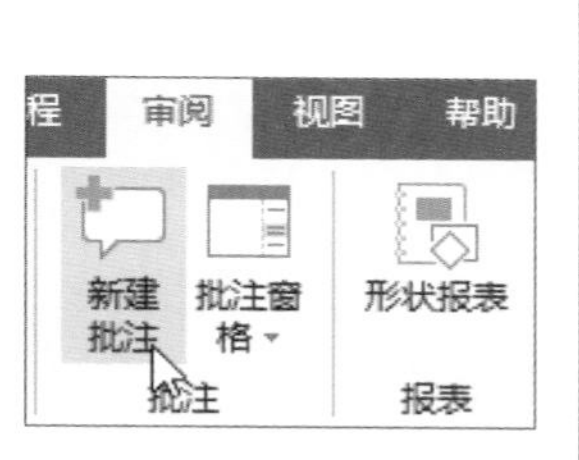

图 6-40

2. 答复批注

添加了批注后，在图形右上方会显示出批注小图标。单击该标记会打开批注窗口，在“答复”中输入回复内容即可，如图6-41所示。

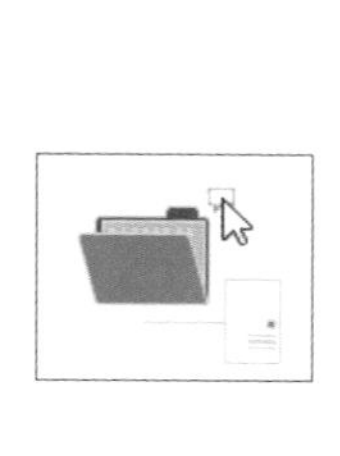

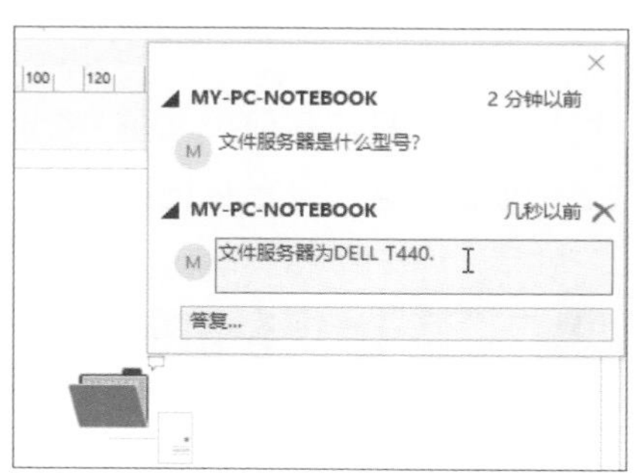

图 6-41

6.5.2 批注的编辑

批注的编辑包括查看批注、隐藏批注、筛选批注和删除批注等操作，下面介绍具体的设置步骤。

1. 查看批注

批注创建完成后，单击“批注”按钮可查看批注。用户也可以在“审阅”选项卡中单击“批注窗格”下拉按钮，在弹出的列表中选择“批注窗格”选项，打开“注释”窗格。用户可通过该窗格来查看批注的内容以及答复内容，如图6-42所示。

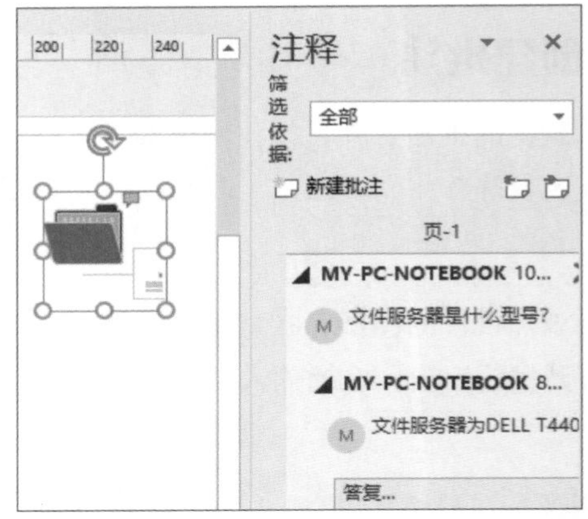

图 6-42

知识点拨

当文档中存在多个批注时，用户可在“注释”窗格中单击“筛选依据”后的“全部”下拉按钮，在弹出的列表中选择需要查看的批注分类，即可按照筛选内容查看批注内容，如图6-43所示。

图 6-43

2. 隐藏批注

如果用户不想在窗口中显示批注标记，可在“批注”选项组中单击“批注窗格”下拉按钮，在弹出的列表中取消勾选“显示标记”选项，如图6-44所示，此时图形右上方则不会显示批注标记。

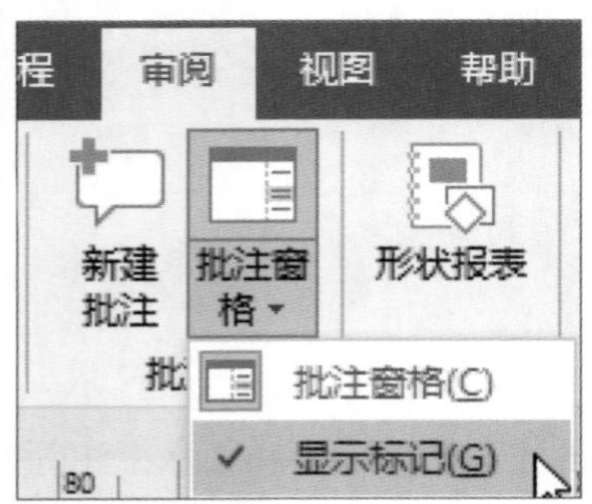

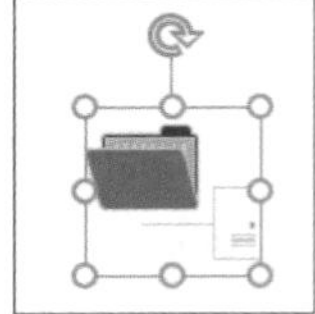

图 6-44

动手练 删除批注内容

删除批注可以同时删除答复内容，也可以删除创建者设置的批注内容。用户可以打开批注，单击某条批注或答复内容发布者后的“×”符号删除该条批注，如图6-45所示。也可以打开“注释”窗格，在其中进行删除，如图6-46所示。删除所有内容后，批注包括批注标记都会消失。

扫码看视频

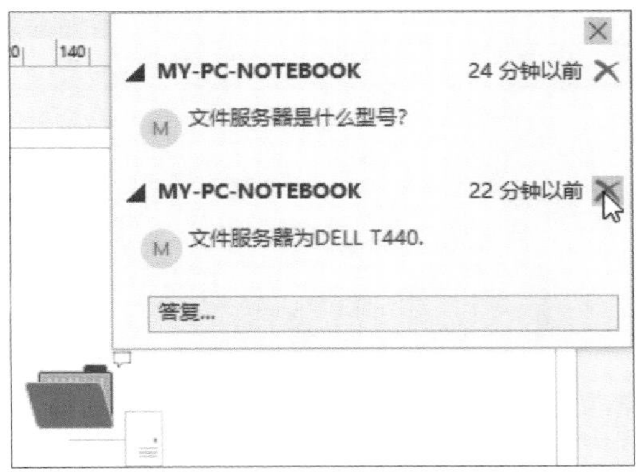

图 6-45

图 6-46

第6章 图部件和文本对象功能的应用

案例实战：制作操作系统安装流程图

下面以制作操作系统安装流程图来巩固本章的知识内容。

Step 01 新建空白Visio文档，在“设计”选项卡中单击“背景”下拉按钮，在弹出的列表中选择一款合适的背景，如图6-47所示。

Step 02 在“插入”选项卡中单击“容器”下拉按钮，在弹出的列表中选择一款容器样式，如图6-48所示。

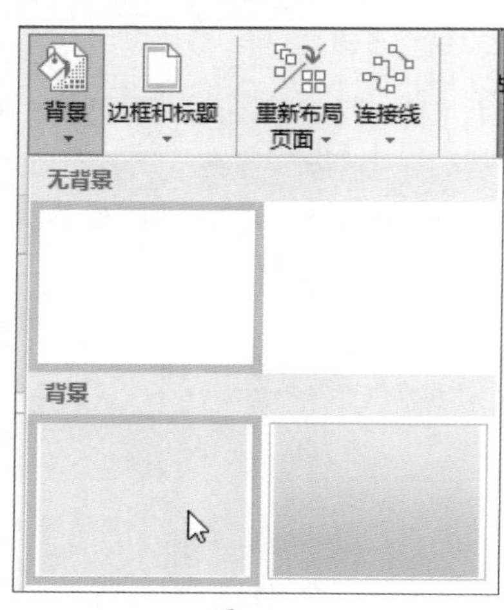

图 6-47

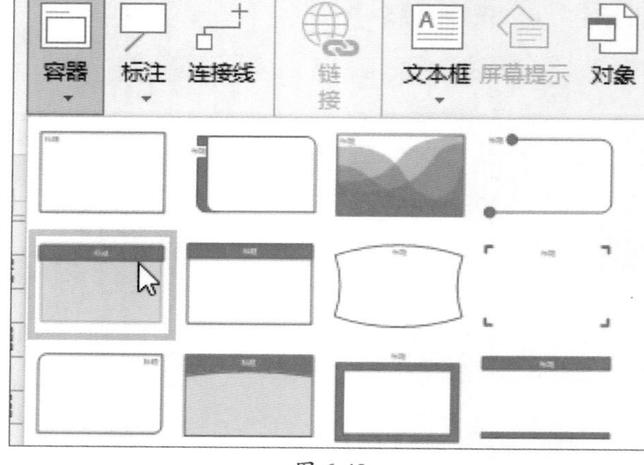

图 6-48

Step 03 在“形状”窗格中的“基本形状”列表中选择矩形，将其拖至容器中，调整大小，输入文本内容，并设置字体和字号，如图6-49所示。按照同样的操作完成“操作系统安装准备”容器中其他图形的制作，如图6-50所示。

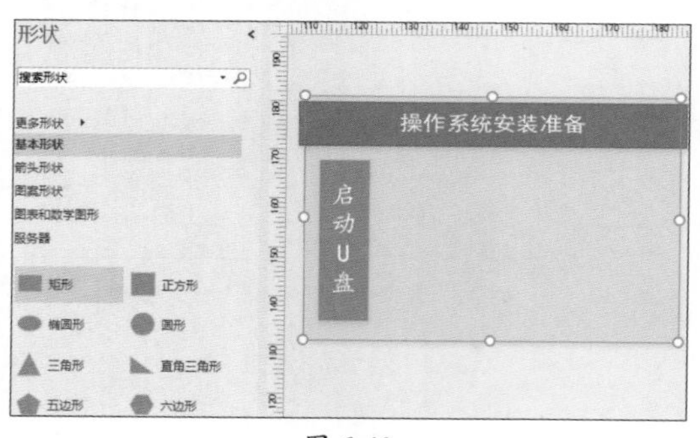

图 6-49

图 6-50

Step 04 复制“操作系统安装准备”容器，将其粘贴至其他位置，制作“启动U盘的制作”“BIOS设置”“操作系统安装实施”三个新容器的内容，如图6-51所示。

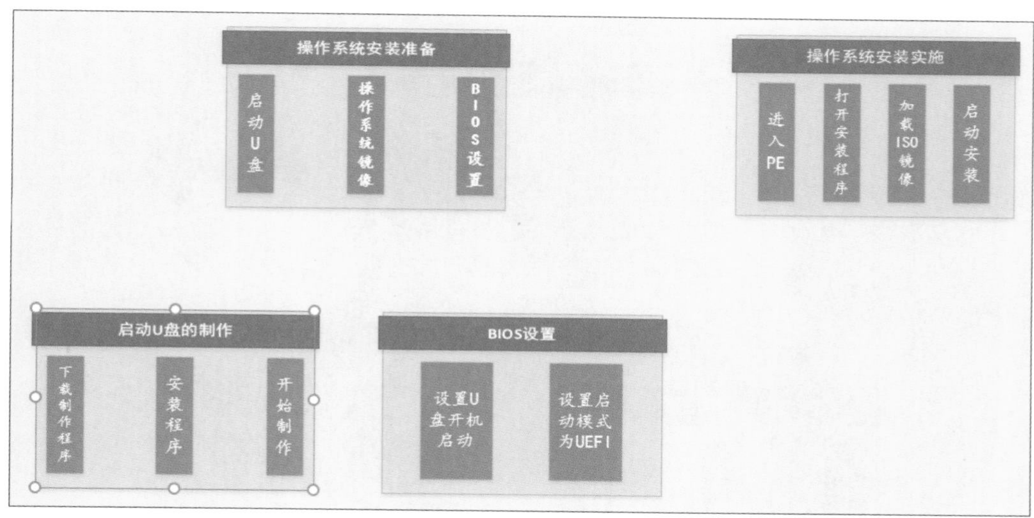

图 6-51

Step 05 将“现代箭头”图形拖至页面中，调整箭头的方向和位置，效果如图6-52所示。

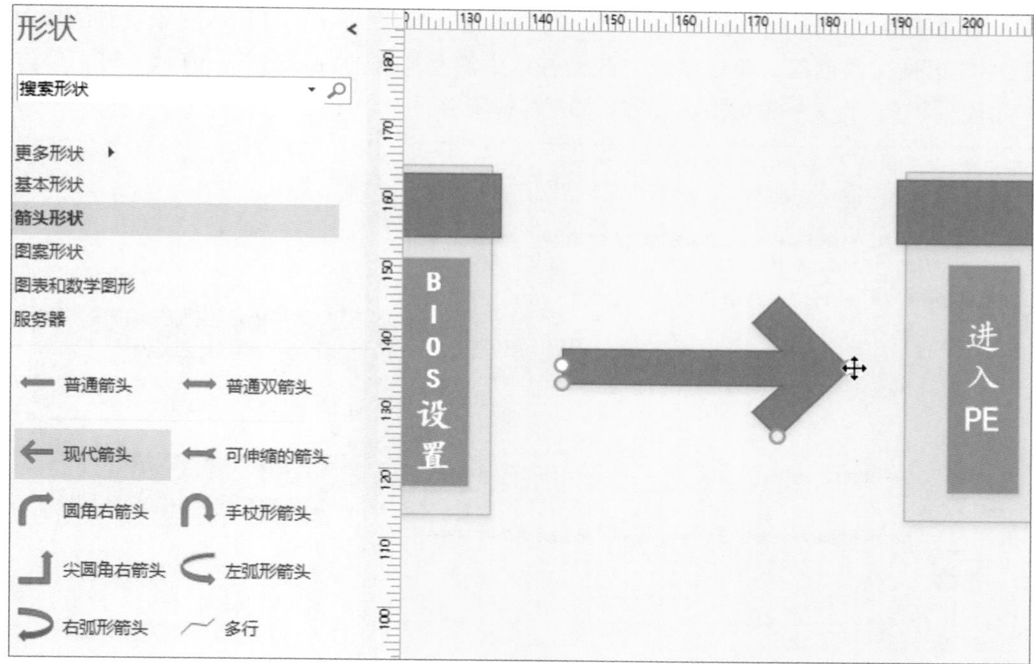

图 6-52

Step 06 按照同样方法制作其他两个容器的箭头指示，结果如图6-53所示。

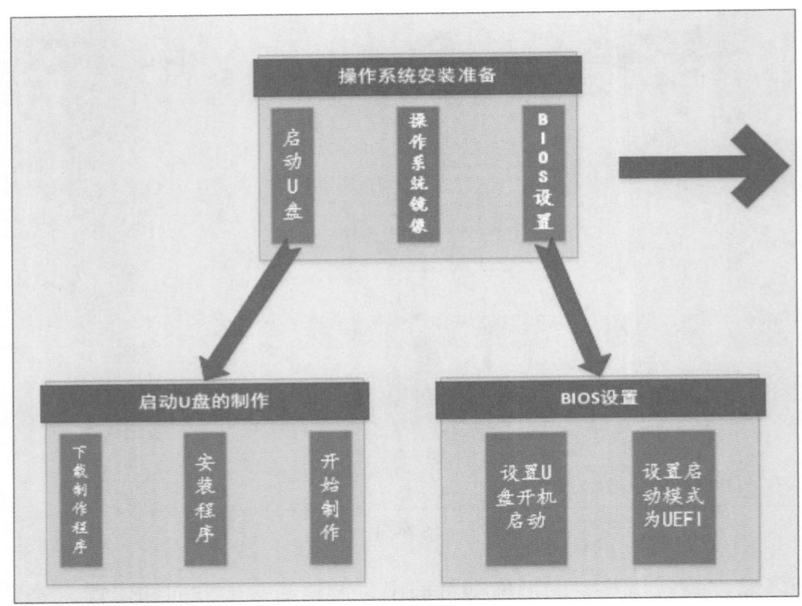

图 6-53

Step 07 在“插入”选项卡中单击“对象”按钮，在弹出的“插入对象”对话框中选中“根据文件创建”单选按钮，找到并选中需要插入的PowerPoint演示文稿，单击“确定”按钮，为文档添加演示文稿，如图6-54所示。

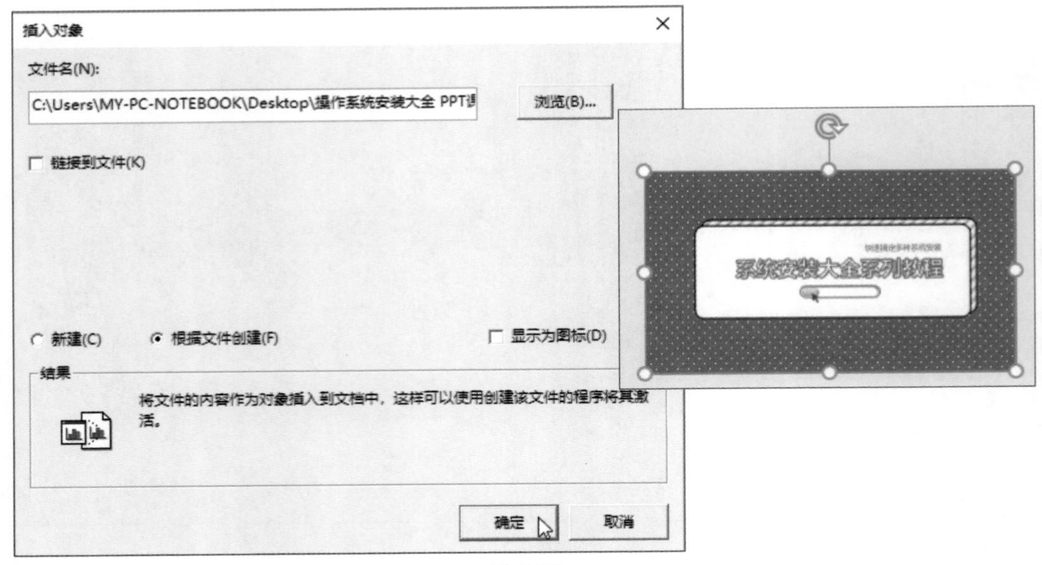

图 6-54

Step 08 选择“基本形状”选项，在页面中右击需要更换的图形，在打开的设置窗口中单击“更改形状”下拉按钮，在弹出的下拉列表中选择要更换的新形状，如图6-55所示。

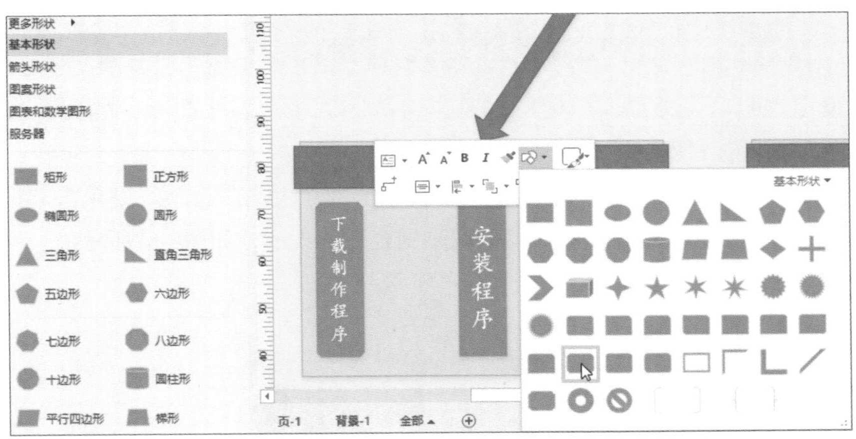

图 6-55

Step 09 按照同样的方法完成其他需要更换的图形。选中需更换容器样式的容器，在“容器工具-格式”选项卡中选择更换的容器样式，为演示文稿也添加容器，如图6-56所示。

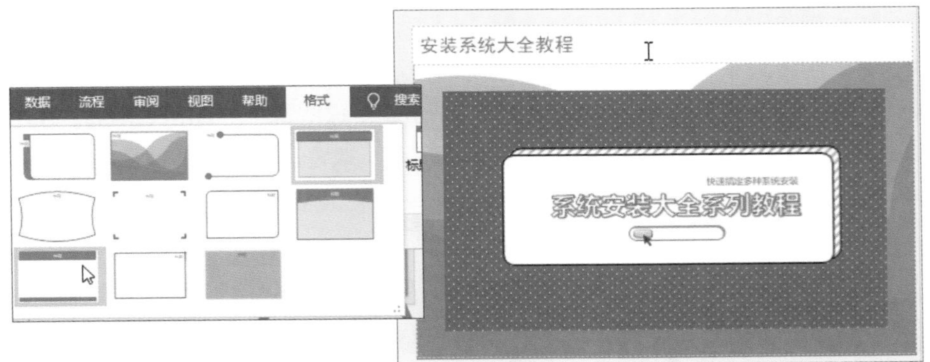

图 6-56

Step 10 在“设计”选项卡中选择一款满意的主题样式，其效果如图6-57所示。

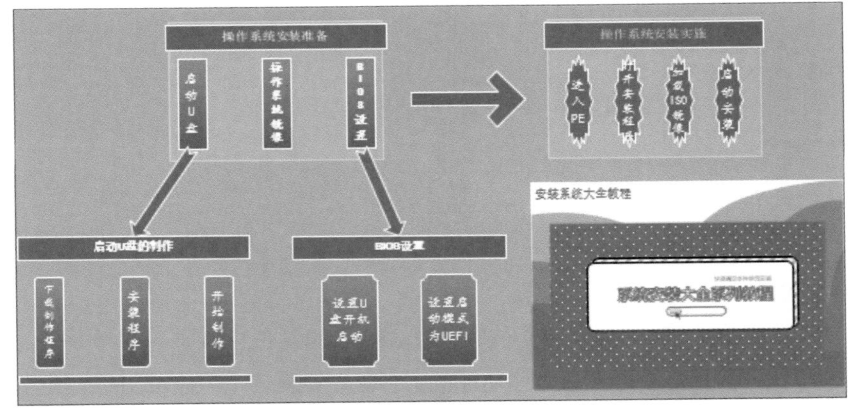

图 6-57

新手答疑

1. Q：锁定容器后，移动容器内的形状，容器的大小会发生改变，如何让容器自动调整到最佳的显示状态？

A：选中容器后，在“容器工具-格式”选项卡的“大小”选项组中单击“根据内容调整”按钮，就可以让容器自动调整到合适的大小，如图6-58所示。

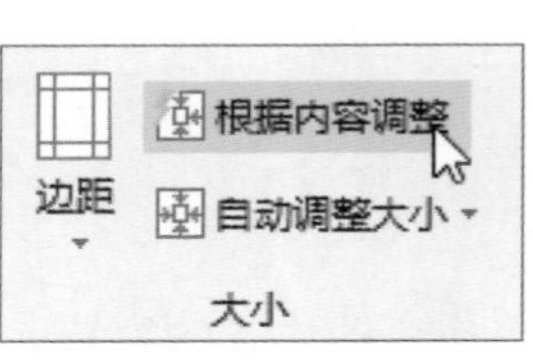

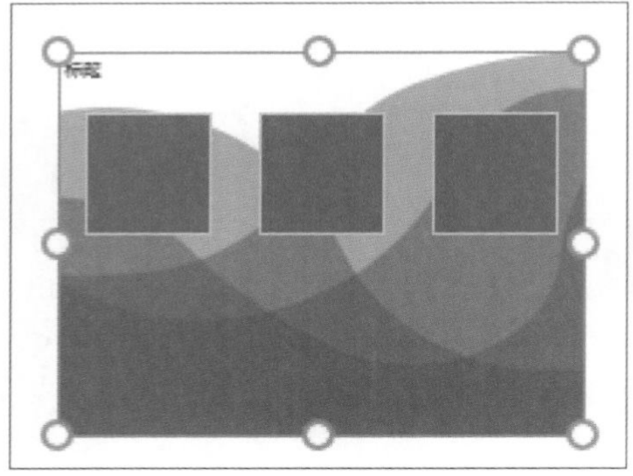

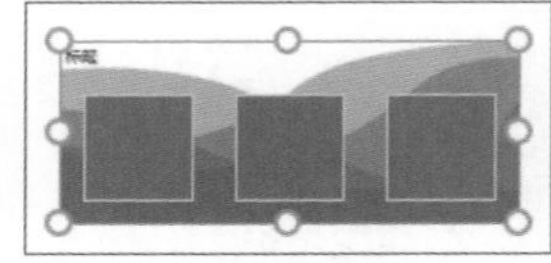

图 6-58

2. Q：除了演示文稿外，在 Visio 中还可以使用哪些对象？

A：在Visio中，还可以使用Word文档、Excel表格这些常见的Office组件。另外还可以放入音频文件和视频文件，如图6-59所示，双击启动系统播放器进行播放。还可以放入PDF文件、写字板文件等。如果安装了AutoCAD软件，还可以在Visio中插入AutoCAD的绘图文档，如图6-60所示。

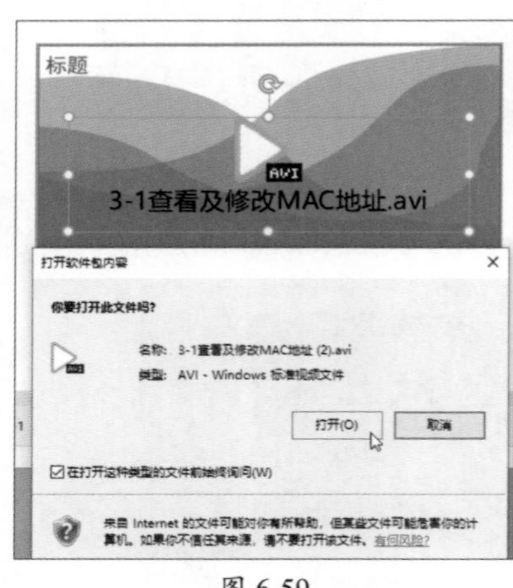

图 6-59

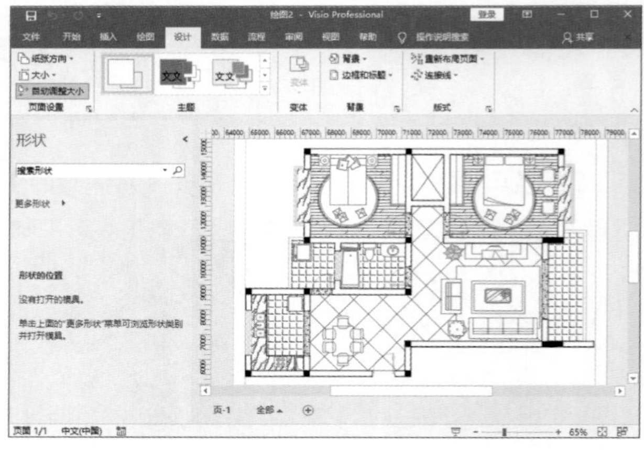

图 6-60

3. Q：标注的黄色关联点有什么用？

A：关联点代表该标注是属于哪个图形的。标注的黄色关联点拖动到图形后，会自动位于图形中央，无论怎么移动标注，标注指向的都是图形的中央，也就是关联点上。移动标注时，不影响图形和关联点。移动图形时，标注也会跟着移动。

第7章

主题和样式功能的应用

通过主题样式的设置，可以丰富图表元素，增强页面效果。Visio提供了多种内置的主题和样式效果，用户可以直接套用，此外用户还可以对主题或样式进行自定义设置。本章将对Visio主题和样式功能的应用进行简单介绍。

7.1 使用内置主题

Visio为用户提供了近29种内置主题风格，而每种主题又有3~4种变体风格，选择数量之多，可以满足用户日常制作需求。本小节将向用户介绍主题功能的基本应用。

7.1.1 主题和变体的使用

Visio主题包括4大类，分别为专业型、现代型、新潮型以及手工绘制型。用户可以根据需要来选择使用。

1. 使用内置主题

图表创建结束后，用户可使用内置的主题快速美化图表效果。在“设计”选项卡的“主题”选项组中单击“其他”下拉按钮，在弹出的列表中选择一款满意的内置主题。此时页面中的图表会按照该主题风格自动调整，如图7-1所示。

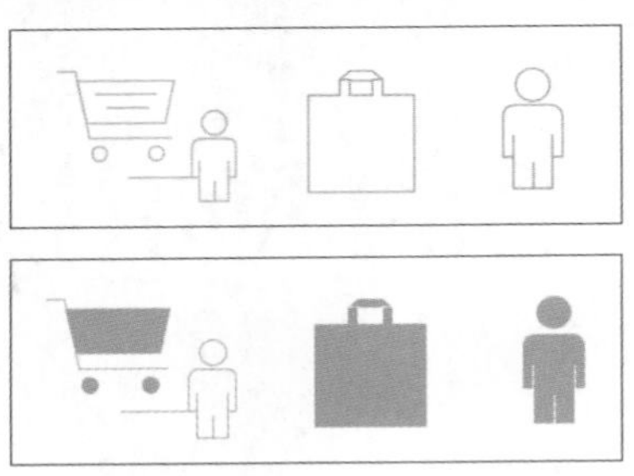

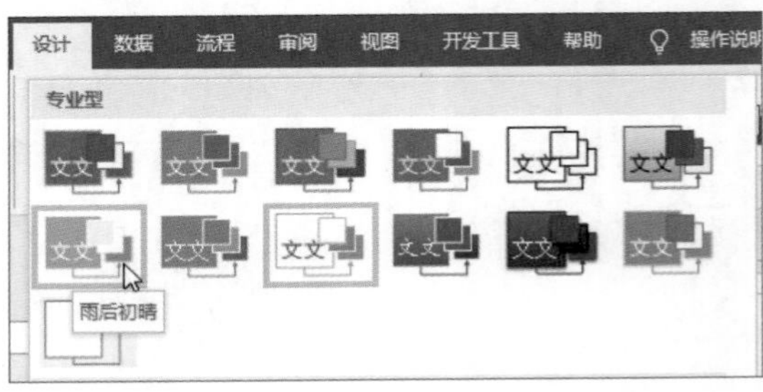

图 7-1

默认情况下，应用某主题后，左侧“形状”窗格中的所有形状集都会随着该主题进行变化。如想对新建图形保持原始线条样式，可在主题列表中取消勾选“将主题应用于新建的形状”复选框，如图7-2所示。

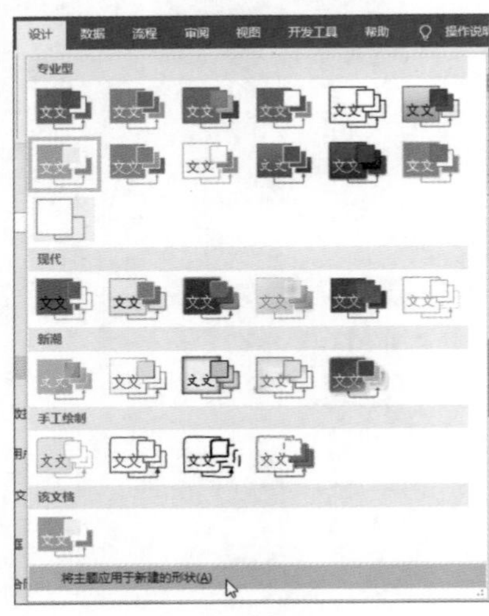

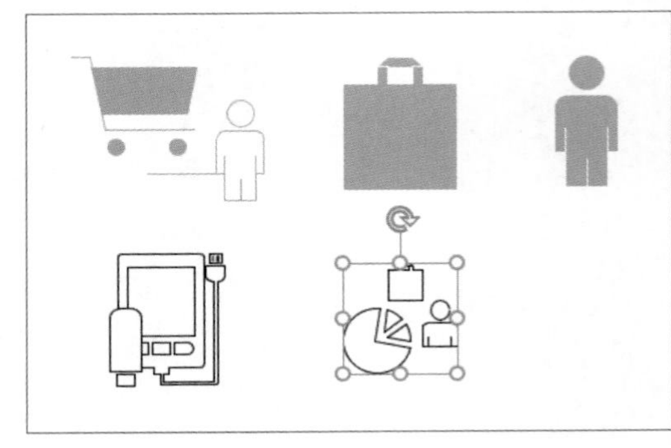

图 7-2

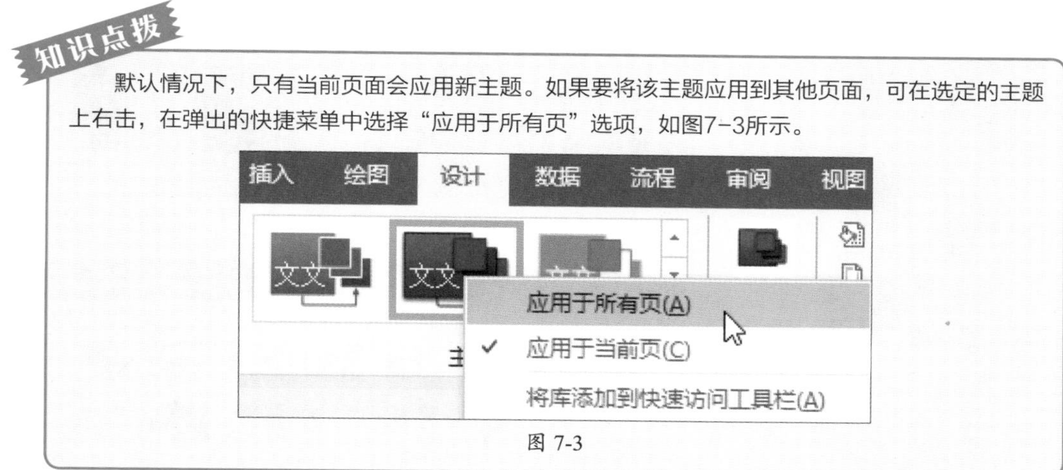
知识点拨

默认情况下，只有当前页面会应用新主题。如果要将该主题应用到其他页面，可在选定的主题上右击，在弹出的快捷菜单中选择“应用于所有页”选项，如图7-3所示。

图 7-3

2. 使用内置变体

变体是在主题的基础上对其颜色、效果以及背景进行进一步衍变而得出的效果。不同主题，其变体也不同。在“设计”选项卡的“变体”选项组中单击“变体”下拉按钮，在弹出的变体列表中选择一款满意的变体效果，此时页面中的图表会随之发生相应的改变，如图7-4所示。

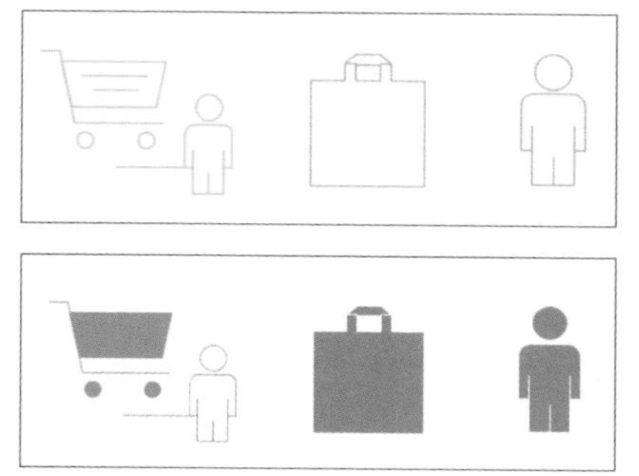
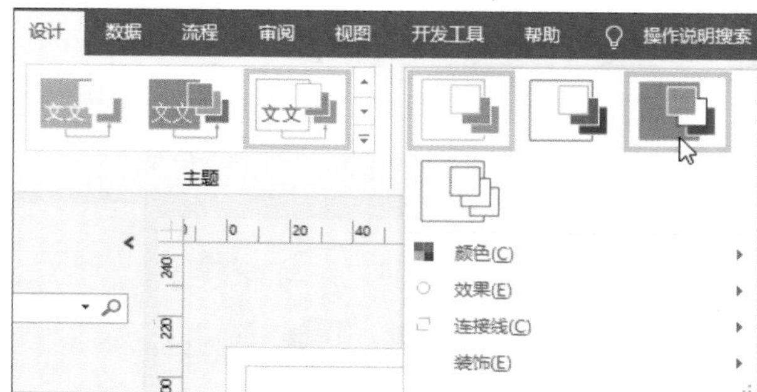

图 7-4

7.1.2 阻止主题影响形状

如果想要某些图形不跟随主题效果的改变而改变，可对该图形设置禁用主题操作。选中图形，在“开始”选项卡的“形状样式”选项组中单击“快速样式”下拉按钮，在弹出的列表中取消勾选“允许主题”复选框。当再次更换主题时，被选图形将会保持原始状态，如图7-5所示。

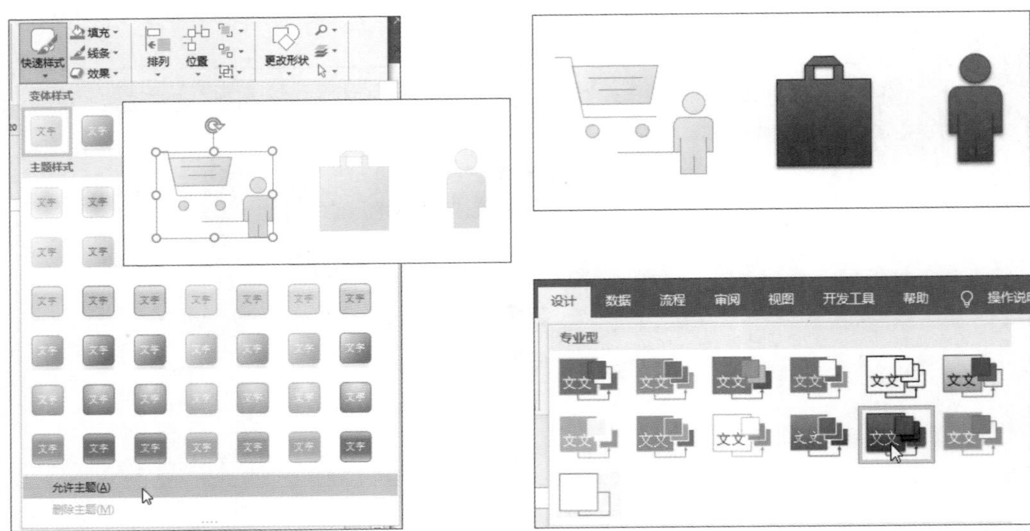

图 7-5

动手练 为工作流程图应用主题效果

扫码看视频

下面以工作流程图为例为其添加主题效果，具体操作如下。

Step 01 打开“工作流程”素材文件，在“设计”选项卡中单击“主题”下拉按钮，在弹出的主题列表中选择“平面”效果，如图7-6所示。

Step 02 选择完成后用户即可查看设置结果，如图7-7所示。

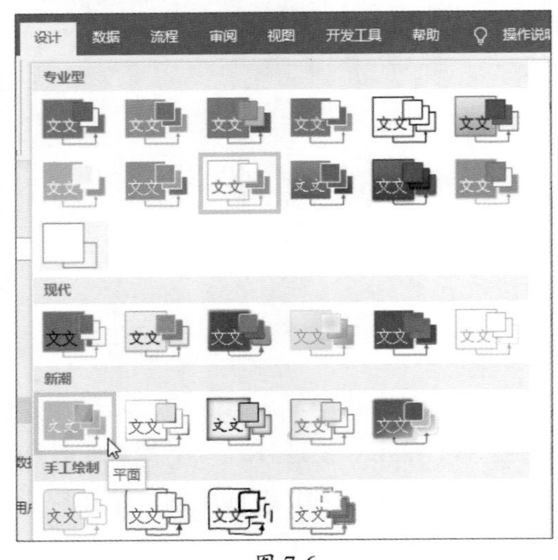

图 7-6

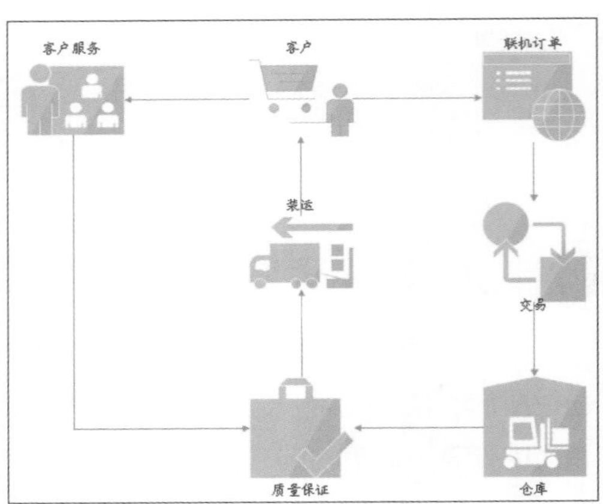

图 7-7

Step 03 在“变体”选项组中选择“平面，变量4”效果，即可为该主题添加变体效果，如图7-8所示。

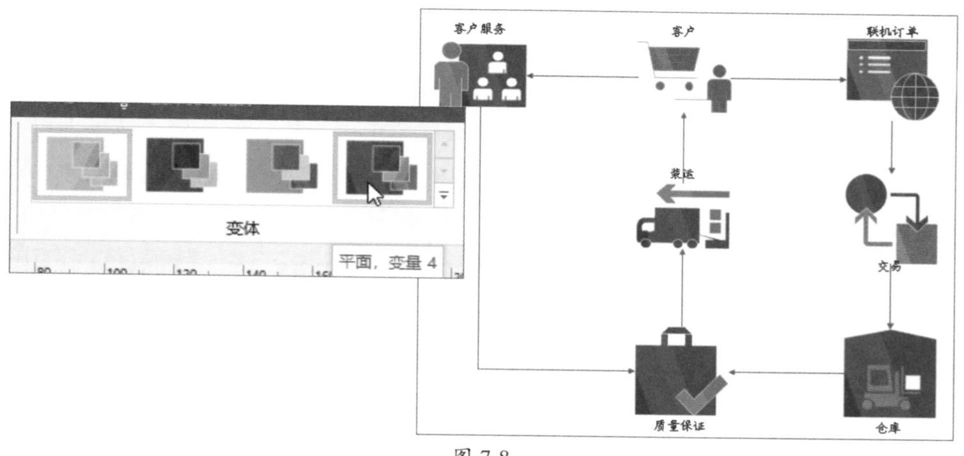

图 7-8

7.2 自定义主题

如果内置的主题不能满足设计需求，那么用户可自定义主题效果，下面介绍具体的操作方法。

7.2.1 自定义颜色和效果

在应用了某主题后，在“设计”选项卡的“变体”选项组中单击“变体”下拉按钮，在弹出的列表中选择“颜色”选项，并在其级联菜单中选择一种颜色，即可更改当前的主题颜色，如图7-9所示。

单击“变体”下拉按钮，在弹出的列表中选择“效果”选项，并在其级联菜单中选择一款效果，即可更改当前效果，如图7-10所示。

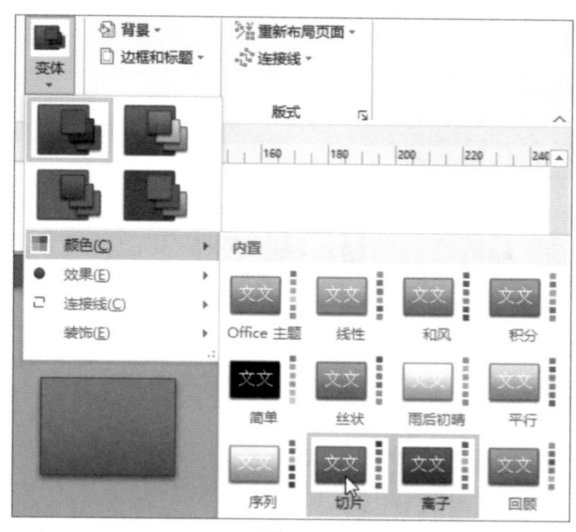

图 7-9

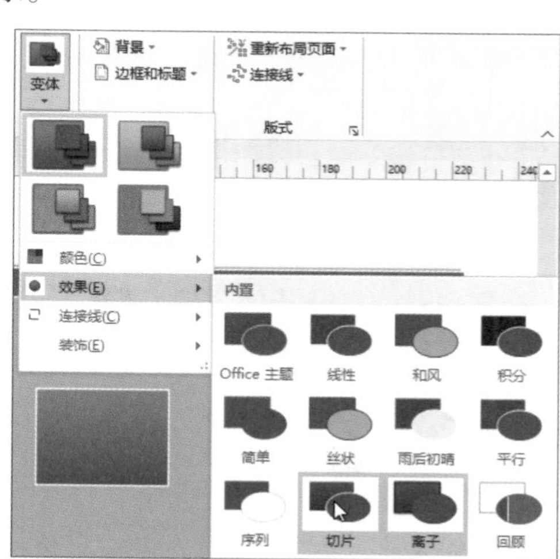

图 7-10

7.2.2 自定义连接线和装饰

应用了主题后，在“设计”选项卡的“变体”选项组中单击“变体”下拉按钮，在弹出的列表中选择“连接线”选项，并在其级联菜单中选择一款连接线效果即可，如图7-11所示。同样，在“变体”下拉列表中选择“装饰”选项，并在其级联菜单中选择装饰位置，如图7-12所示。

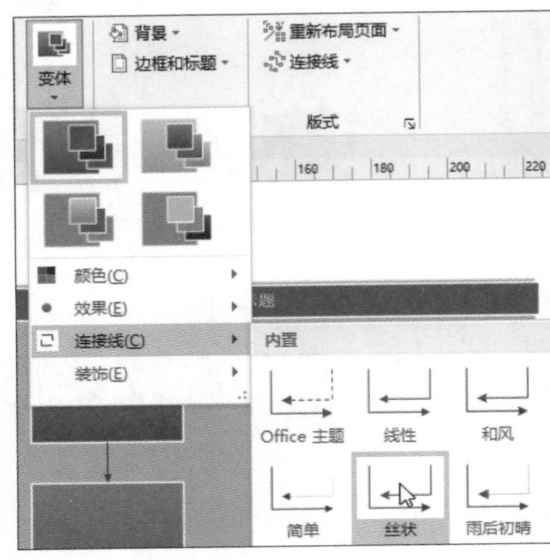

图 7-11

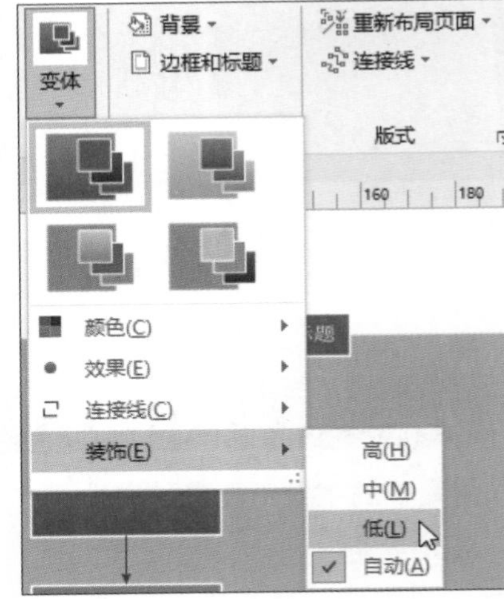

图 7-12

7.2.3 新建主题颜色

除了使用Visio的内置主题颜色外，用户还可以新建其他的主题颜色。在“设计”选项卡的“变体”选项组中单击“变体”下拉按钮，在弹出的列表中选择“颜色”选项，并在其级联菜单中选择“新建主题颜色”选项，如图7-13所示，在弹出的“新建主题颜色”对话框中输入名称并且手动选择主题颜色，在右侧可看到预览效果，单击“确定”按钮，如图7-14所示。

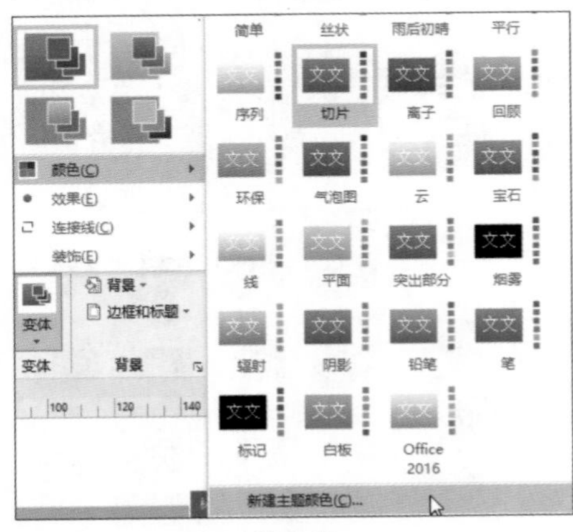

图 7-13

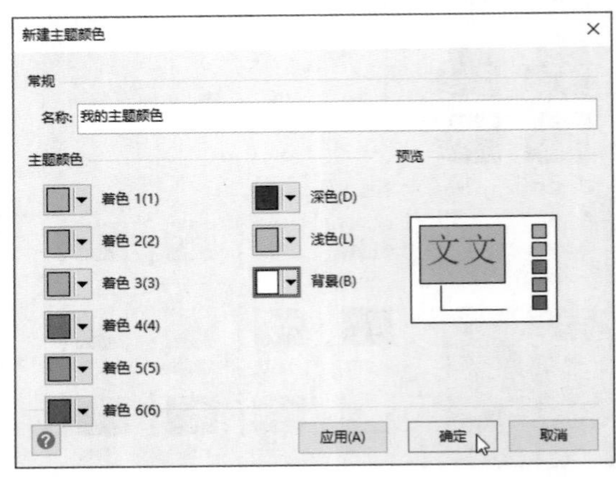

图 7-14

此时在颜色列表中会显示新建的主题色，单击该主题色即可应用于图表中，如图7-15所示。如果想删除新建的主题颜色，可右击该主题色，在弹出的快捷菜单中选择“删除”选项即可，如图7-16所示。

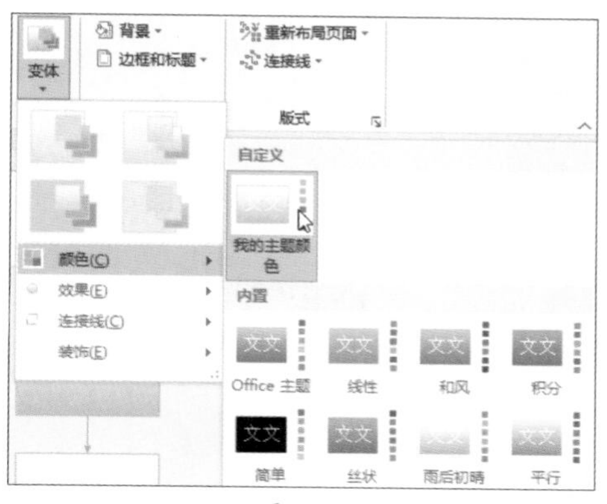

图 7-15

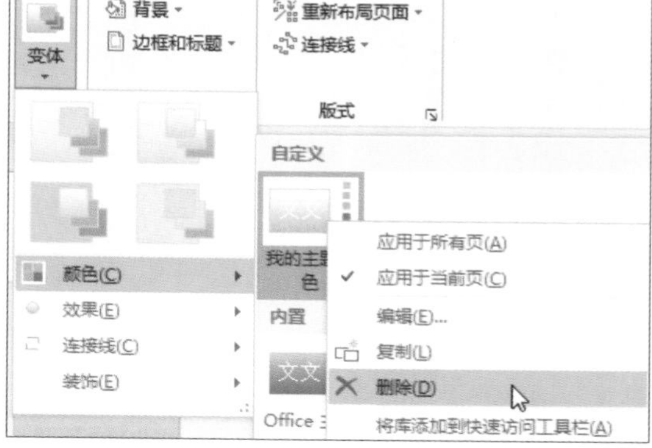

图 7-16

动手练 为产品制作流程图自定义主题

下面以产品制作流程图为例，为其添加自定义主题效果，具体方法如下。

Step 01 打开“产品制作流程图”素材文件。在“设计”选项卡的“变体”选项组中单击“其他”下拉按钮，在弹出的列表中选择“颜色”选项，并在其级联菜单中选择“新建主题颜色”选项，打开相应的对话框，如图7-17所示。

Step 02 设置主题颜色后单击“确定”按钮，再次打开“变体”下拉列表，从中选择“效果”选项，并在其级联菜单中选择一款效果，如图7-18所示。

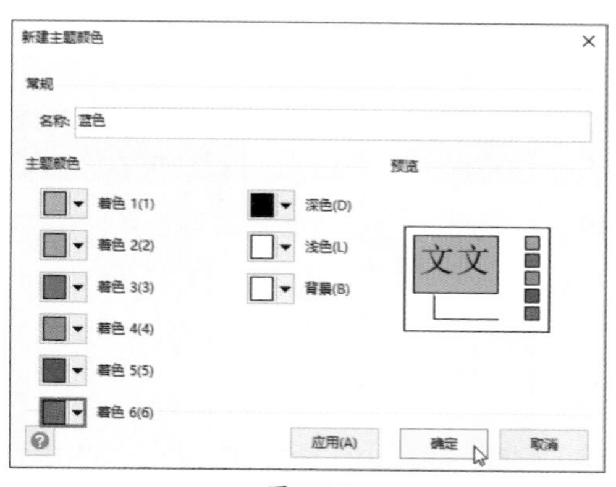

图 7-17

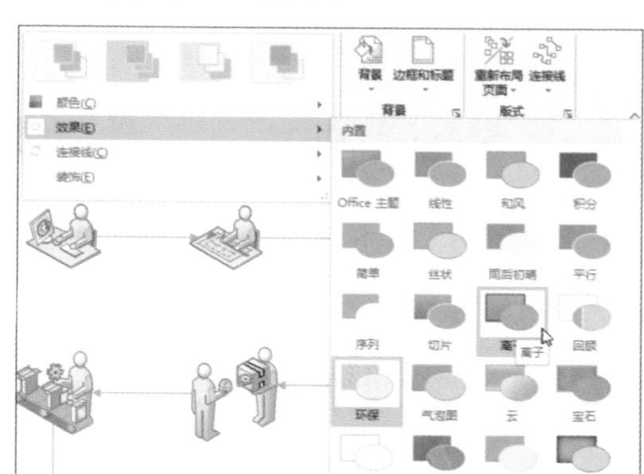

图 7-18

Step 03 设置完成后，用户即可查看到最终的设置效果，如图7-19所示。

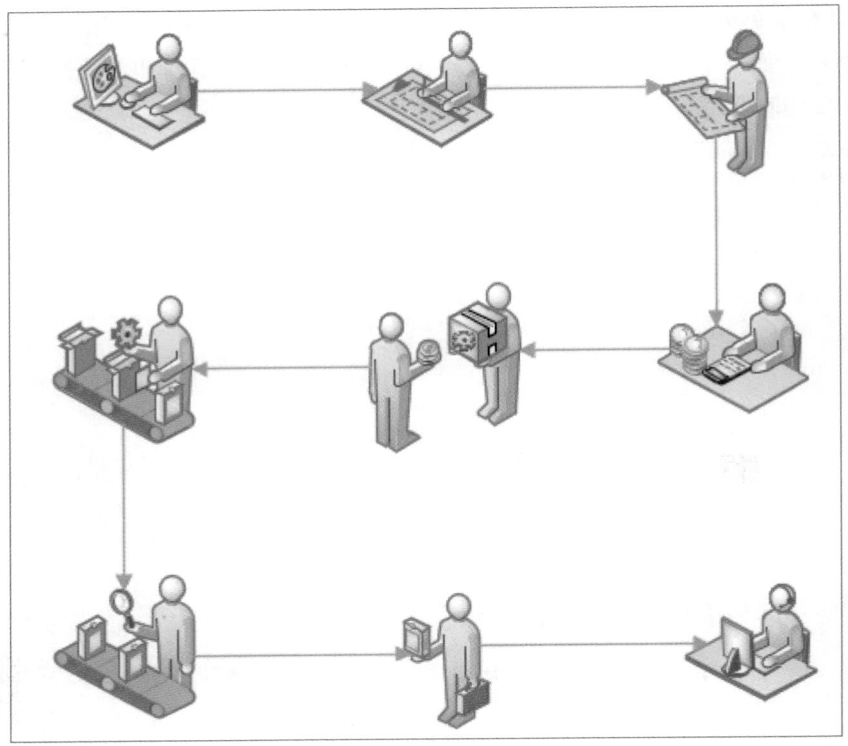

图 7-19

知识点拨

想要复制新建的主题，只需将含有该主题的图形进行复制，就可以在新文档中看到自定义的颜色主题。删除该图形后，该主题仍然存在。

7.3 应用样式

所谓样式，是将文本、线条与填充格式汇集到一个格式包中。如果需要重复使用多种相同格式，可使用样式功能来实现。

7.3.1 添加样式命令

样式是一组集形状、线条、文本格式于一体的命令，用户可以通过使用该功能快速设置图形的样式。默认情况下，Visio功能区中不显示样式功能，需用户手动调出。

1. 自定义选项组

在添加样式命令时需要一个选项组，否则无法添加该命令。单击“文件”选项卡，打开“开始”界面，选择“选项”选项，在弹出的对话框中选择“自定义功能区”选项，在右侧的“自定义功能区”列表中勾选“开发工具”复选框，单击“新建组”按钮，如图7-20所示。

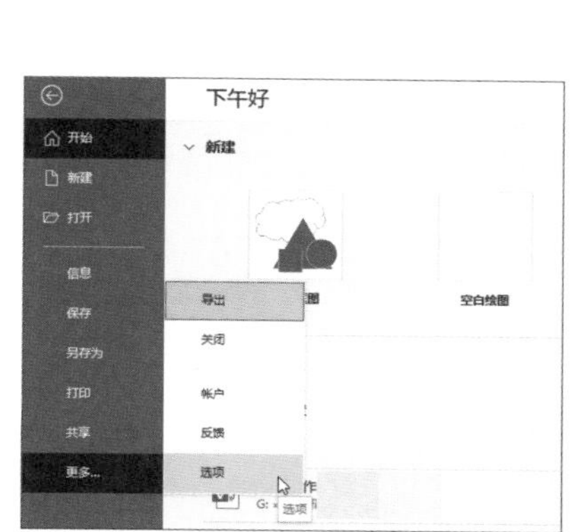

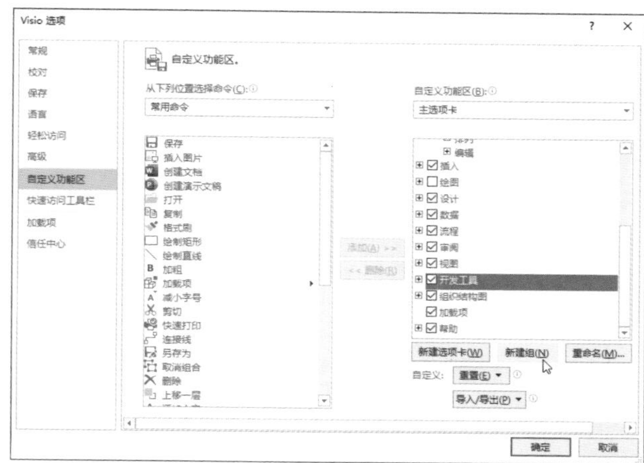

图 7-20

选中“新建组（自定义）”选项，单击“重命名”按钮，如图7-21所示，在“重命名”对话框中选择一种符号，为该组重命名后，单击“确定”按钮，如图7-22所示。

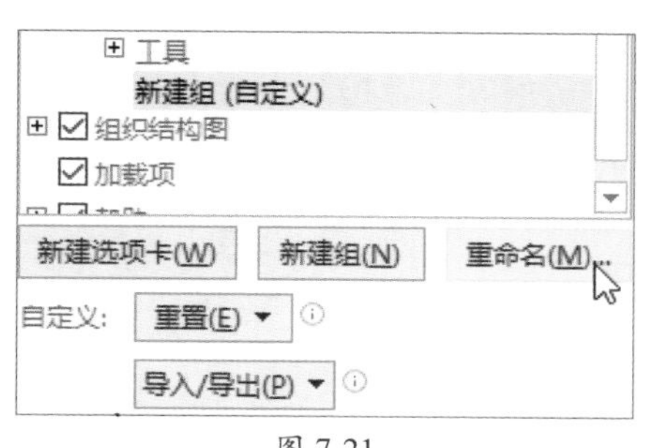

图 7-21

图 7-22

2. 添加命令

添加选项组后，接下来需要向选项组中添加命令。单击左侧“从下列位置选择命令”下拉按钮，在弹出的列表中选择“所有命令”选项，并从下方的列表框中选择“样式”选项，单击“添加”按钮，该样式将添加至新建组下方，单击“确定”按钮，如图7-23所示。

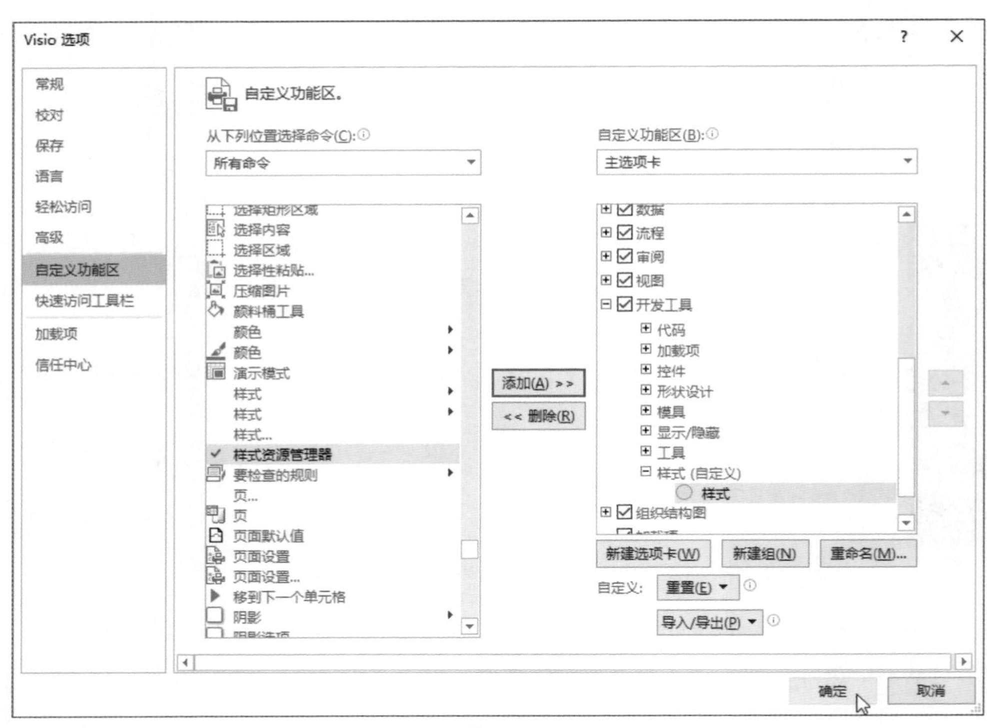

图 7-23

7.3.2 使用样式

扫码看视频

添加样式后，用户即可使用该功能了。在“开发工具”选项卡的“样式”选项组中单击“样式”按钮，启动“样式”对话框，在对话框中可以对文字样式、线条样式及填充样式进行设置，如图7-24所示。

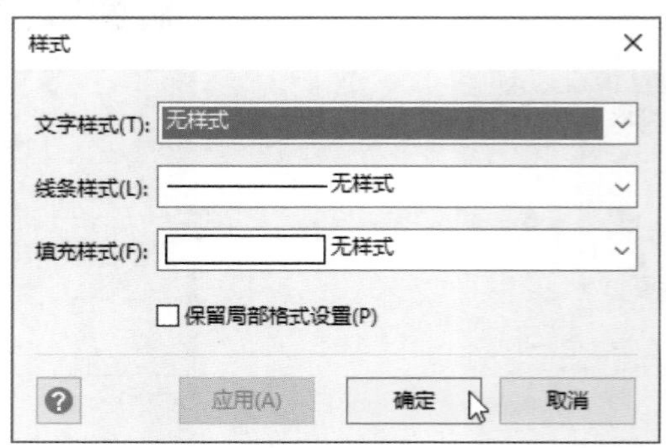

图 7-24

7.3.3 自定义图案样式

用户可根据绘图需求对图表中的图形样式进行自定义操作。例如设置填充图案样式，设置线条图案样式、设置线条端点图案样式等。

1. 自定义填充图案样式

在设置填充图案样式前，先要启动“绘图资源管理器”窗格。在“开发工具”选项卡的“显示/隐藏”选项组中勾选“绘图资源管理器”复选框，即可启动该窗格，如图7-25所示。

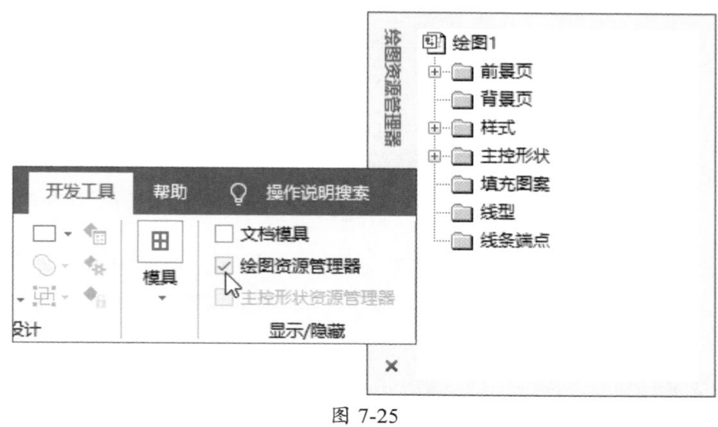

图 7-25

在“绘图资源管理器”窗格中右击“填充图案”选项，在弹出的快捷菜单中选择“新建图案”选项。在弹出的“新建图案”对话框中设置名称，在“行为”选项中选择合适的填充图案，单击“确定”按钮，如图7-26所示。

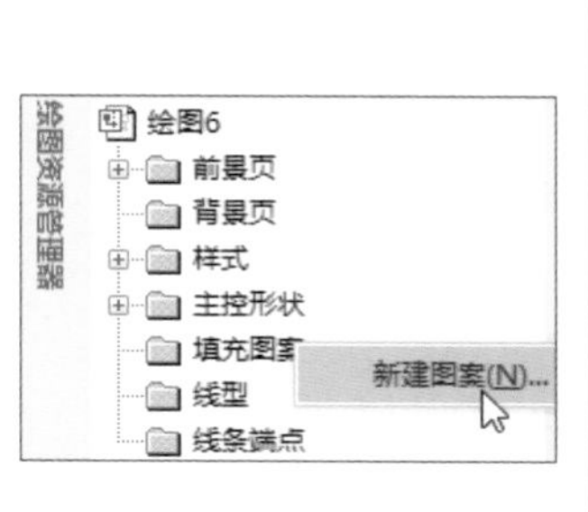

图 7-26

知识点拨

行为选项主要用于填充模式，其中包括重复（平铺）、居中、最大化三种模式，此外用户还可勾选“按比例缩放”复选框，对图案进行等比例缩放。

此时在“绘图资源管理器”窗格中的“填充图案”文件夹下会显示刚刚新建的图案名称。右击该图案选项，在弹出的快捷菜单中选择“编辑图案形状”选项，如图7-27所示。系统则会打开空白文档，在“开始”选项卡的“工具”选项组中使用各种工具绘制形状，然后关闭窗口，在弹出的对话框中单击“是”按钮，如图7-28所示。

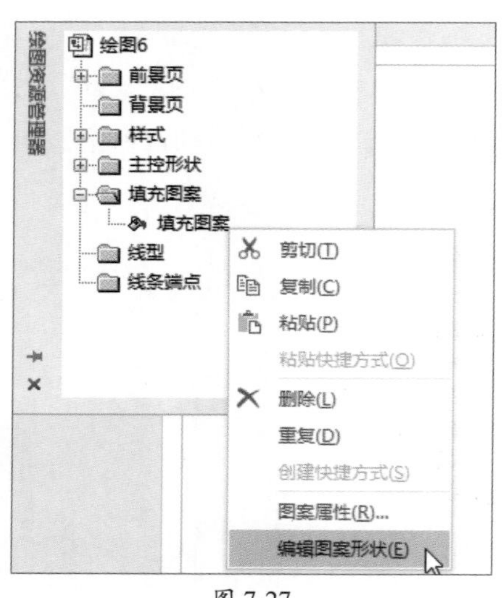

图 7-27

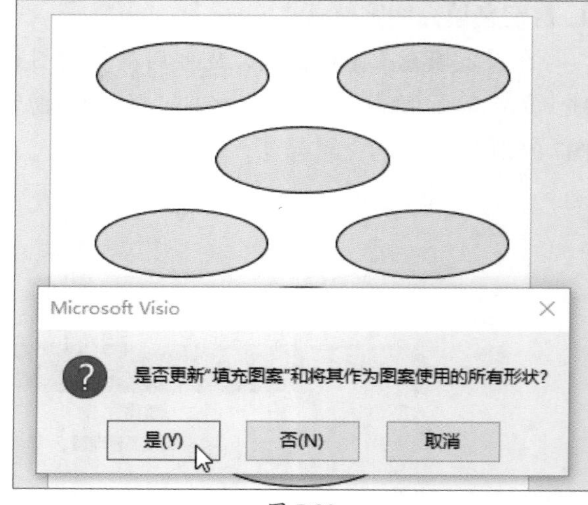

图 7-28

接下来在页面中右击目标图形，在弹出的快捷菜单中选择“设置形状格式”选项。在弹出的“设置形状格式”窗格中展开“填充”选项组，选中“图案填充”单选按钮，从模式下拉列表中选中“填充图案”单选按钮，效果如图7-29所示。

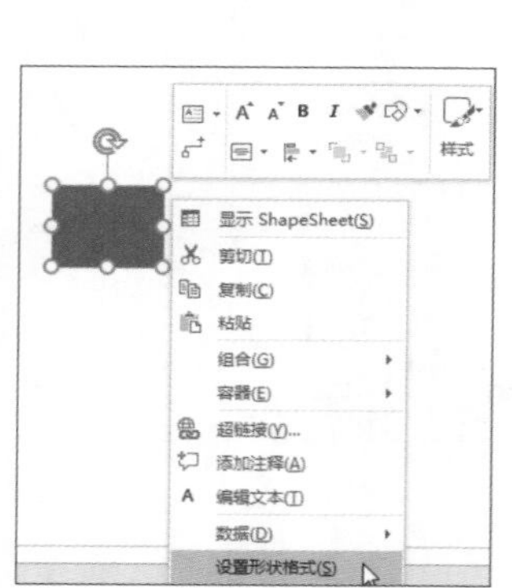

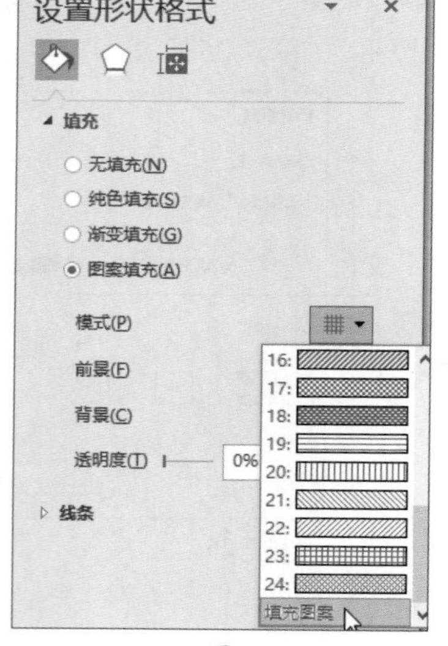

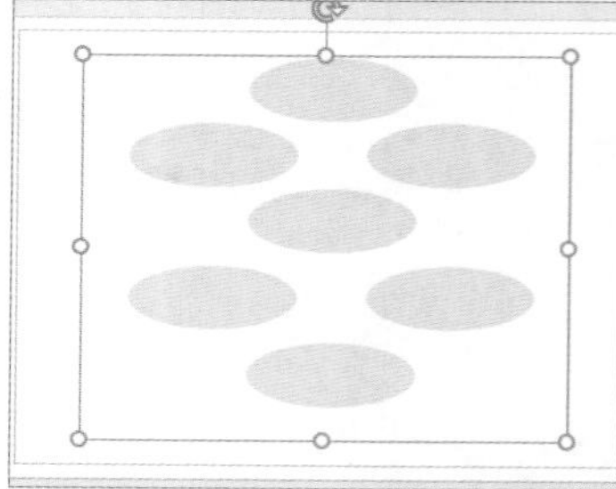

图 7-29

2. 自定义线条图案样式

自定义线条图案样式同样也包括新建图案、编辑图案形状以及应用图案三个步骤。下面将介绍具体操作。

在“绘图资源管理器”窗格中右击“线型”选项，在弹出的快捷菜单中选择“新建图案”选项，弹出“图案属性”对话框，输入名称并选择一个行为模式，单击“确定”按钮，如图7-30所示。

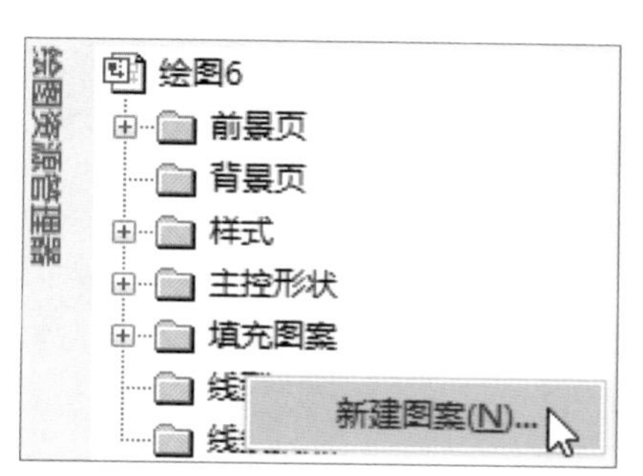

图 7-30

接下来编辑线条图案。在“绘图资源管理器”中展开“线型”，在新建方案上右击，在弹出的快捷菜单中选择“编辑图案形状”选项，如图7-31所示。在打开的空白文档中绘制图案。关闭时单击“是”按钮确定保存，如图7-32所示。

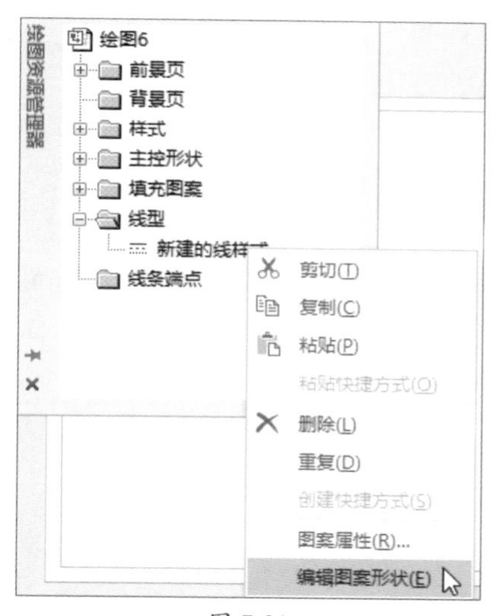

图 7-31

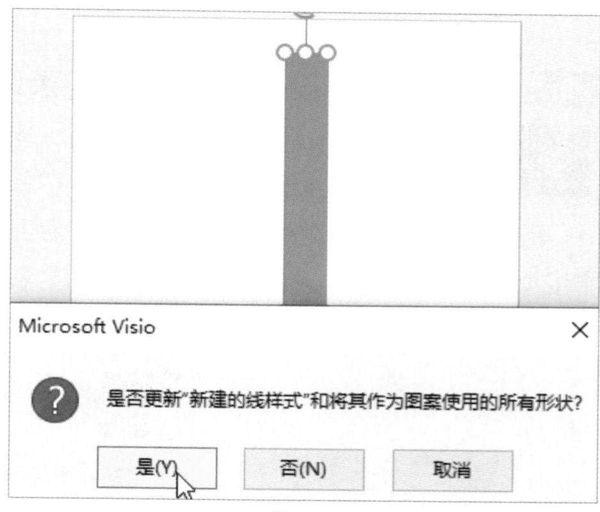

图 7-32

最后应用线条图案。在绘图页面中右击图形，在弹出的快捷菜单中选择“设置形状格式”选项。在“设置形状格式”窗格中展开“线条”选项组，单击“短画线类型”下拉按钮，选择“新建的线样式”选项，可以调整线宽，效果如图7-33所示。

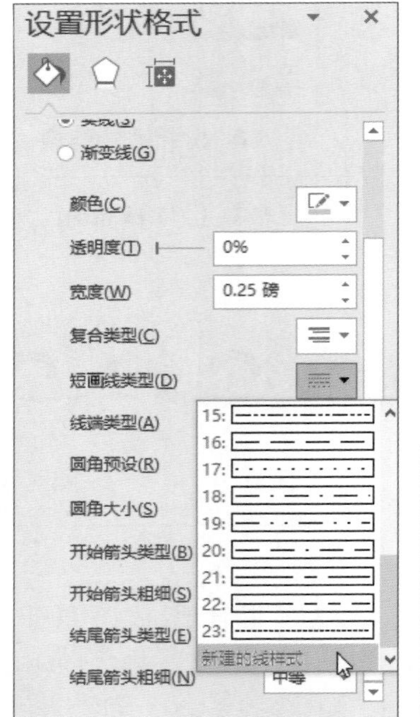

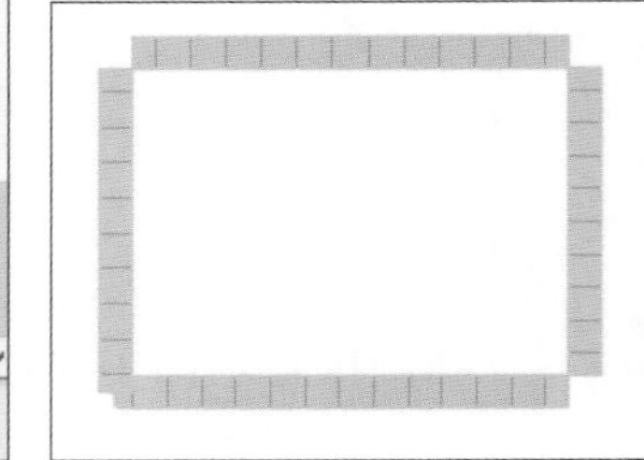

图 7-33

动手练 美化电子设备连接图的线条端点样式

扫码看视频

线条端点样式与自定义图案样式基本一致，下面将以电子设备连接图为例介绍具体设置操作。

Step 01 打开“绘图资源管理器”窗格，右击“线条端点”选项，在弹出的快捷菜单中选择“新建图案”选项。在“新建图案”对话框中输入“名称”为“新建的样式”，并选择一款行为模式，单击“确定”按钮，如图7-34所示。

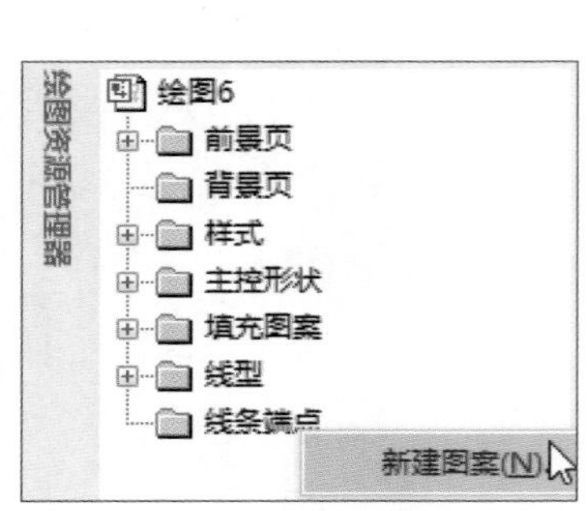

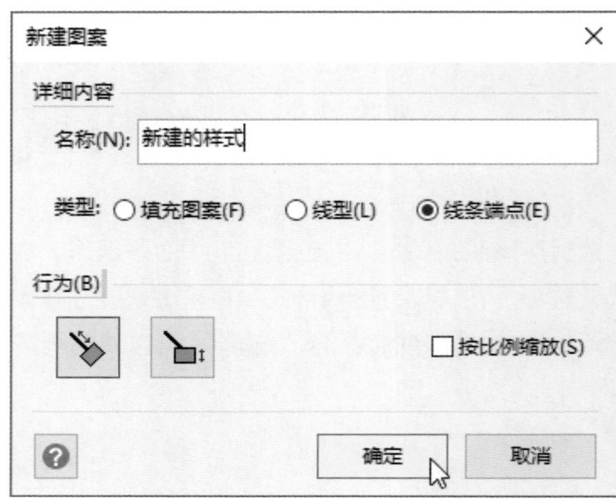

图 7-34

Step 02 在“线条端点”文件夹下方右击“新建的样式”选项，在弹出的快捷菜单中选择“编辑图案形状”选项，如图7-35所示。在弹出的界面中绘制图案，完成后关闭该界面，单击“是”按钮确认保存，如图7-36所示。

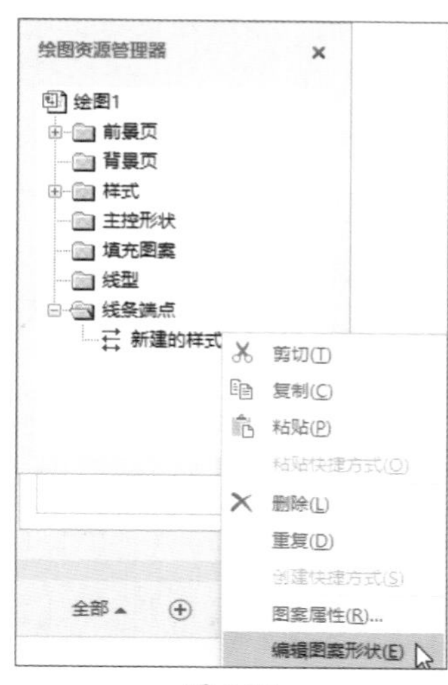

图 7-35

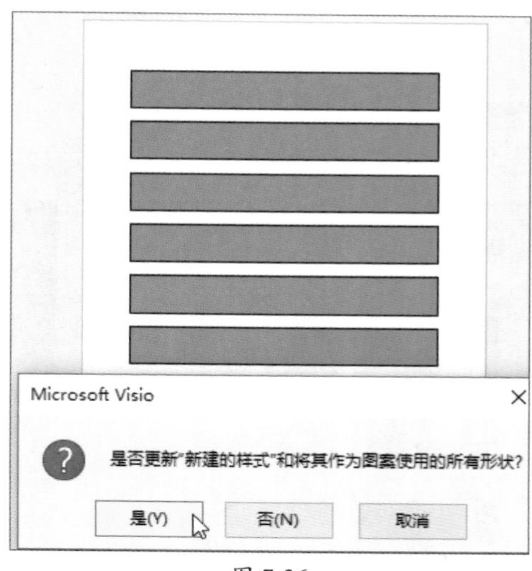

图 7-36

Step 03 在线上右击，在弹出的快捷菜单中选择“设置形状格式”选项，打开“设置形状格式”窗格。展开“线条”选项卡，单击“结尾箭头类型”下拉按钮，选择“新建的样式”选项，如图7-37所示。

Step 04 在该窗格中将“结尾箭头粗细”设置为“超大”，适当调整线宽后查看效果，如图7-38所示。

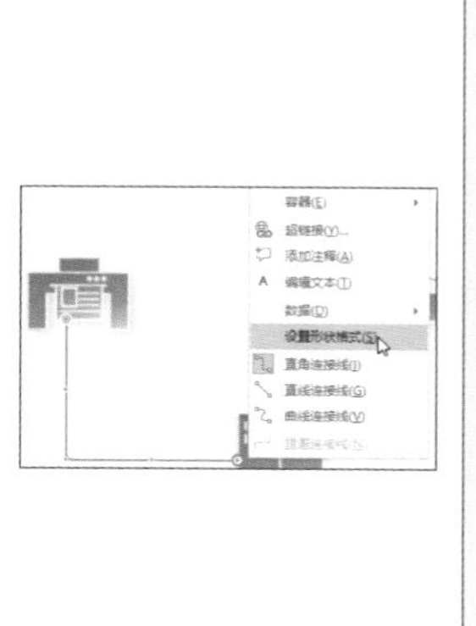

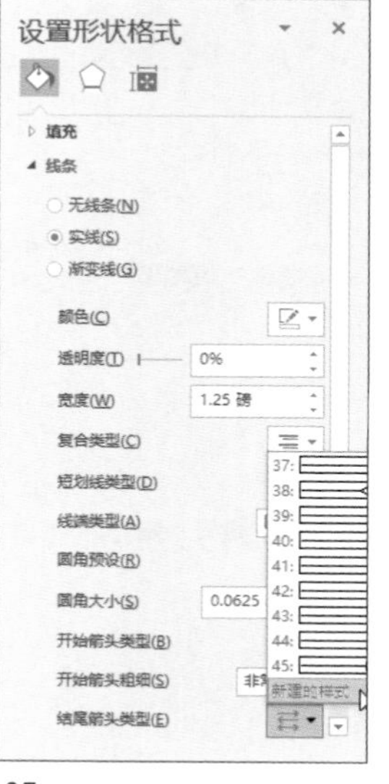

图 7-37

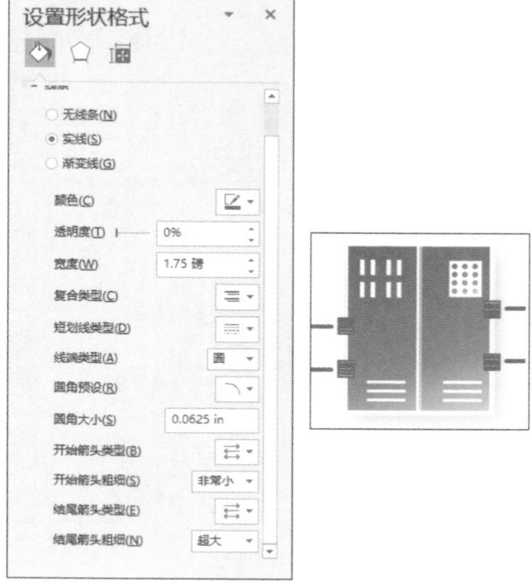

图 7-38

案例实战：制作计算机硬件故障分析图

在计算机的故障中，硬件故障占了很大比例，使用Visio软件可以以图形的形式表示硬件故障的发生位置以及原因。下面将使用“因果图”模板来创建计算机硬件故障分析图。

Step 01 启动Visio软件，在“新建”界面中单击“类别”关键字，并选择“商务”模板，如图7-39所示。在打开的“商务”模板界面双击“因果图”模板，如图7-40所示。

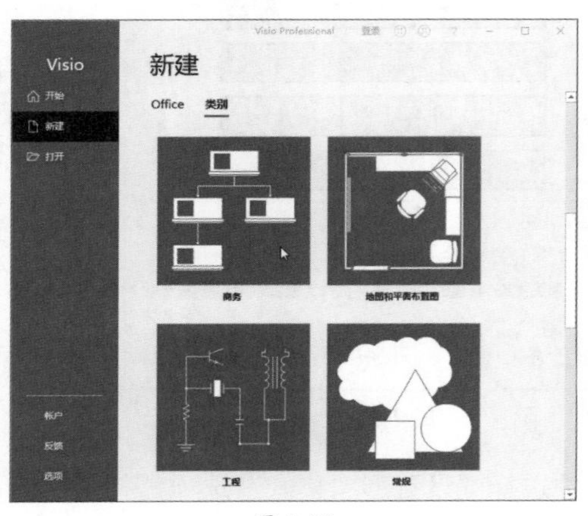

图 7-39

图 7-40

Step 02 调整好示例中形状的位置，并在“形状”窗格的“因果图形状”模具集中，选择“类别1”图形将其拖至页面合适位置，如图7-41所示。

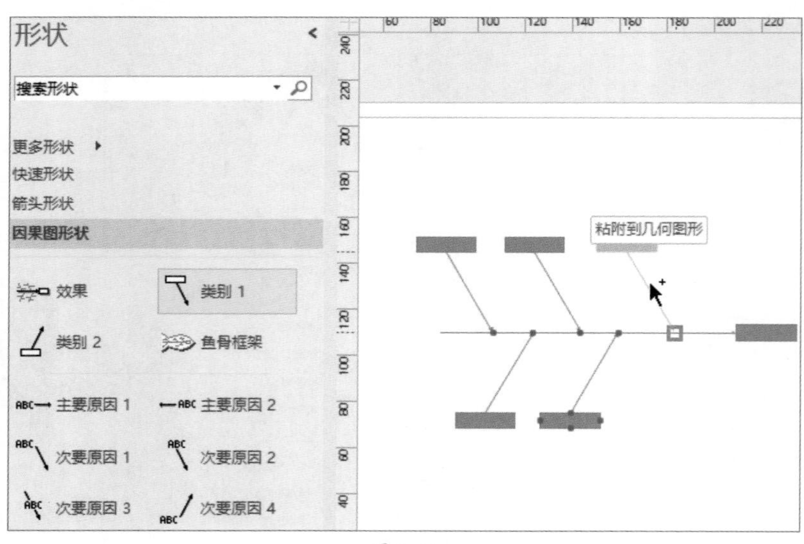

图 7-41

Step 03 双击页面中的类别形状，分别输入相应的文字信息。

Step 04 在“因果图形状”模具集中，将“主要原因1”图形拖曳至CPU图形连接线上，双击输入说明文本，如图7-42所示。

Step 05 按照同样的方法完成其他类别的“主要原因1”的添加，如图7-43所示。

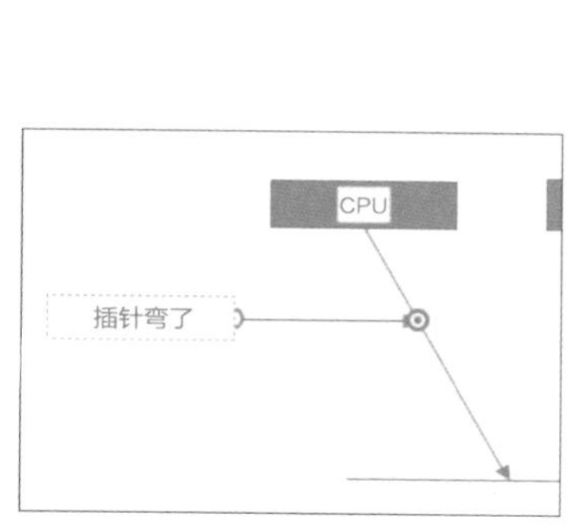

图 7-42

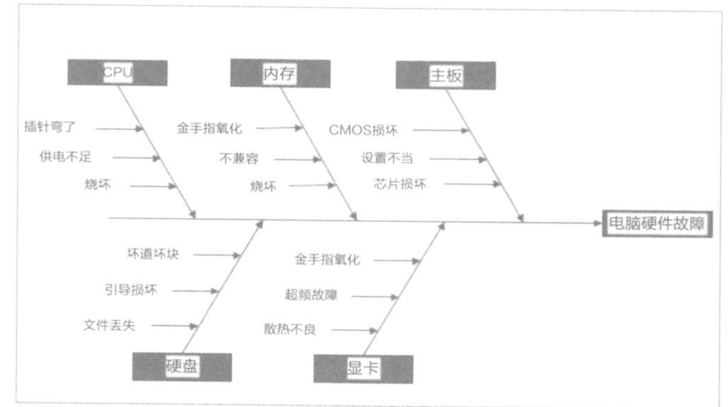

图 7-43

Step 06 在“设计”选项卡的“主题”选项组中单击“更多”下拉按钮，在弹出的列表中选择一款满意的主题样式，如图7-44所示。单击“变体”下拉按钮，在弹出的列表中继续选择一款需要的变体样式，如图7-45所示。

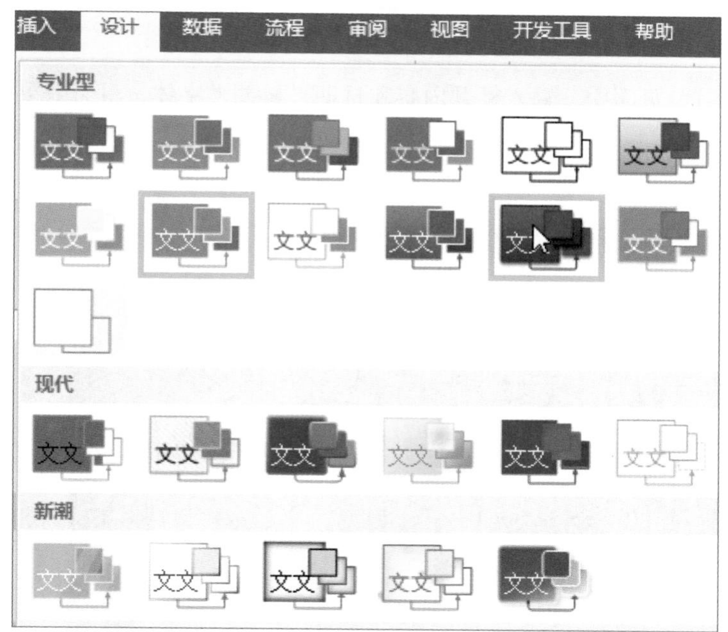

图 7-44

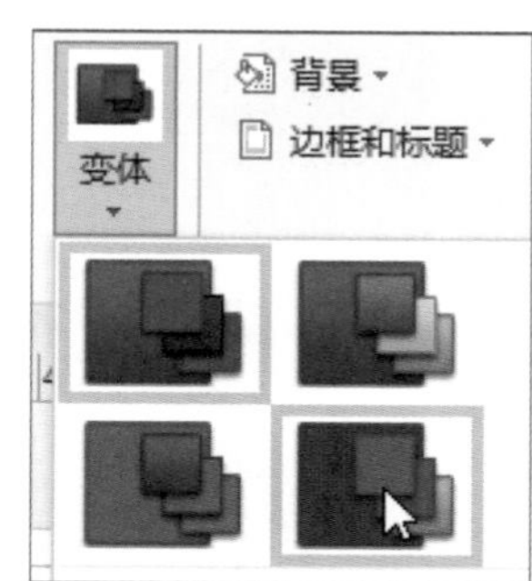

图 7-45

Step 07 在“设计”选项卡的“背景”选项组中单击“背景”下拉按钮，在弹出的列表中选择一款需要的背景样式，如图7-46所示。在“背景”选项组中单击“边框和标题”下拉按钮，在弹出的列表中选择一款需要的边框标题样式，如图7-47所示。

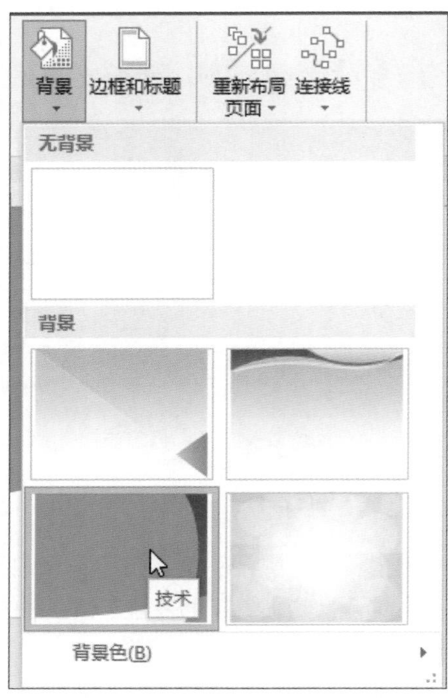

图 7-46

图 7-47

Step 08 切换到“背景-1”页面中，输入标题内容和日期，再调整字体，最后效果如图7-48所示。

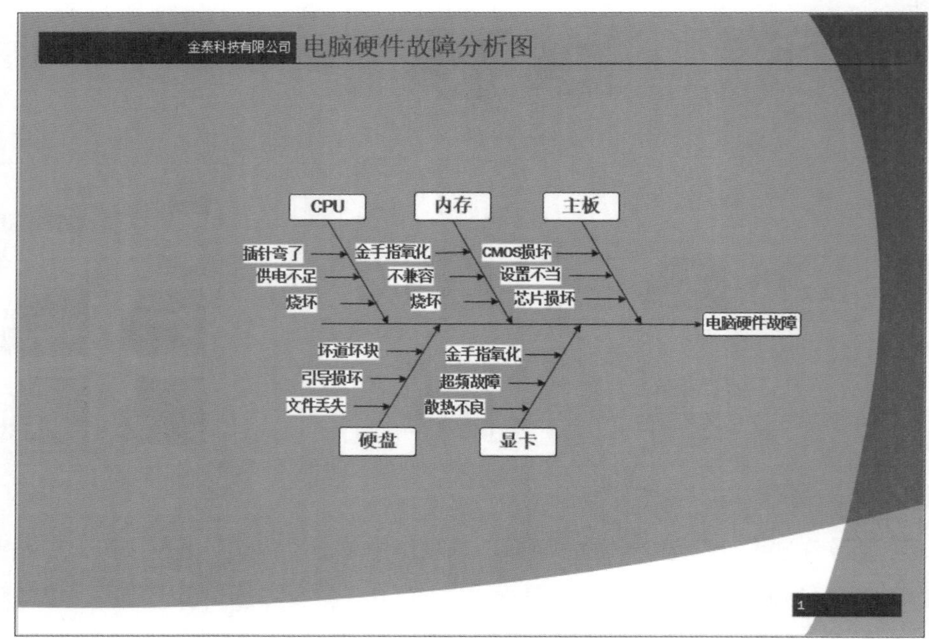

图 7-48

新手答疑

1. Q：在调整形状或文字格式时，需要反复调整参数，有没有简便方法？

A：可以尝试使用格式刷命令，选中需要调整的对象，在“开始”选项卡的“剪贴板”选项组中单击“格式刷”按钮，在需要调整的图形上单击，可以将源格式复制到目标图形上，如图7-49所示。

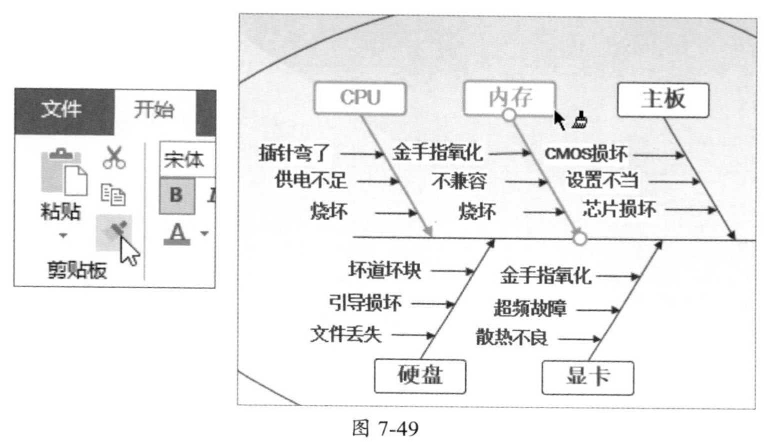

图 7-49

2. Q：应用了快速样式后，再使用内置主题会不会被覆盖效果？

A：不会。用户在“开始”选项卡的“形状样式”中设置的快速样式或者手动样式，在使用“主题”时会自动进行调整并保持与其他形状的区别，如图7-50所示。如果用户不希望某些形状使用主题，可以在“快速样式”中取消勾选“允许主题”复选框，如图7-51所示。也可以选择“删除主题”，使形状恢复默认状态。

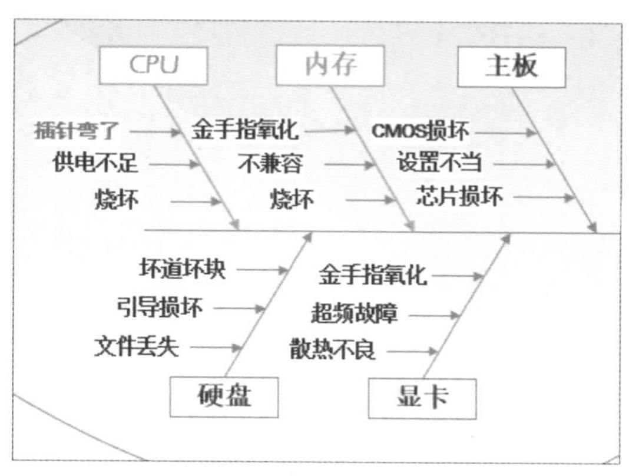

图 7-50

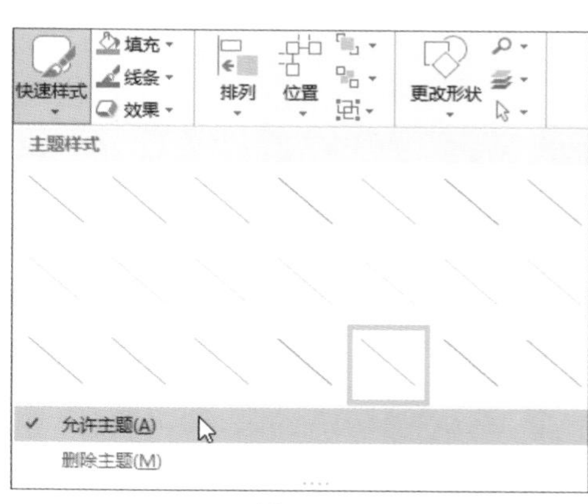

图 7-51

读书笔记

第8章

Visio数据功能的应用

图表绘制完成后，用户可以为其添加各类数据信息，以方便查看数据。本章将简单介绍Visio数据的导入、编辑以及数据报告的创建方法。

8.1 设置形状数据

除了可以对Visio中的形状进行编辑美化外，还可以对它关联的数据信息进行编辑修改。本节将介绍形状数据的定义、导入、更改以及刷新等操作。

8.1.1 形状数据的录入

录入形状数据是指对某形状的属性参数进行设定。选中某形状后，在“数据”选项卡的“显示/隐藏”选项组中勾选“形状数据窗口”复选框，在弹出的“形状数据”窗格中，用户可手动为该形状设定各种数据参数，如图8-1所示。

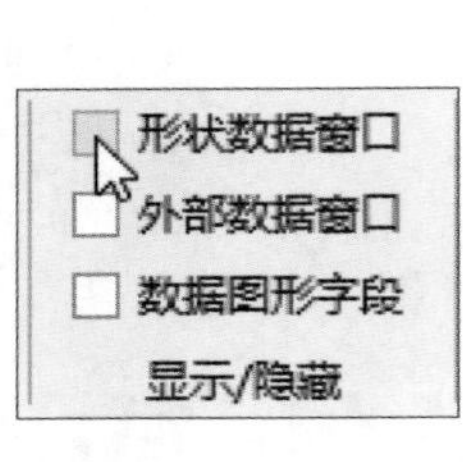

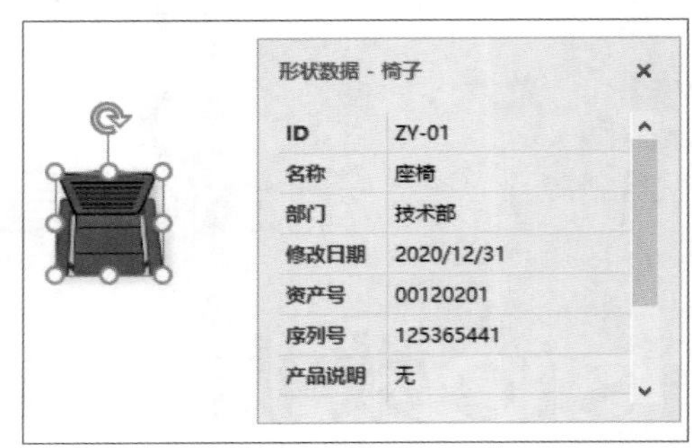

图 8-1

此外，右击目标形状，在弹出的快捷菜单中选择“数据”选项，并在其级联菜单中选择“定义形状数据”选项，打开“定义形状数据”对话框，可以对当前形状设定相关的数据信息，如图8-2所示。

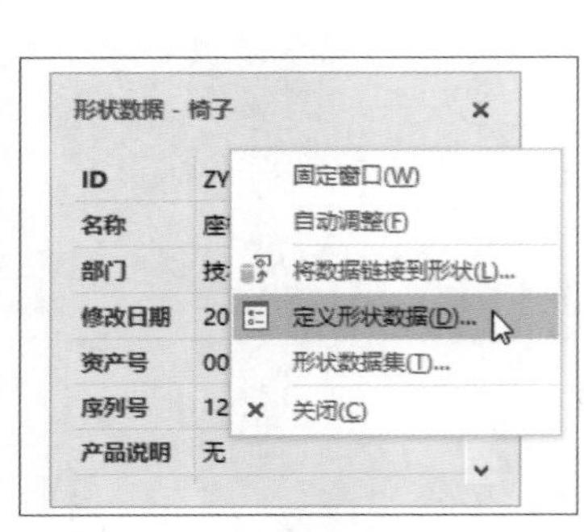

图 8-2

8.1.2 外部数据的导入

如果形状数据内容较多，手动输入比较麻烦，用户可以使用导入功能将数据导入至形状中，并在形状中显示导入的数据信息。

1. 导入数据

数据导入的方法很简单，用户只需按照导入向导一步步操作即可。在“数据”选项卡中单击“自定义导入”按钮，打开“数据选取器”对话框，在此按照该对话框中的选项一步步进行设置即可，如图8-3所示。

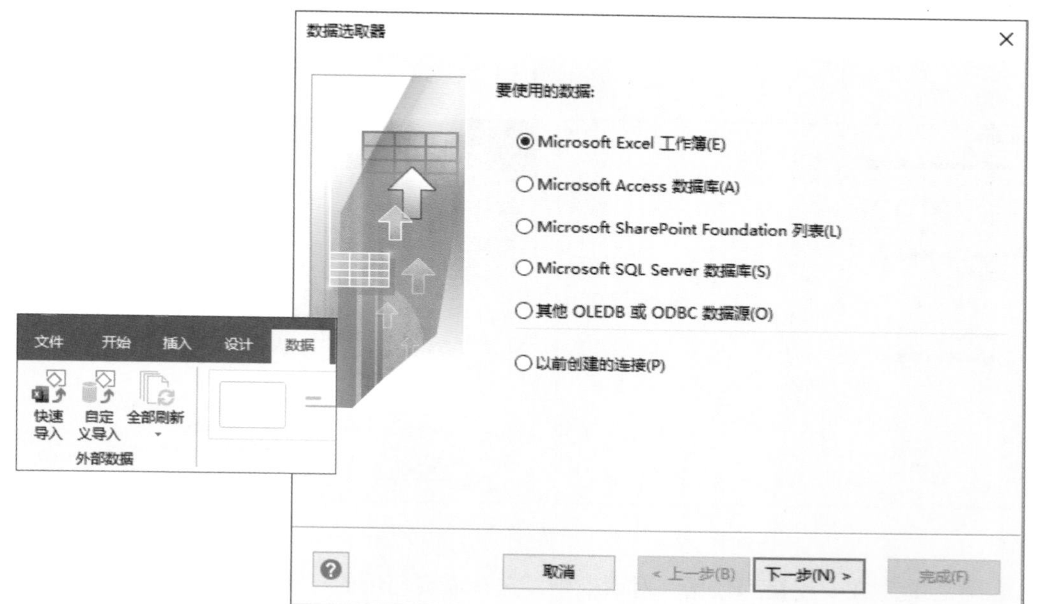

图 8-3

动手练 导入员工信息数据表

下面以员工信息表为例介绍导入数据的具体操作。

扫码看视频

Step 01 在“数据”选项卡中单击“自定义导入”按钮，在“数据选取器”对话框中选中“Microsoft Excel工作簿”单选按钮，单击“下一步”按钮。

Step 02 打开“连接到Microsoft Excel工作簿”界面，单击“浏览”按钮，在打开的“数据选取器”对话框中选择要导入的Excel文件，单击“打开”按钮，返回到界面中，单击“下一步”按钮，如图8-4所示。

Step 03 在打开的下一步界面中，单击“选择自定义范围”按钮，在打开的Excel表格中，使用鼠标拖曳的方法框选所有数据，此时会在“导入到Visio”对话框中显示相应的选择区域。单击“确定”按钮，返回到当前界面，单击“下一步”按钮，如图8-5所示。

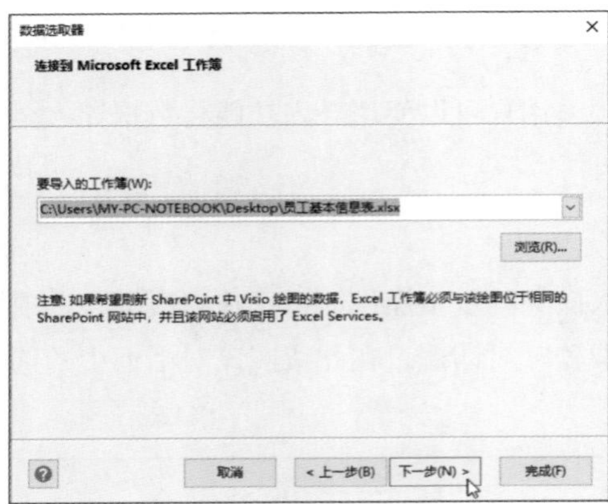

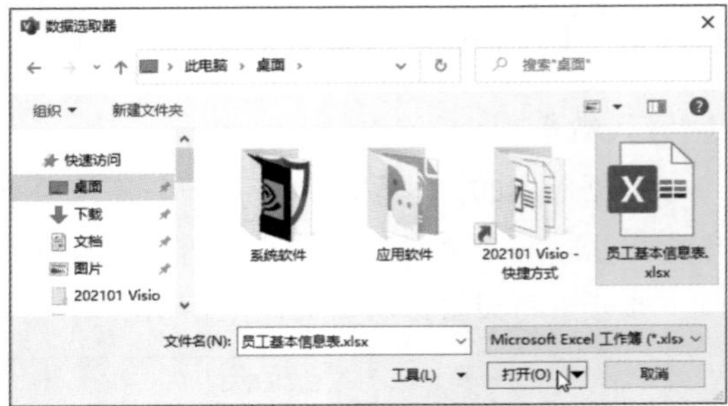

图 8-4

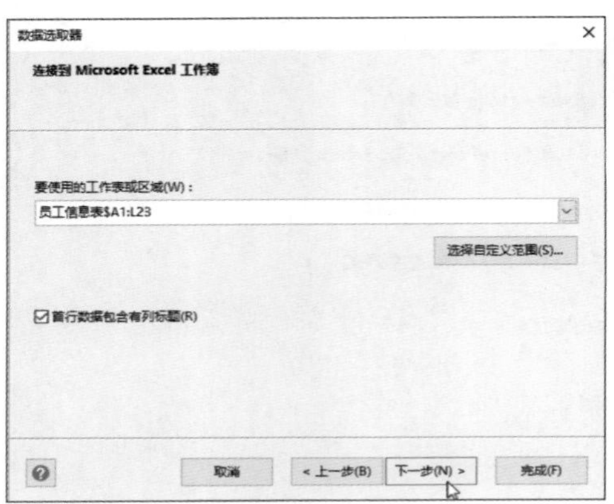

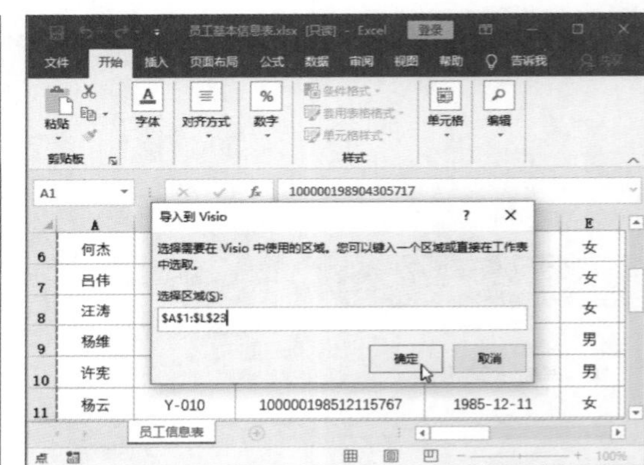

图 8-5

Step 04 在“连接到数据”对话框中，选择需要使用的行或列。这里保持默认，单击“下一步”按钮，如图8-6所示。

Step 05 在“配置刷新唯一标识符”对话框中，不做任何设置，单击“下一步”按钮，如图8-7所示。

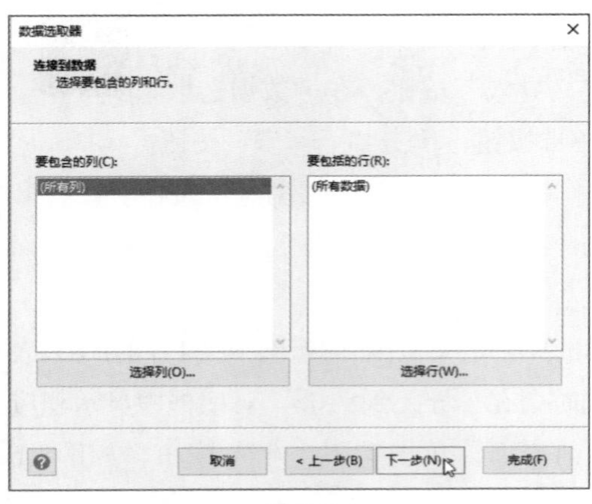

图 8-6

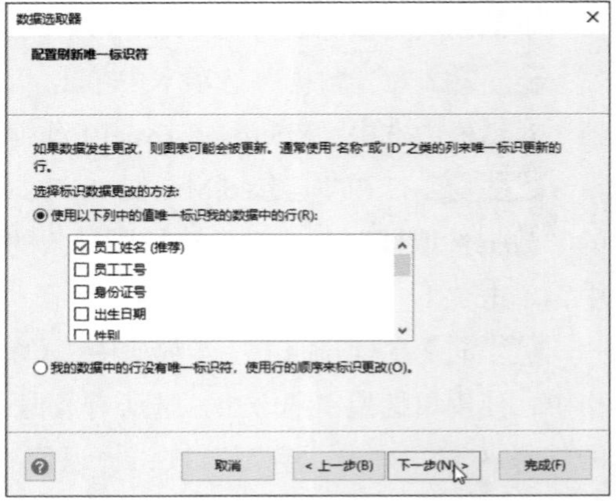

图 8-7

Step 06 此时系统提示已经成功导入数据，单击“完成”按钮即可，如图8-8所示。

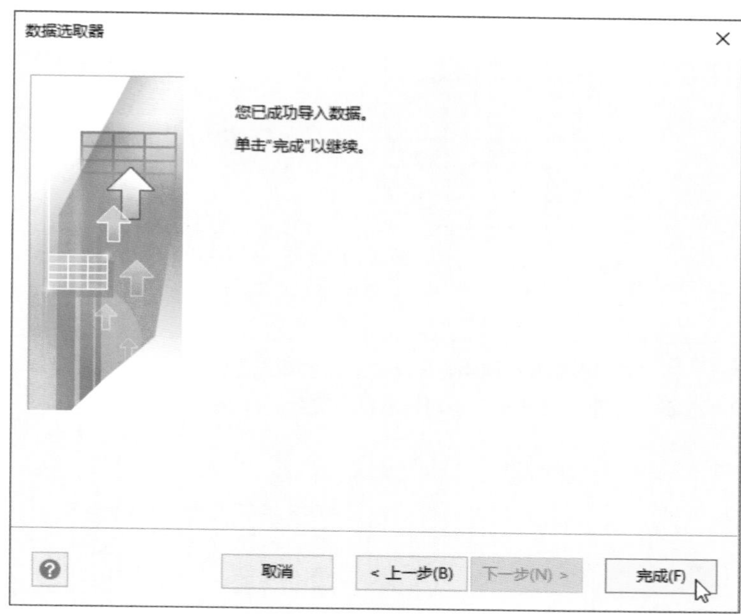

图 8-8

Step 07 返回到Visio主界面中，在界面右侧会出现“外部数据”窗格，并显示Excel工作簿中的所有内容，如图8-9所示。

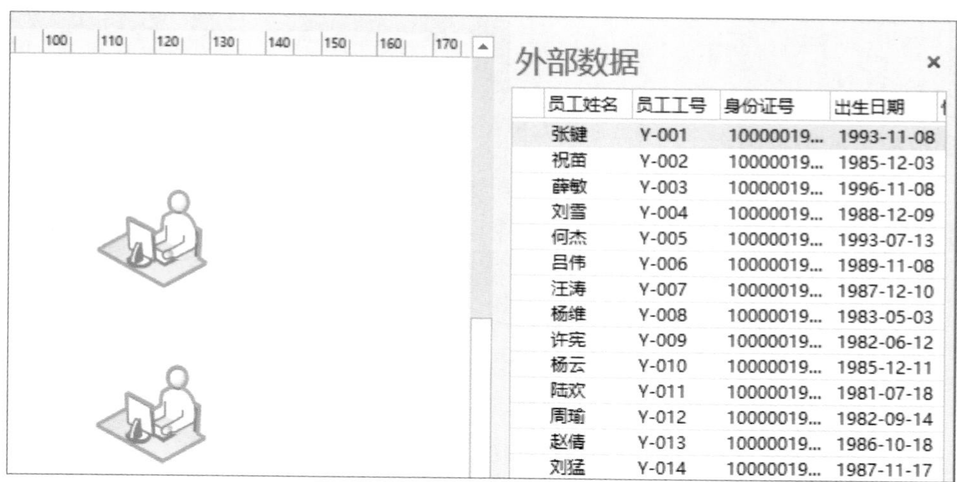

图 8-9

2. 将数据链接至形状

数据导入后，需要和对应的形状链接才能表达该图形的属性信息。选中需要链接数据的形状，在右侧“外部数据”窗格中将数据行拖动到形状上，如图8-10所示。

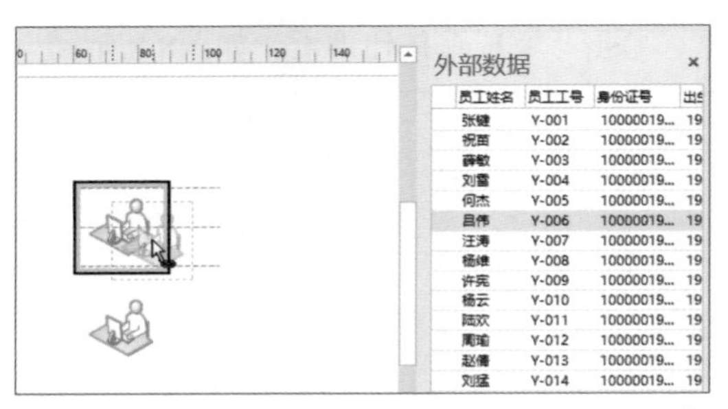

图 8-10

知识点拨

选中形状后，在“外部数据”窗格中右击所需链接的单元行，在弹出的快捷菜单中选择“链接到所选的形状”选项，如图8-11所示，也可将数据链接至形状上。

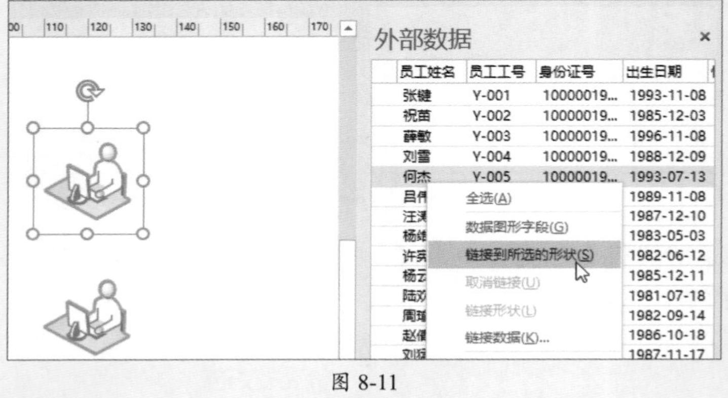

图 8-11

3. 更改显示的数据内容

默认的数据显示是随机的，如图8-10所示的形状只显示了身份证号。如果想要显示其他信息，可通过“数据图形字段”窗格来操作。

在“外部数据”窗格中选择任意行，右击，在弹出的快捷菜单中选择“数据图形字段”选项。弹出“数据图形字段”窗格，勾选需要显示的数据列，如图8-12所示。

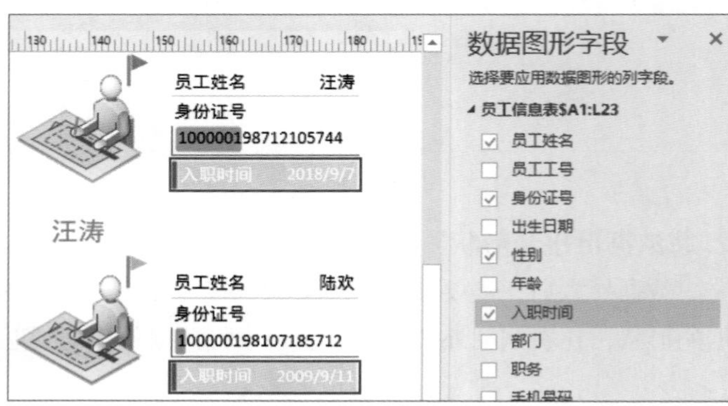

图 8-12

8.1.3 更改形状数据

当导入的数据包含多列内容时，用户可以通过更改形状数据的方法，设置形状的显示格式。在“外部数据”窗格中选择目标行，右击，在弹出的快捷菜单中选择“列设置”选项，弹出“列设置”对话框，勾选需要设置的列名称，通过“上移”或“下移”调整显示顺序。

单击“重命名”按钮，更改选择的列名称；单击“重置名称”按钮可以恢复默认值。单击“数据类型”按钮，可以在弹出的“类型和单位-身份证号”对话框中，设置该列内容的数据类型、单位、货币等属性，如图8-13所示。

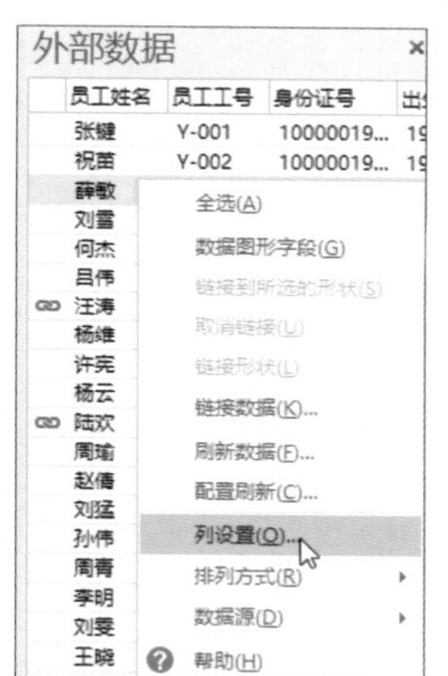

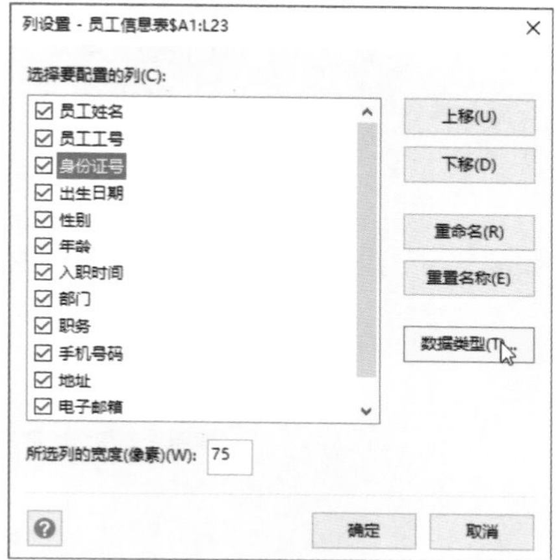

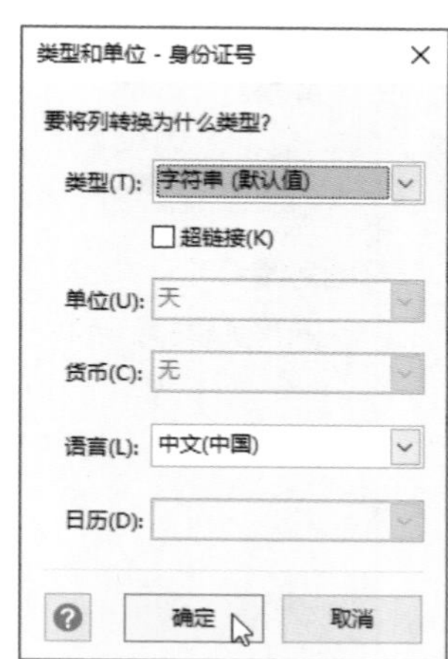

图 8-13

8.1.4 数据的刷新

为了及时地更新形状数据，可使用Visio提供的“刷新数据”向导进行数据的刷新。在“数据”选项卡的“外部数据”选项组中单击“全部刷新”下拉按钮，在弹出的列表中选择“刷新数据”选项，弹出“刷新数据”对话框，选择“数据源”后单击“刷新”按钮即可，如图8-14所示。

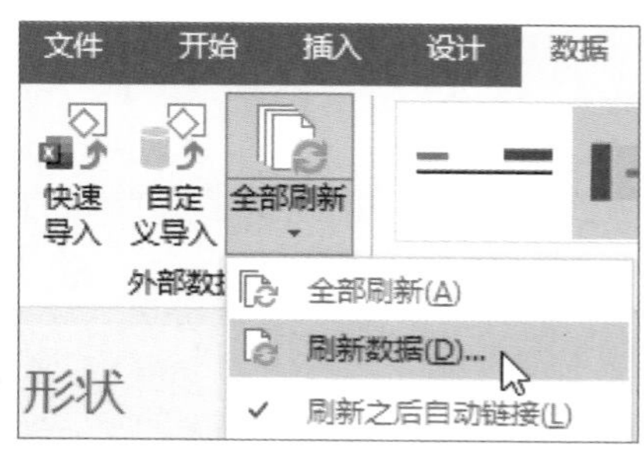

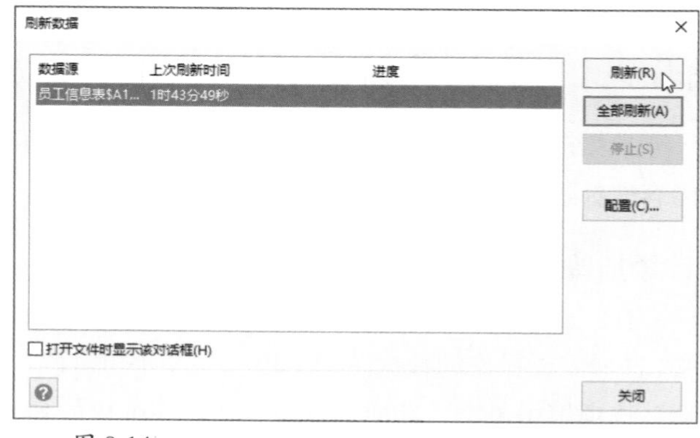

图 8-14

知识点拨

如果单击“全部刷新”按钮，可对页面中的所有链接进行刷新操作。

用户可以配置刷新的时间。单击“配置”按钮后，可在“配置刷新”对话框中勾选“刷新间隔”复选框，设置自动刷新的时间间隔，如图8-15所示。

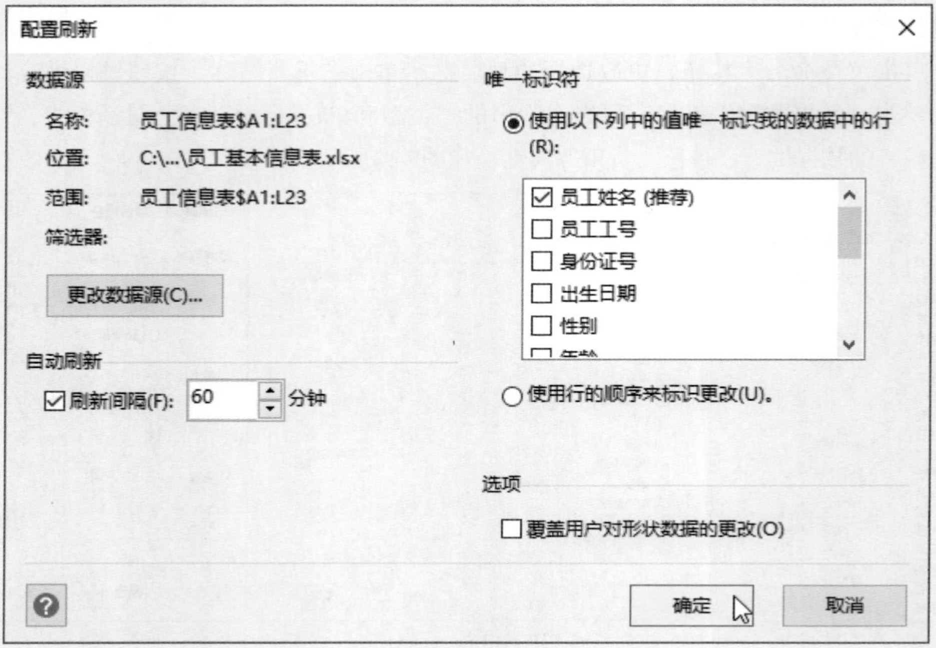

图 8-15

8.2 使用数据图形增强数据

利用“数据图形”功能可将显示的数据信息形象化，当页面中含有大量的数据信息时，数据图形可以保证信息的传递通畅。

8.2.1 选择数据图形的样式

数据图形有两种形式，分别是普通数据图形和高级数据图形。用户可以根据绘制的内容选择不同的数据图形。

1. 添加普通数据图形

在“外部数据”窗格中完成与图形的数据链接操作，然后调出“数据图形字段”窗格，选择需要操作的数据图形字段，如“手机号码”，然后在“数据”选项卡的“数据图形”选项组中单击“其他”下拉按钮，在弹出的列表中选择一款样式，如图8-16所示。

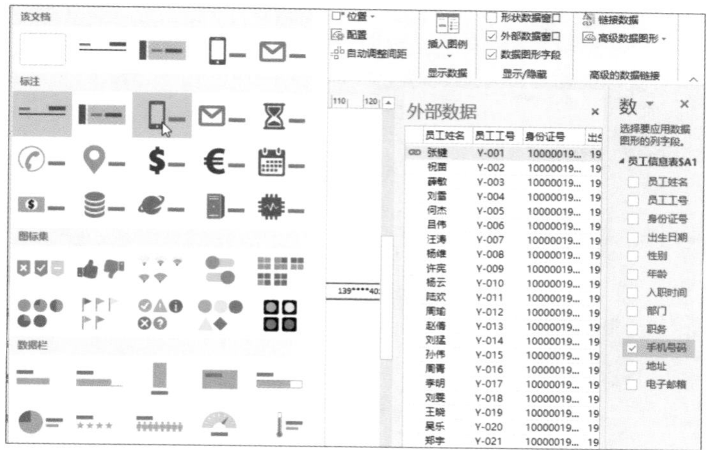
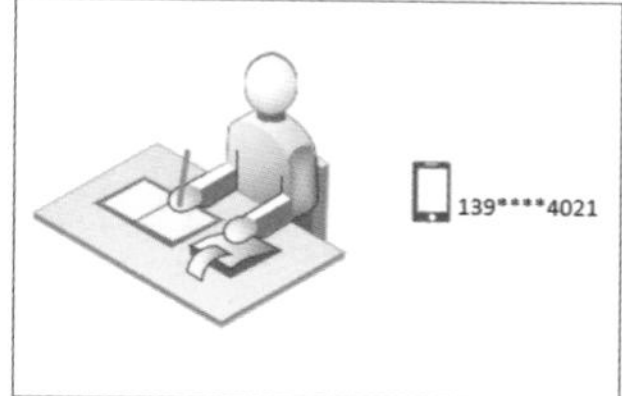

图 8-16

注意事项

操作时有可能遇到“数据图形”选项无法操作的情况。用户可以在“数据图形字段”中选择需要操作的选项，如为“手机号码”设置样式，那么可在其中选择“手机号码”，以此类推。选中后就可以添加数据图形的样式了。

2. 添加高级数据图形

选择需要设置的形状后，在“数据”选项卡的“高级数据链接”选项组中单击“高级数据图形”下拉按钮，在弹出的列表中选择一款样式，即可快速设置数据图形的样式，如图8-17所示。

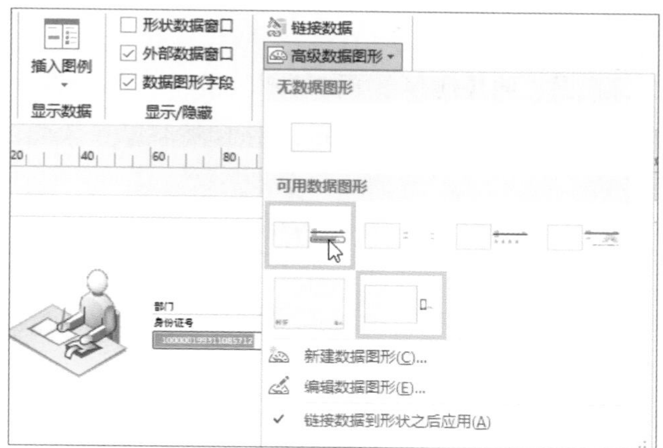

图 8-17

3. 设置数据图形的显示位置

用户可以根据绘图窗口的整体布局调整数据图形的显示位置。选择图形的数据字段后，在“数据”选项卡的“数据图形”选项组中单击“位置”下拉按钮，在弹出的列表中选择“形状上方，左侧”选项，如图8-18所示。

图 8-18

知识点拨

用户可以在“数据”选项卡的“显示/隐藏”选项组中勾选“数据图形字段”复选框，就可以快速调出“数据图形字段”窗格。通过该窗格选择具体的字段才能进行其他的操作，用户需要特别注意。

8.2.2 编辑数据图形

除了使用Visio自带的数据图形样式外，用户还可以自定义现有的数据图形样式，以使数据图形样式完全符合形状数据的类型。

1. 设置数据图形

在形状上右击，在弹出的快捷菜单中选择“数据”→“编辑数据图形”选项，如图8-19所示，弹出“编辑数据图形”对话框，设置图形的位置及显示标注，如图8-20所示。

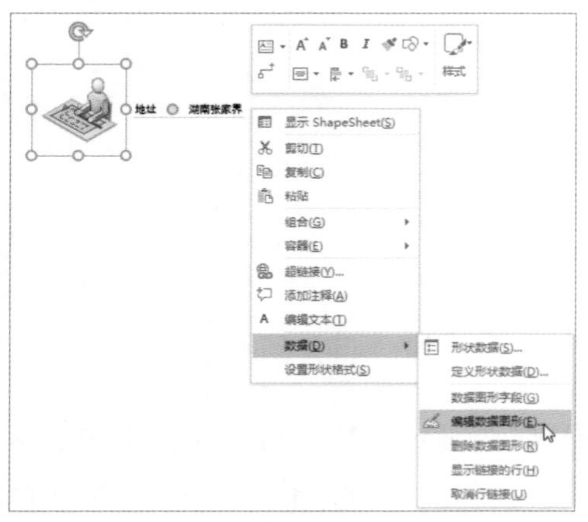

图 8-19

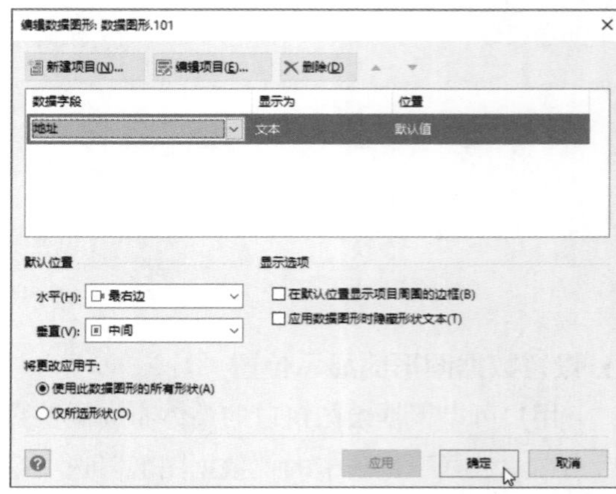

图 8-20

在弹出的“编辑数据图形”对话框中，主要的选项和按钮功能如下。

- **创建新项目：** 启用“新建项目”选项，选择相应的选项，即可在弹出的对话框中设置项目属性。该选项中可以设置文本、数据栏、图表集与按值显示颜色4种类型。
- **编辑项目：** 启用“编辑项目”选项，即可在弹出的对话框中重新设置项目的属性。
- **删除项目：** 启用“删除”选项，即可删除选中的项目。
- **排列项目：** 该选项适用于将所有项目放置于同一个位置。选择项目，单击“上三角形”按钮或“下三角形”按钮即可。
- **设置位置：** 启用“默认位置”选项组中的“水平”与“垂直”选项，即可设置项目的排放位置。
- **设置显示：** 可以通过启用“在默认位置显示项目周围的边框”选项，将项目中周围的边角显示在默认位置。同时可以启用“应用数据图形时隐藏形状文本”选项，在应用“数据图形”时隐藏形状的文本。

2. 使用文本增强数据

在绘图时，用户可以使用包含列名与列值的文本标注，或只显示数据值的标题的文本样式来显示形状数据。

启动“编辑数据图形”对话框，单击“新建项目”按钮，在“新项目”对话框中设置“数据字段”选项为“地址”，并将“显示为”设置为“文本”选项，“样式”设置为“文本标注3”，在“详细信息”中根据需要调节选项参数，完成后单击“确定”按钮，返回页面后可以查看区别，如图8-21所示。

图 8-21

知识点拨

在“详细信息”列表中，有很多选项及设置的参数值。根据“显示为”选项及“样式”的不同，“详细信息”显示的选项也不同，常用的选项及其作用如下。

- **值格式**：用来设置文本标注中所显示值的格式。单击该选项右侧的按钮，即可在弹出的“数据格式”对话框中设置显示值的数据格式。
- **值字号**：用来设置文本值的字体大小，在其文本框中直接输入字号数字即可。
- **标签位置**：设置标签的位置。标签指标签的内容。标签字号指标签字体的大小。
- **填充类型**：用来设置在显示文本数据时是否显示填充颜色。
- **标注偏移量**：设置标注的位置。
- **标注宽度**：用来设置文本标注的宽度，可以直接在文本框中输入宽度值。
- **边框类型**：边框的样式。

3. 使用数据栏增强数据

数据栏是以缩略图表或图形的方式动态显示数据。在“新项目”对话框中，将“显示为”选项设置为“数据栏”，并在样式下拉列表中选择“数据栏1”。然后设置各选项，完成后返回页面中，可以查看此时的数据，如图8-22所示。

图 8-22

知识点拨

在“详细信息”列表中，各选项的功能如下。

- **最小值**：用来显示数据范围内的最小值，该值默认为0。
- **最大值**：用来显示数据范围内的最大值，该值默认为100。指定该值后，数据条不会因形状数据的值比最大值大而变大。

- **值位置**：用来设置数据值的显示位置，可以将其设置为相对数据栏的靠上、下、左、右或内部的位置。同时，用户也可以通过选择“不显示”选项来隐藏数据值。
- **值格式**：用来设置数据值的数据格式，单击该选项后面的按钮，即可在“数据格式”对话框中设置数据显示的格式。
- **值字号**：用来设置标签中字体显示的字号，用户可以直接输入表示字号的数值。
- **标签位置**：用来显示数据标签的位置，可以将其设置为靠上、下、左、右或内部的位置。
- **标签**：用来设置标签显示的名称，系统默认为形状数据字段的名称，可直接在文本框中输入文字。
- **标签字号**：用来设置标签名称的字号，用户可以直接输入表示字号的数值。
- **标注偏移量**：用来设置文本数据标注是靠右侧偏移还是靠左侧偏移。
- **标注宽度**：用来设置标注的具体宽度，可以直接输入表示宽度的数值。

动手练 使用图标集增强数据

扫码看视频

用户可以使用“标志”“通信信号”和“趋势箭头”等图标集来显示数据。

在“新项目”对话框中选择“数据字段”为“部门”，将“显示为”设置为“图标集”，并在“样式”下拉列表中选择一种样式。设置“水平”为“居中”，“垂直”为“顶部”，然后设置各项每个图标的含义，单击“确定”按钮后返回到页面中，即可查看效果，如图8-23所示。

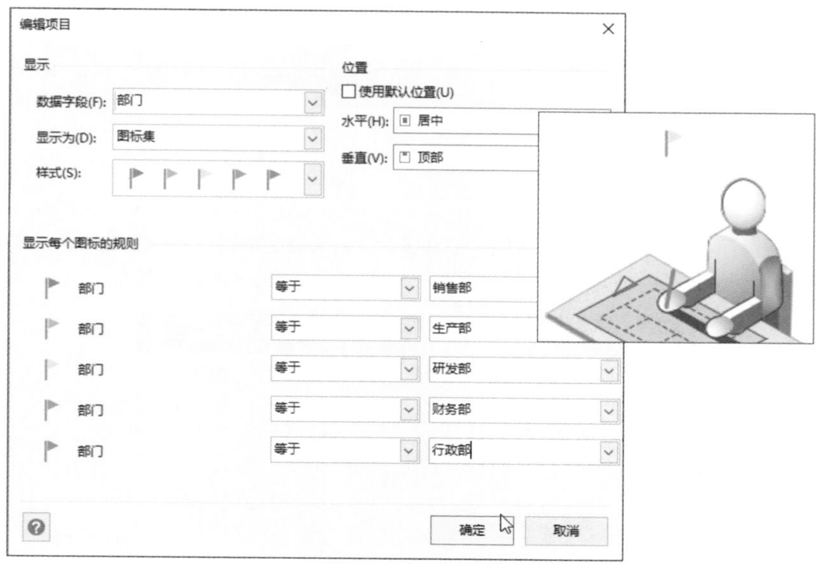

图 8-23

知识点拨

除了以上提到的使用“文本”“数据栏”“图标集”外，还可以使用“颜色”增强数据效果。通过应用颜色来表示唯一值或范围值。其中每种颜色代表一个唯一值，用户也可以将多个具有相同值的形状应用相同的颜色。

8.3 设置形状表数据

在Visio中每一个显示对象都具有可更改的数值属性。下面将介绍查看形状表数据、使用公式等设置形状表数据的知识。

8.3.1 查看形状表数据

形状表又称为ShapeSheet，用于显示形状的各种关联数据。右击形状，在弹出的快捷菜单中选择“显示ShapeSheet”选项，即可显示形状数据窗口，如图8-24所示。在形状窗口中选择任意单元格，在“数据栏”的“=”后输入新的内容，单击“接受”按钮，即可完成数据的编辑操作，如图8-25所示。

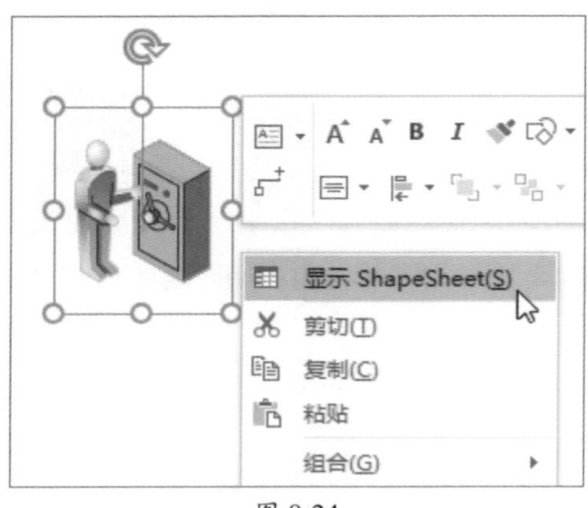

图 8-24

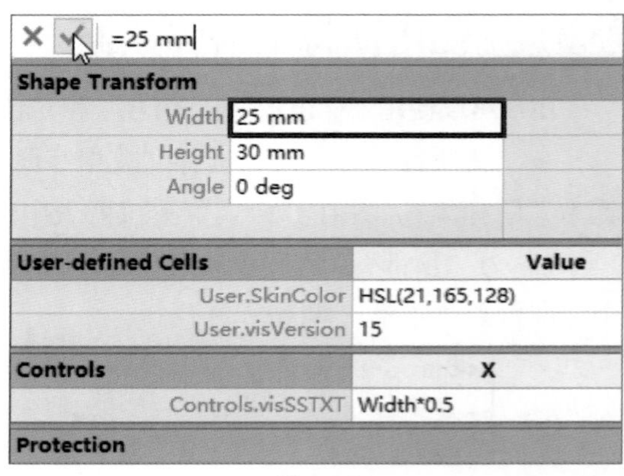

图 8-25

知识点拨

用户也可以在“开发工具”选项卡的“形状设计”选项组中单击“显示ShapeSheet”下拉按钮，在弹出的列表中选择“形状”选项，如图8-26所示，调出形状表数据窗口。

图 8-26

8.3.2 函数与公式的使用

在形状表中对数值的编辑可以使用函数与公式。单击“数据栏”右侧的“编辑公式”按钮，在弹出的“编辑公式”对话框中可以输入公式的内容。也可以使用函数，如图8-27所示。

图 8-27

知识点拨

用户也可以在“ShapeSheet工具-设置”选项卡的“编辑”选项组中单击“编辑公式”按钮，打开“编辑公式”对话框进行公式的输入操作，如图8-28所示。

输入公式时，Visio还会显示一些简单的公式代码提示，帮助用户进行简单的公式计算，例如允许使用三角函数、乘方、开方等科学计算。

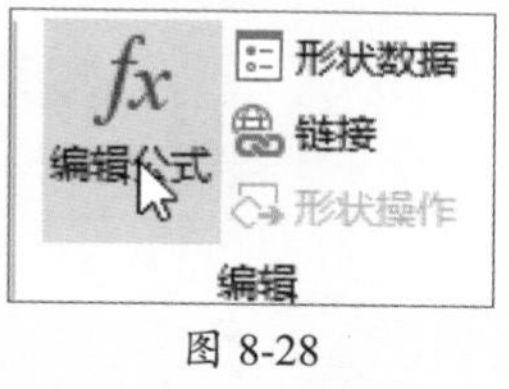

图 8-28

8.4 创建数据报告

利用报告功能可以形象地显示不同类型的形状数据，用户可以使用这些报告查看与分析形状中的数据。还可以根据工作需求创建新报告，专门分析与保存报告的数据。

8.4.1 使用预定义报告

在“审阅”选项卡的“报表”选项组中单击“形状报表”按钮，在弹出的“报告”对话框中单击“运行”按钮，如图8-29所示。

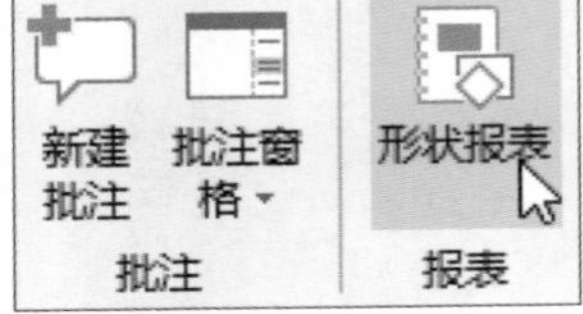

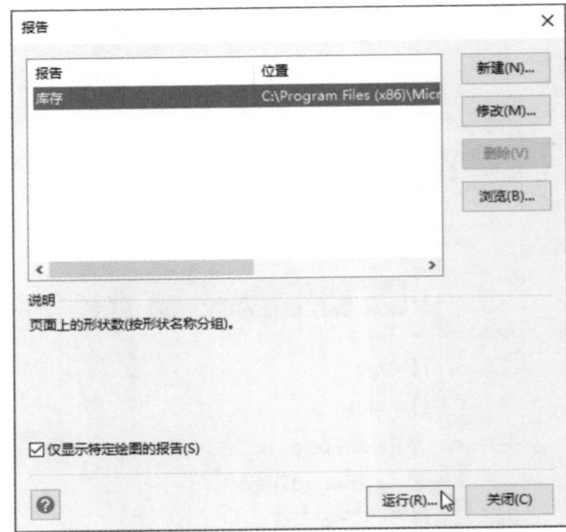

图 8-29

在弹出的“运行报告”对话框中选择“Visio形状”选项，单击“确定”按钮，在页面中会显示报告内容，如图8-30所示。

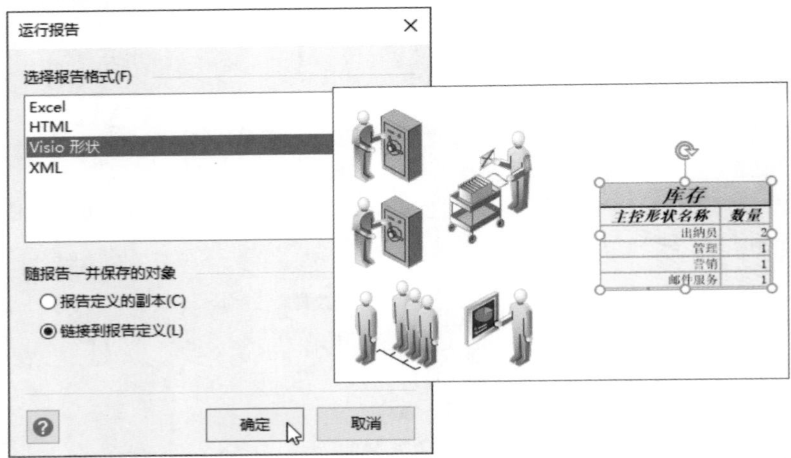

图 8-30

知识点拨

在“报告”对话框中，各选项及按钮的功能如下。

- **新建**：可以在弹出的“报告定义向导”中创建新报告。
- **修改**：可以在弹出的“报告定义向导”中修改报告。
- **删除**：可以从列表中删除选定的报告定义。但只能删除保存在绘图中的报告定义。要删除保存在文件中的报告定义，应删除包含该报告的文件。
- **浏览**：用于搜索存储在不存在于任何默认搜索位置的文件中的报告定义。
- **仅显示特定绘图的报告**：用来指示是否将报告定义列表限制为与打开的绘图相关的报告。如果取消勾选此复选框，将列出所有报告定义。
- **运行**：在弹出的“运行报告”对话框中，设置报告格式并基于所选的报告定义创建报告。

8.4.2 使用图例

图例是结合数据显示信息创建的一种特殊标记，当设置列数据的显示类型为数据栏、图表集或按颜色显示时，可以为数据插入图例。明确显示出图上各标记的含义。

在含有形状数据的绘图页中，在“数据”选项卡的“显示数据”选项组中单击“插入图例”下拉按钮，在弹出的列表中选择“垂直”选项，此时Visio会根据绘图页中设置的数据显示方式，自动生成关于数据的图例，如图8-31所示。

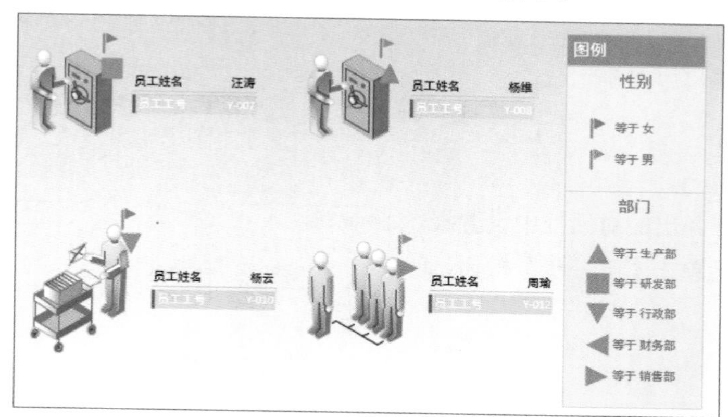

图 8-31

动手练 自定义报告

除了使用系统默认的报告功能生成报告外，用户也可以自定义报告的格式和内容。

Step 01 在“报告”对话框中单击“新建”按钮，在“报告定义向导”对话框中保持默认，单击“下一步”按钮，如图8-32所示。

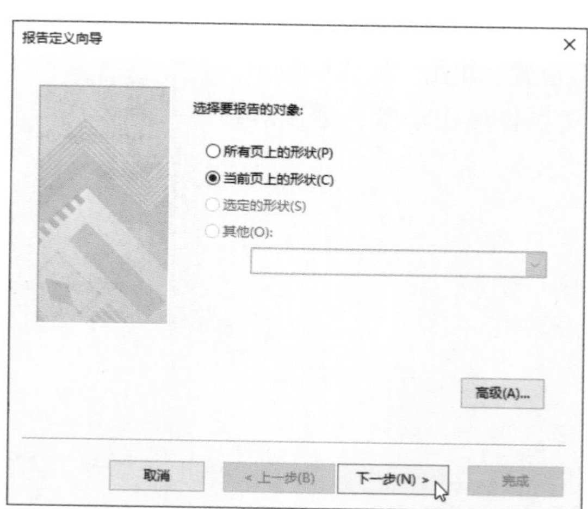

图 8-32

Step 02 在打开的对话框中勾选“显示所有属性”复选框，并在“选择要在报告中显示为列的属性”列表中勾选需要显示的内容复选框，单击“下一步”按钮，如图8-33所示。

报告定义向导
选择要在报告中显示为列的属性(C).
<X 位置>
<Y 位置>
<高>
<宽>
<显示的文本>
<形状 ID>
<形状名>
<主控形状名称>
显示所有属性(S)
取消
< 上一步(B)
下一步(N) >
完成

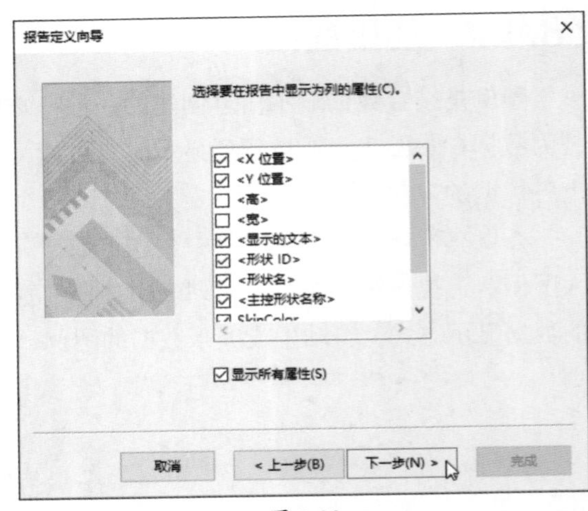

图 8-33

Step 03 在弹出的对话框中设置报告标题，完成后单击“下一步”按钮，如图8-34所示。

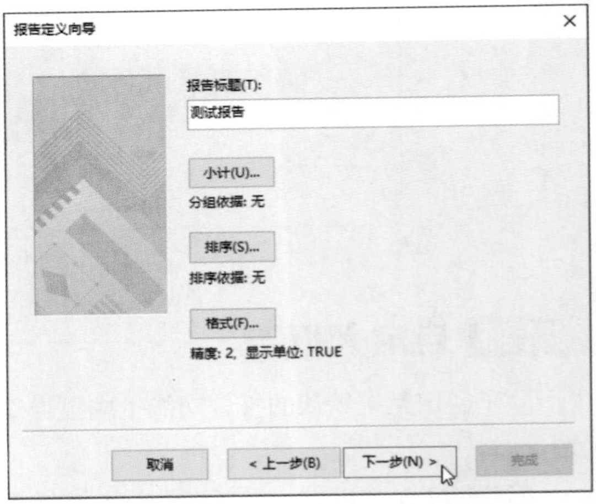

报告定义向导
报告标题(T):
测试报告
小计(U)...
分组依据: 无
排序(S)...
排序依据: 无
格式(F)...
精度: 2, 显示单位: TRUE
取消
< 上一步(B)
下一步(N) >
完成

图 8-34

Step 04 设置保存报告的名称、说明以及保存位置，单击“完成”按钮，完成自定义报告操作步骤，如图8-35所示。

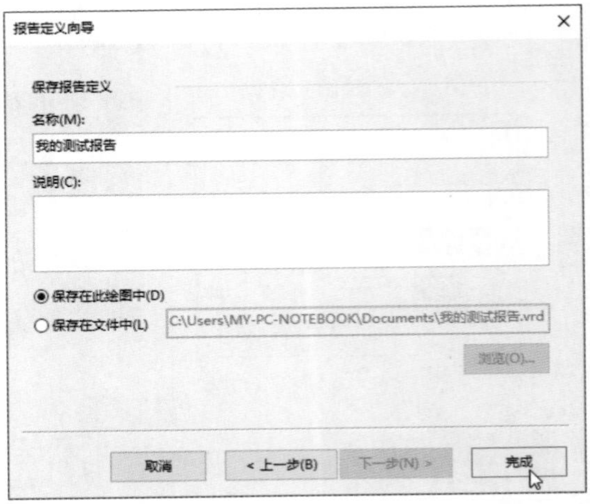

报告定义向导
保存报告定义
名称(M):
我的测试报告
说明(C):
保存在此绘图中(D)
保存在文件中(L)
C:\Users\MY-PC-NOTEBOOK\Documents\我的测试报告.vrd
浏览(O)...
取消
< 上一步(B)
下一步(N) >
完成

图 8-35

Step 05 在“报告”对话框中选中刚刚自定义的报告，单击“运行”按钮，如图8-36所示。

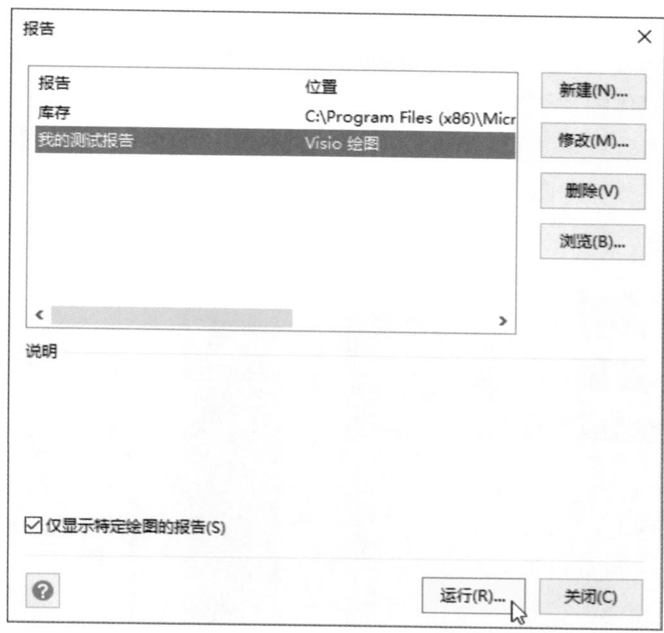

图 8-36

Step 06 在弹出的“运行报告”对话框中，已经自动选择“Visio形状”选项了，单击“确定”按钮，如图8-37所示。Visio会自动生成报告，如图8-38所示。

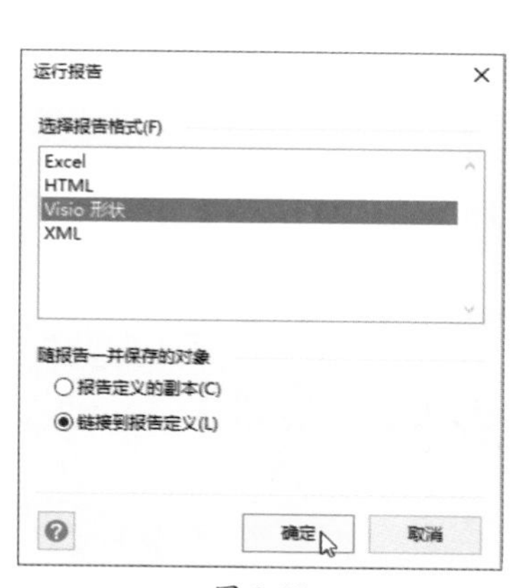

图 8-37

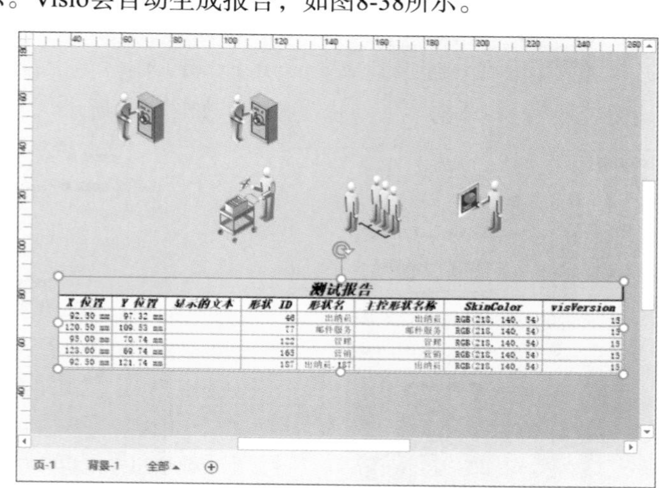

图 8-38

案例实战：制作个人能力统计图表

在公司的各种人事表格中，个人能力统计表之类的关于人员的统计信息表是经常用到的。在Visio中，通过图形和文字信息所形成的图表对于展示这类信息具有独特的优势。下面介绍具体的制作步骤。

Step 01 新建Visio文档，从类别中找到并选择“流程图”，如图8-39所示。在其中找到并双击“工作流程图”按钮，如图8-40所示。

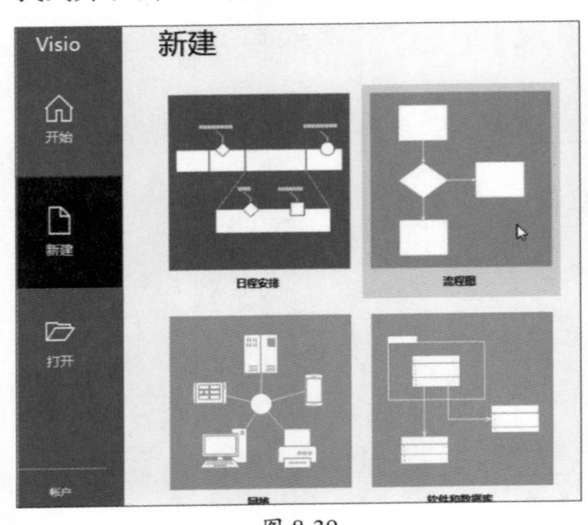

图 8-39

图 8-40

Step 02 在“数据”选项卡的“外部数据”选项组中单击“自定义导入”按钮，在弹出的“要使用的数据”对话框中保持默认，单击“下一步”按钮，如图8-41所示。

Step 03 在“连接到Microsoft Excel工作簿”中，找到并选择实例文件“员工个人能力统计表”，单击“下一步”按钮，如图8-42所示。

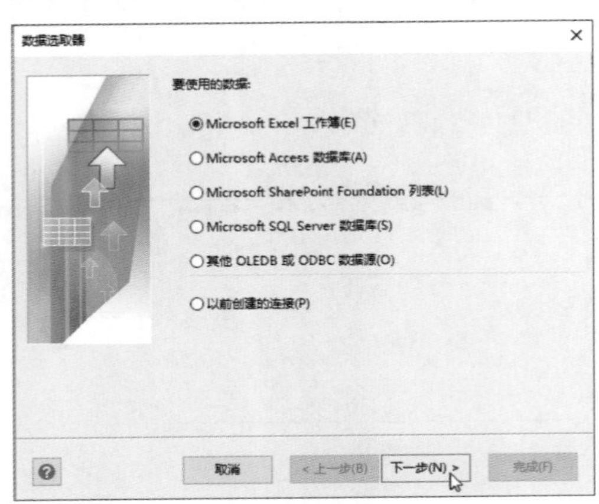

图 8-41

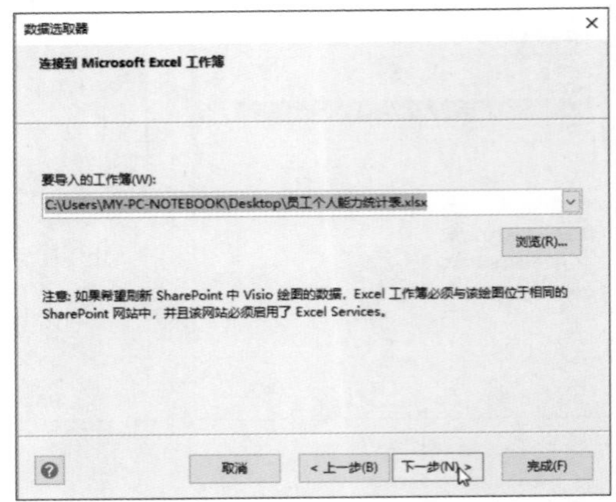

图 8-42

Step 04 在打开的界面中选择Excel的所有数据内容，单击“下一步”按钮，如图8-43所示。

Step 05 在打开的界面中保持默认，选择所有列和所有数据，单击“完成”按钮，如图8-44所示。

图 8-43

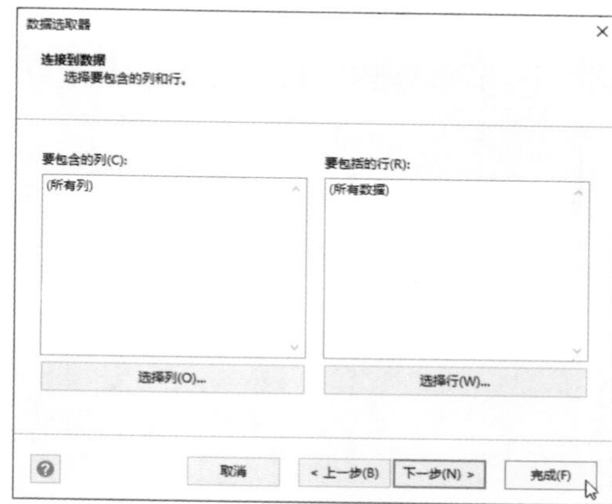

图 8-44

Step 06 在“形状”窗格的“工作流程对象”组中选中“人员”图形，在右侧的“外部数据”中，按顺序拖动所有人员所在行到页面中，如图8-45所示。

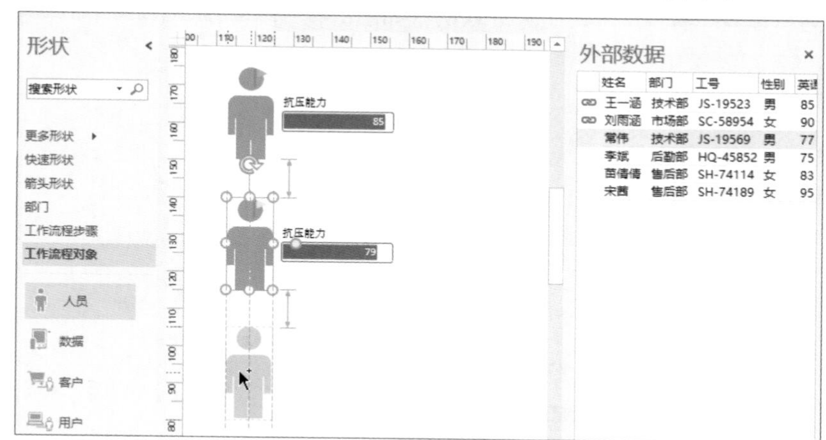

图 8-45

Step 07 调整人员排列和间距等值，如图8-46所示。

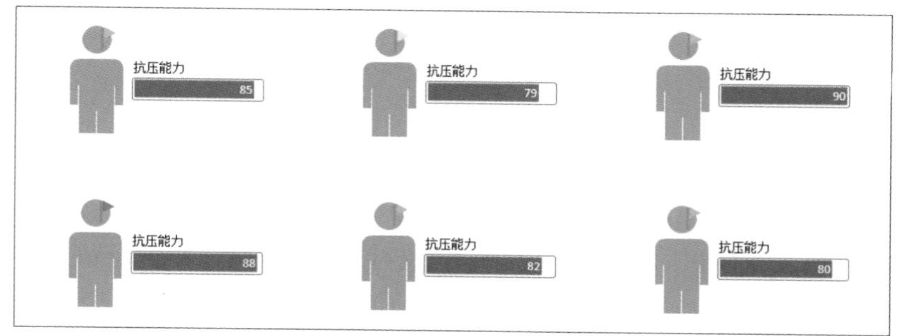

图 8-46

Step 08 选中所有形状，右击，在弹出的快捷菜单中选择“数据”→“编辑数据图形”选项，如图8-47所示。

Step 09 弹出“编辑数据图形”对话框，单击“新建项目”按钮，在“新项目”对话框中，设置数据字段为“姓名”，显示为“文本”，样式为“文本标注”，如图8-48所示。

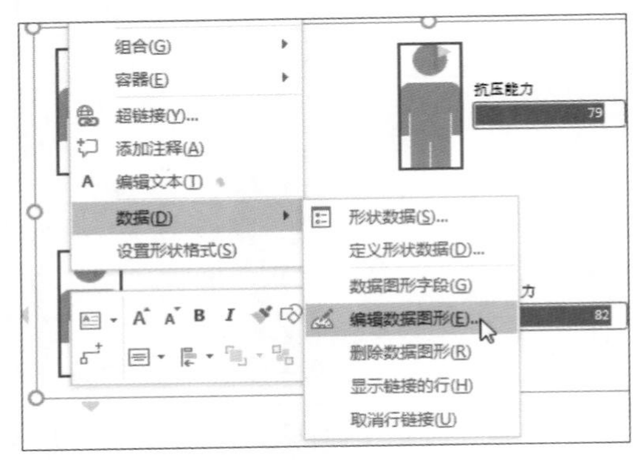

图 8-47

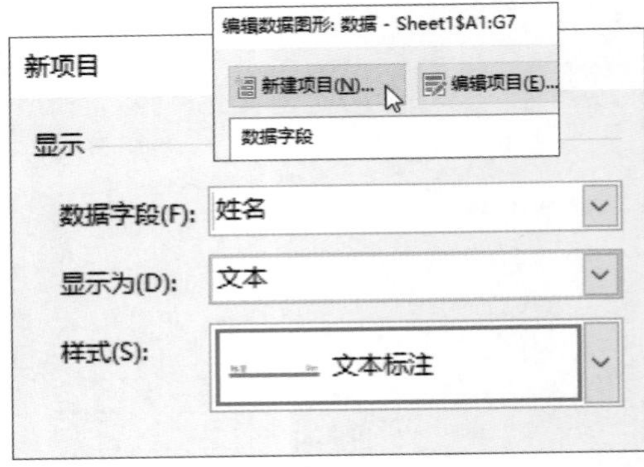

图 8-48

Step 10 按照同样的方法，新建“性别”“英语”“计算机”“抗压能力”项目，更改“显示为”以及“样式”，其他保持默认，如图8-49～图8-52所示。

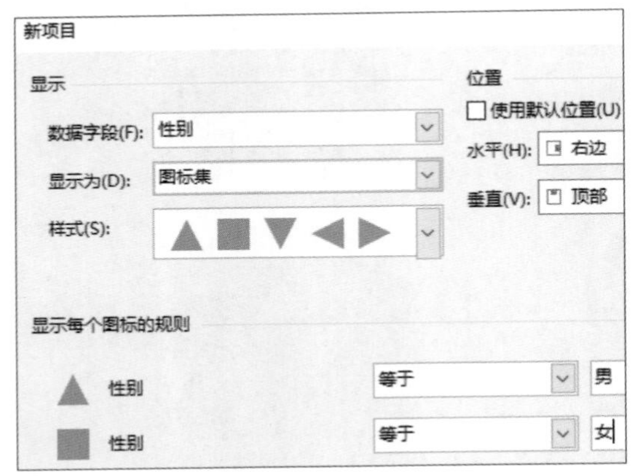

图 8-49

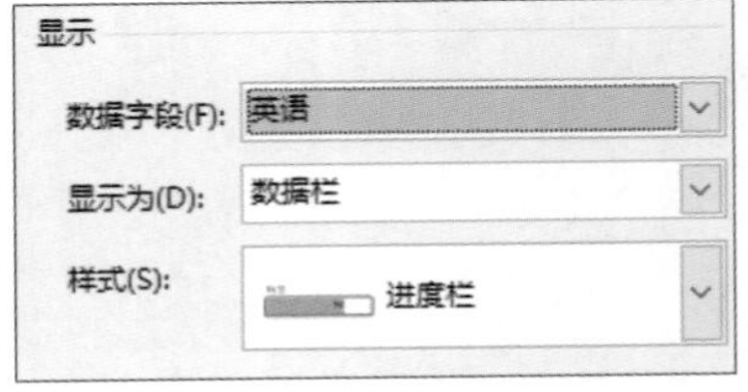

图 8-50

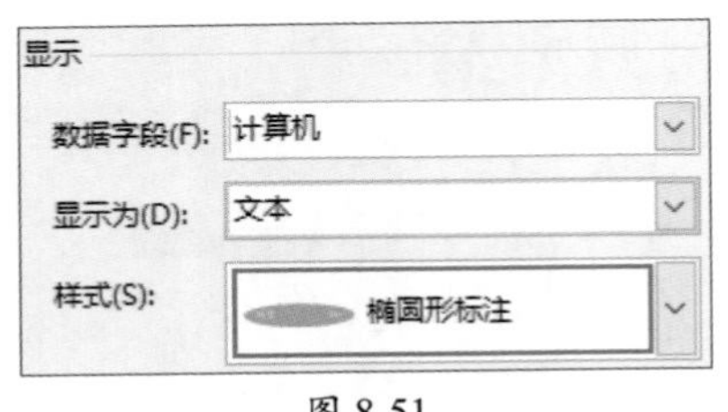

图 8-51

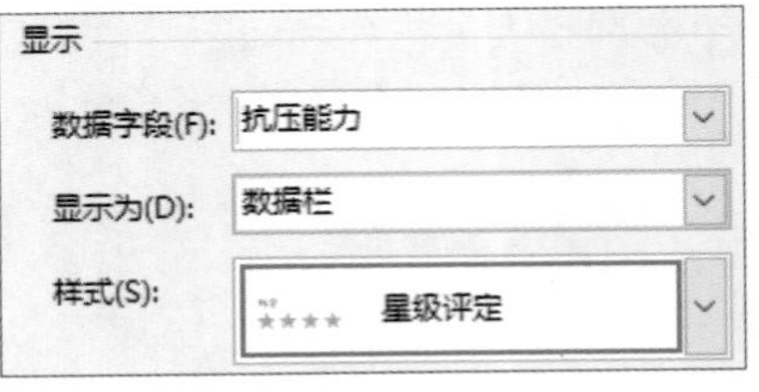

图 8-52

Step 11 完成所有设置后，返回“编辑数据图形”界面，调整显示的顺序，单击“确定”按钮，如图8-53所示，返回到最初的页面中。此时可以查看到效果，如图8-54所示。

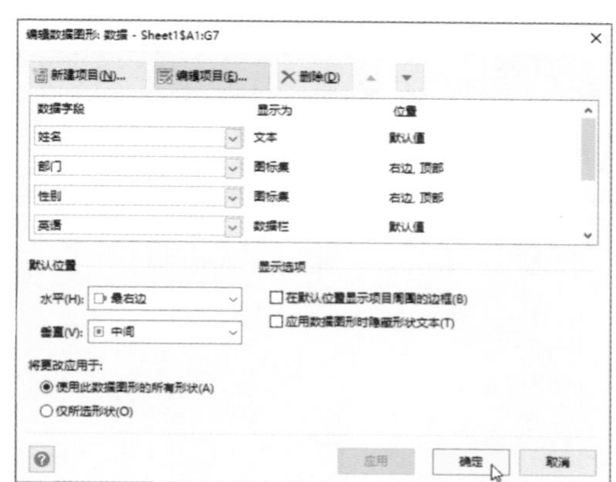

图 8-53

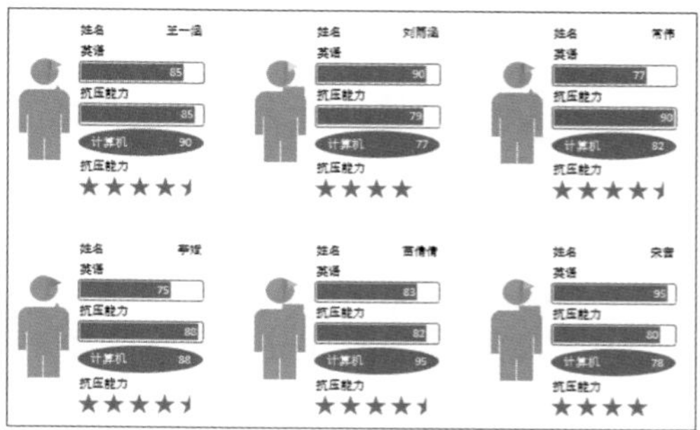

图 8-54

Step 12 选中所有形状，在“设计”选项卡的“主题”选项组中单击“其他”按钮，选择一款满意的主题，如图8-55所示。

Step 13 在“设计”选项卡的“背景”选项组中单击“背景”下拉按钮，在弹出的列表中选择一款合适的背景，如图8-56所示。

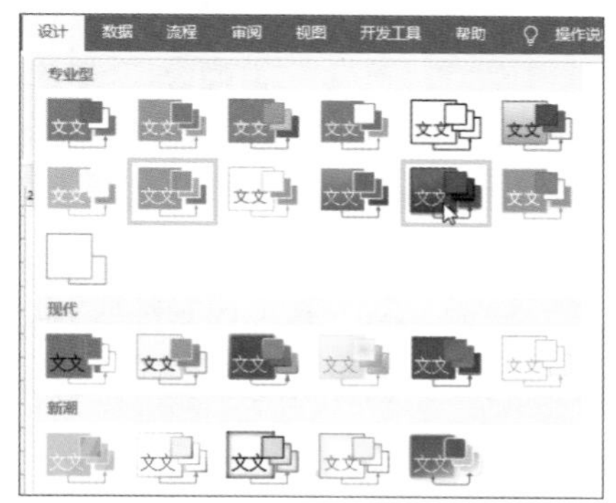

图 8-55

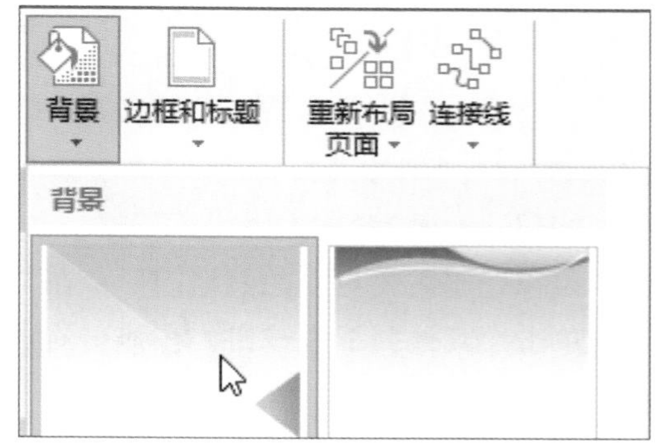

图 8-56

Step 14 在“背景”选项组中单击“边框和标题”下拉按钮，在弹出的列表中选择一款合适的边框和标题，如图8-57所示。调整界面并输入标题后，最终效果如图8-58所示。

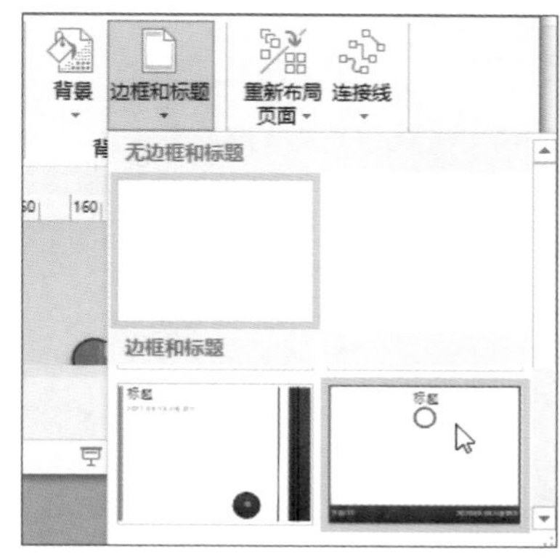

图 8-57

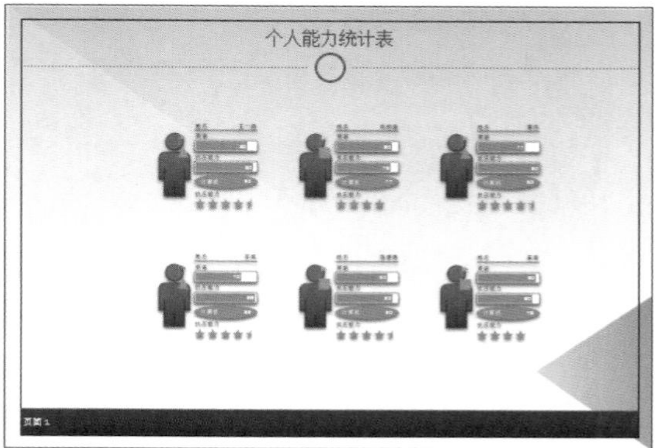

图 8-58

新手答疑

1. Q：Visio 中的报告，除了在 Visio 中显示外，能不能作为单独文件保存？

A：可以的。在Visio生成报告时，选择Excel，就可以在Excel中生成报告，然后保存，如图8-59、图8-60所示。

图 8-59

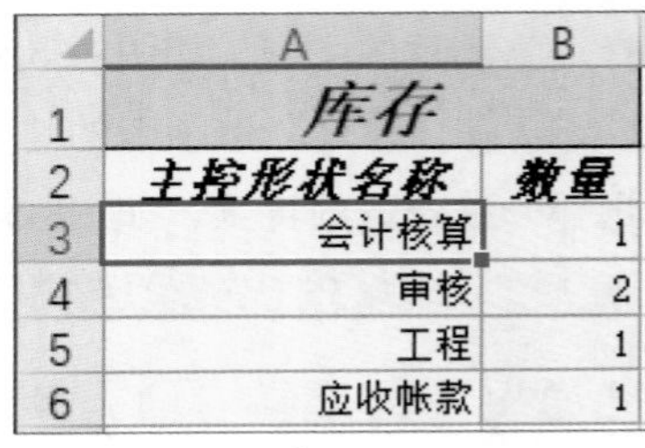

	A	B
1	库存	
2	主控形状名称	数量
3	会计核算	1
4	审核	2
5	工程	1
6	应收帐款	1

图 8-60

2. Q：如何快速更换数据图形的样式？

A：可以选中需要更换的数据图形，在“数据”选项卡的“数据图形”选项组中单击“其他”下拉按钮，在弹出的快速样式列表中选择其他样式，如图8-61所示。

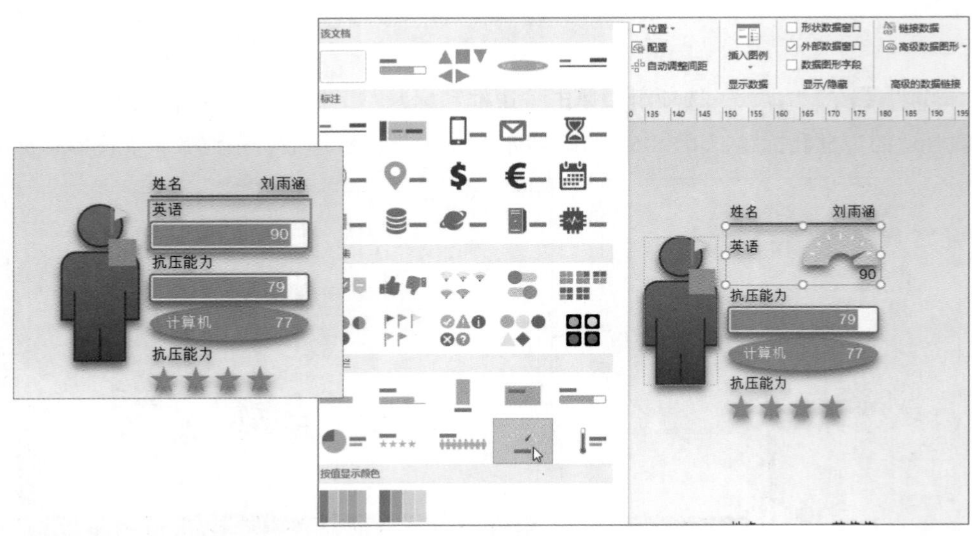

图 8-61

第9章

块图与基本图表功能的应用

块图是在Visio中制作图表的主要元素，例如方块图、层级树、扇状图等，该元素易于创建，并且能够传达较多的信息量。而创建图表，可以帮助用户更好地显示与分析绘图中的数据，让用户能够快速获取有用数据。

9.1 块图的创建与编辑

块图是Visio中常用的模块，其形状由“基本形状”“块图”“具有凸起效果的块”与“具有透视效果的块”4种模具组合而成。下面介绍常用块图的创建与编辑操作。

9.1.1 创建块图

块图分为“块”“树”与“扇形图”三种类型。“块”主要用来显示流程中的步骤，“树”用来显示层次信息，“扇形图”用来实现从核心到外表所构建的数据关系。

1. 创建方块图

启动Visio软件，在“新建”页面中选择“类别”关键字，在“类别”界面中选择“常规”选项，如图9-1所示，在打开的界面中选择“框图”模板，如图9-2所示，进入模板下载界面，单击“创建”按钮下载该模板。

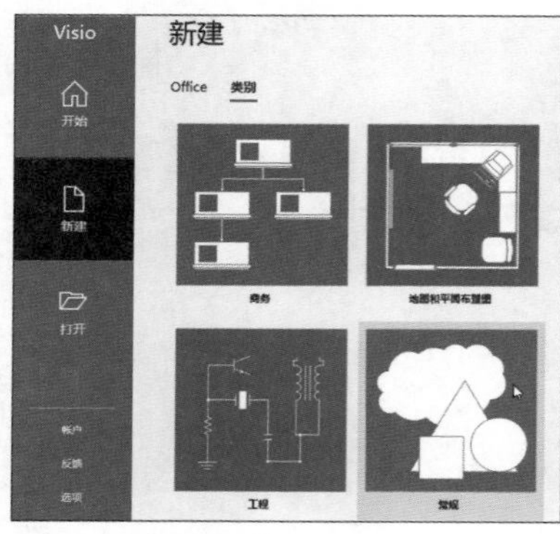

图 9-1

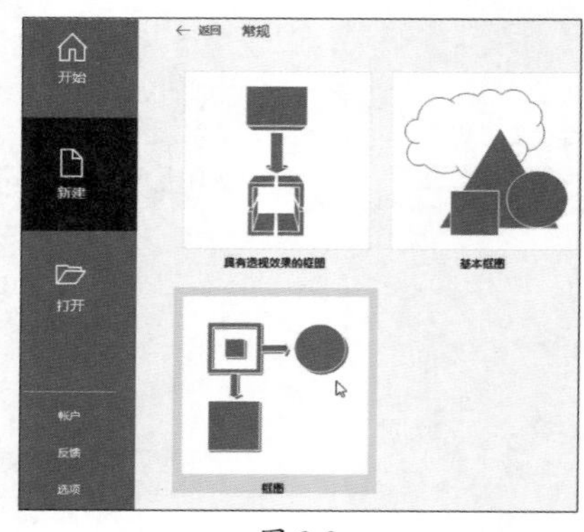

图 9-2

在左侧“形状”窗格的“方块”模具集中，选择所需形状拖动至页面中，如图9-3所示。在“方块”模具集中选择一款箭头样式，例如选择“一维单向箭头”样式，将其拖至页面中，将箭头一端移动至目标形状上，系统会自动吸附在形状连接点上，如图9-4所示。

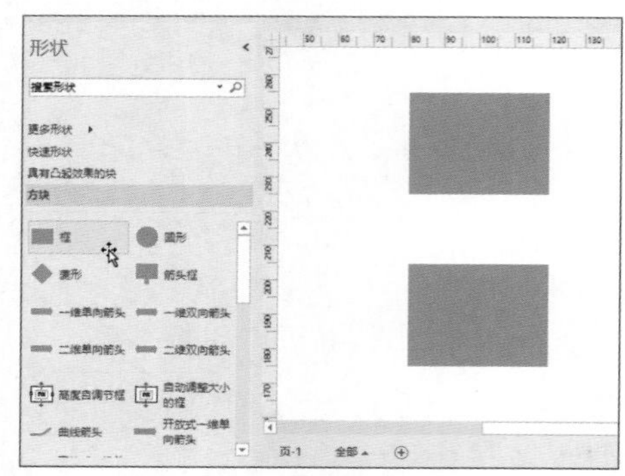

图 9-3

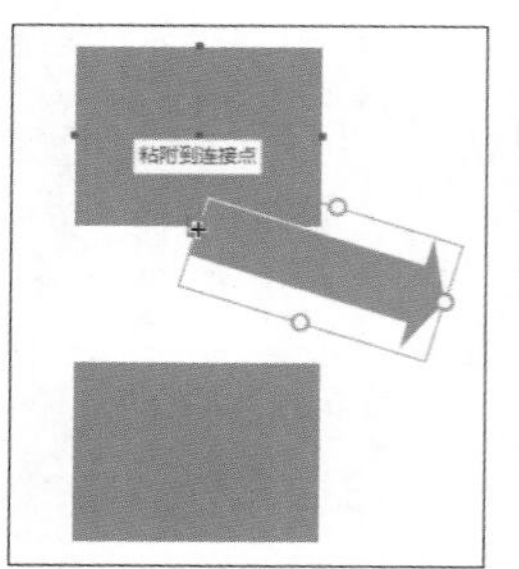

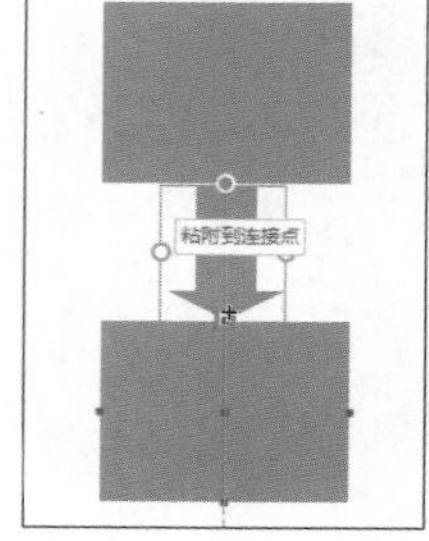

图 9-4

2. 创建层级树

层级树主要用来显示图表中的层级关系。其中，树连接符中的控制点的增减决定了层级树中树级的多少。

在“形状”窗格的“方块”模具集中选择“双树枝直角”形状，并将其拖至页面中，连接页面中的形状即可，如图9-5所示。

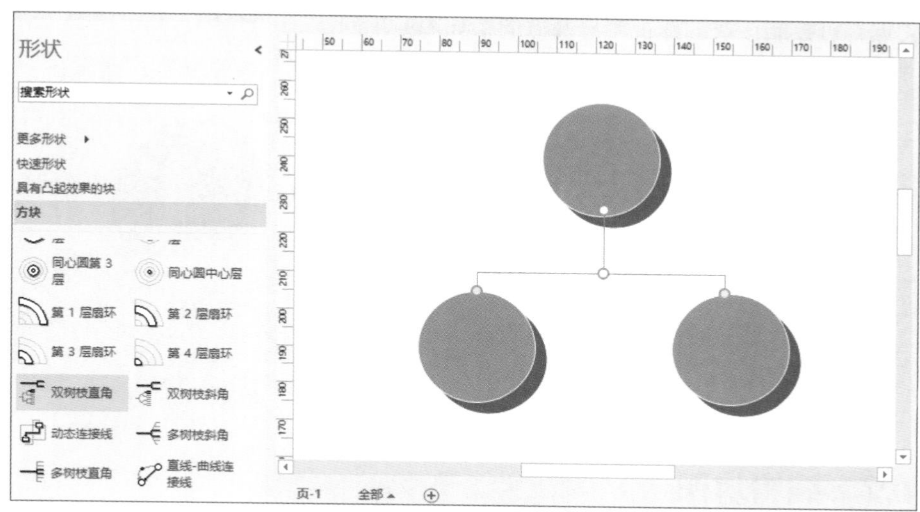

图 9-5

3. 创建扇状图

扇状图是使用同心圆和扇环来创建从同一核心向外发展，或者从外向核心发展的概念或元素类型的图表。

在“方块”模具集中，将“第4层扇环”形状拖至页面中，创建扇状图的最内层，如图9-6所示。依次将“第3层扇环”“第2层扇环”“第1层扇环”分别拖至页面中，即可创建多层的扇状图，如图9-7所示。双击扇环形状可输入文本内容。

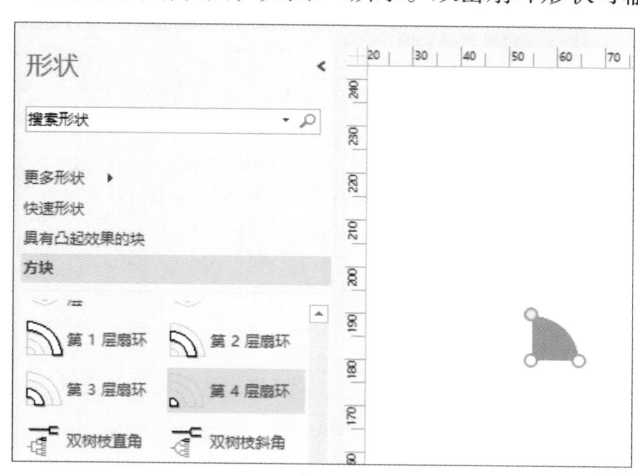

图 9-6

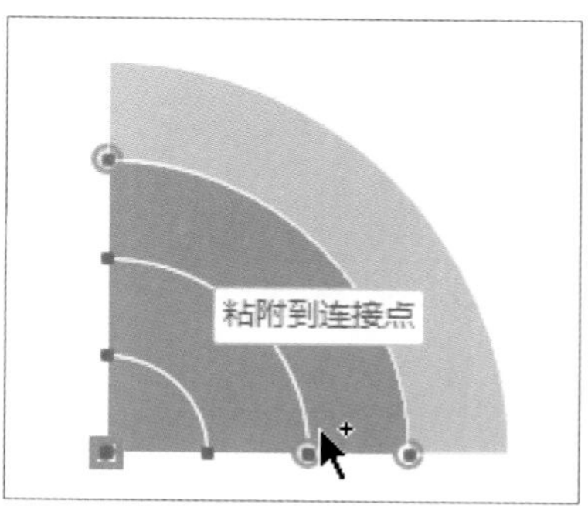

图 9-7

4. 创建三维块图

顾名思义，三维块图是带有立体效果块图，其形状的深度与方向可以通过绘图中的“消失点”来改变。

在“形状”窗格的“更多形状”列表中，选择“常规”→“具有透视效果的块”选项，如图9-8所示，在相应的模具集中选择所需的块，将其拖至页面中即可。选择形状的消失点，可控制该块的透视距离及方向，如图9-9所示。

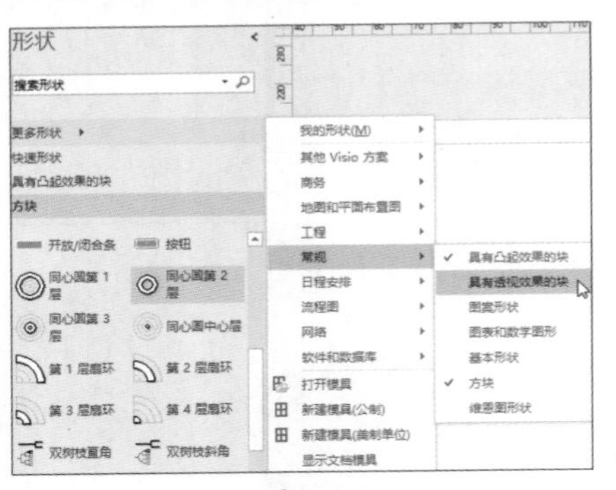

图 9-8

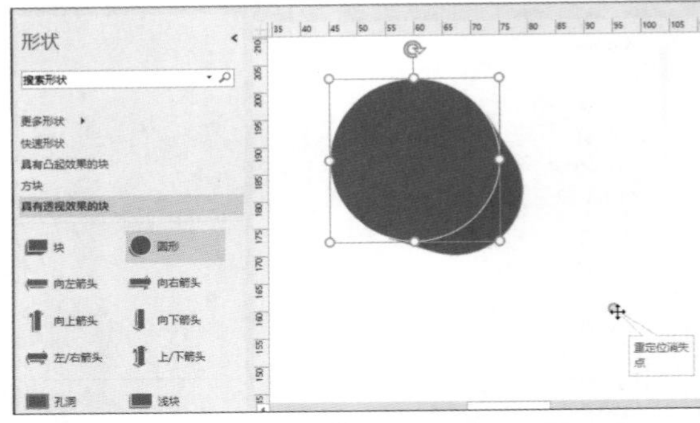

图 9-9

9.1.2 编辑块图

块图创建好后，用户可以根据需要对其外观、格式、文本、层次结构进行编辑调整。

1. 编辑方块图

选中方块图中的旋转手柄，按住鼠标左键拖动鼠标，即可旋转方块图，如图9-10所示。右击方块图，在弹出的快捷菜单中选择“设置形状格式”选项，在打开的设置窗格中用户可对该块的样式进行设置，如图9-11所示，其操作方法与设置形状样式相同。双击块图即可在其内部添加文本内容。

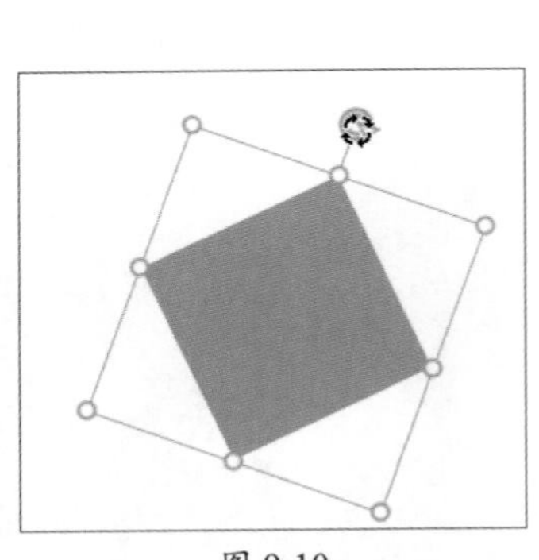

图 9-10

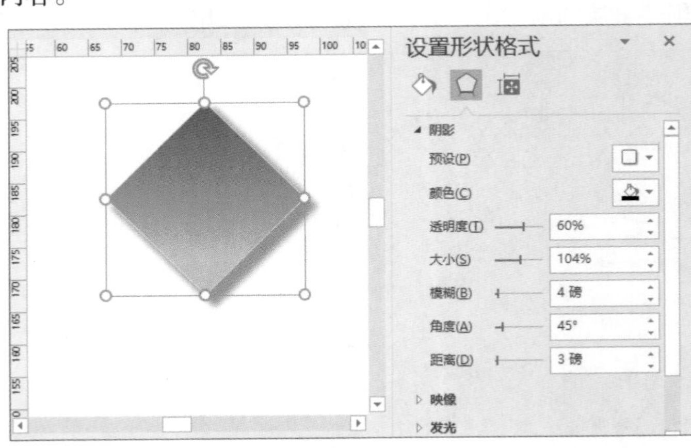

图 9-11

对于曲线箭头块图或曲线连接线，用户可以拖动顶点或离心手柄来调整其弯曲程度或方向，如图9-12、图9-13所示。

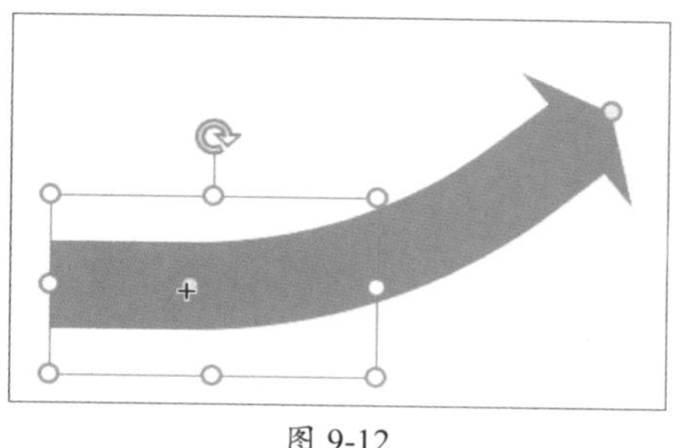

图 9-12

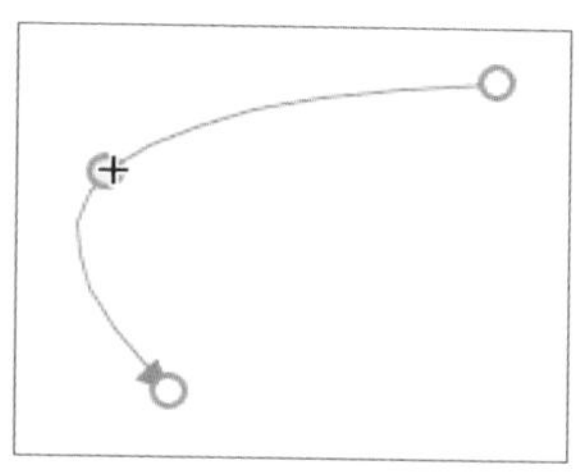

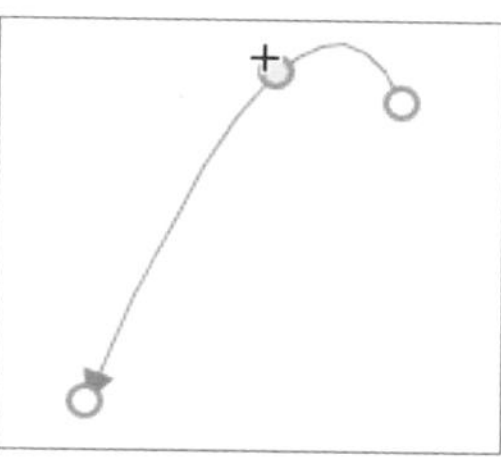

图 9-13

知识点拨

在“方块”模具集中用户可以通过“高度自调节框”或“自动调整大小的框”图形来调整文本及段落的高度与宽度。

2. 编辑层级图

层级图的编辑主要是增加与减少“树”的分叉，以及调整树枝之间的位置和距离等。在“方块”模具集中将“多树枝直角”形状拖至页面中，拖动主干上的控制手柄，可以添加分支，如图9-14所示。最多可添加4个分支。拖动分支上的控制手柄可调整每条分支的间距以及长度，如图9-15所示。

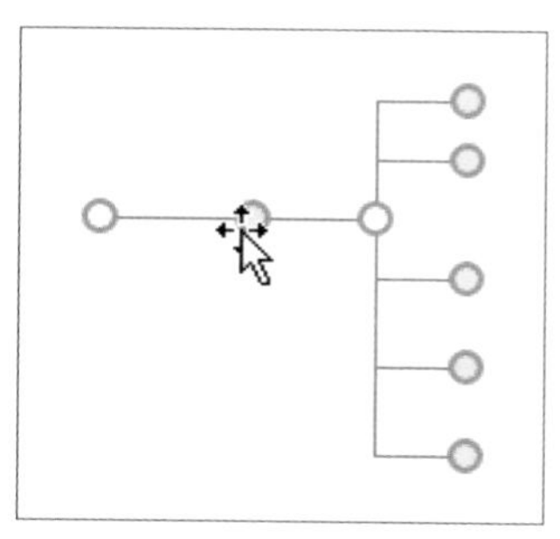

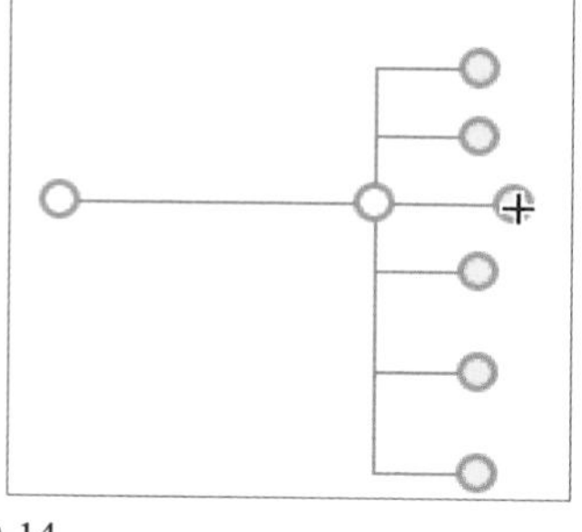

图 9-14

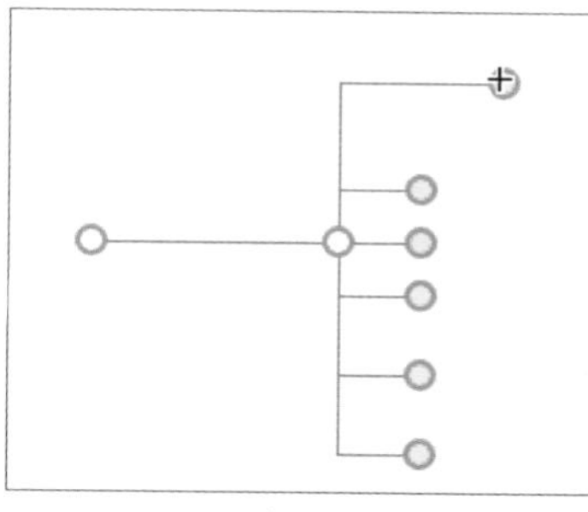

图 9-15

想要删除多余的分支，只需将多余的分支移回主干即可。

3. 编辑扇状图

扇状图的编辑操作主要包括调整形状的大小和厚度，还可以使用“扇环”分解“同心圆”形状。

选中同心圆，拖动外圈的控制手柄即可调整同心圆的大小，如图9-16所示。拖动同心圆内部的黄色控制手柄，可以调整同心圆的厚度，如图9-17所示。

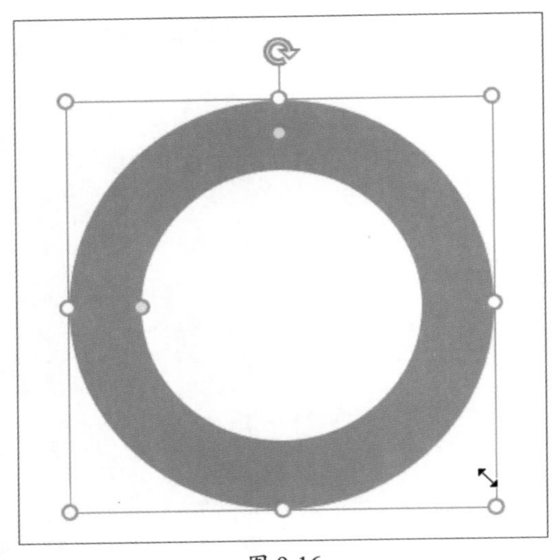

图 9-16

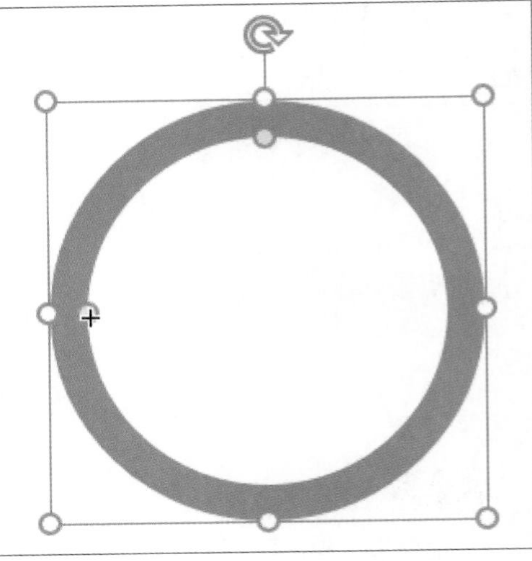

图 9-17

动手练 制作组合扇状图

扫码看视频

用户可以利用多个同心圆或扇环拼合成一个扇状图，具体操作如下。

Step 01 在“形状”窗格中调出“方块”模具集，将“同心圆第3层”形状拖至页面中。

Step 02 将“同心圆第2层”“同心圆第1层”形状依次拖至页面中，结果如图9-18所示。

Step 03 将“第3层扇环”形状拖至页面中，并将其与第3层同心圆重合放置，如图9-19所示。

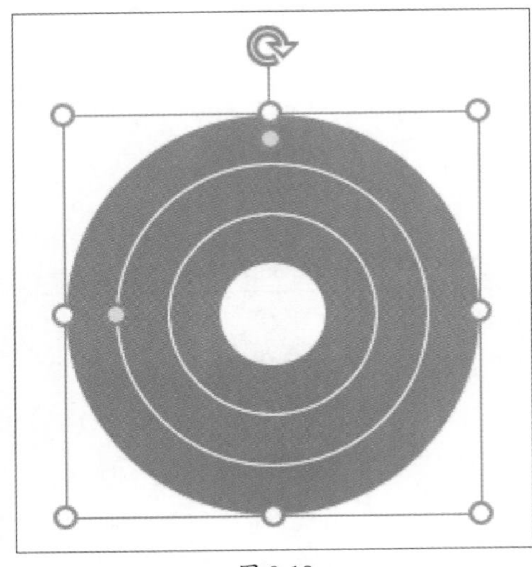

图 9-18

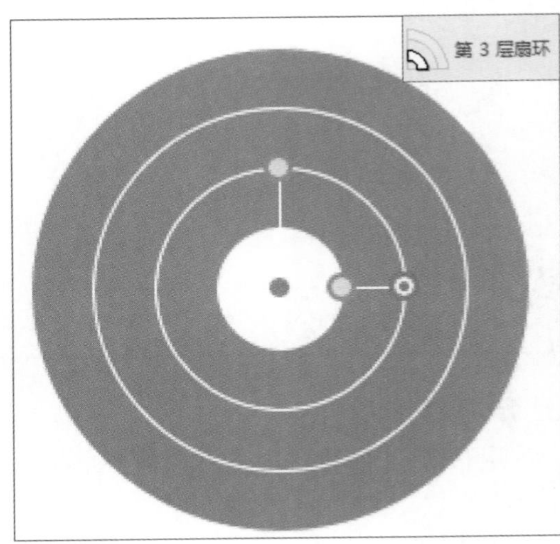

图 9-19

Step 04 将“第2层扇环”和“第1层扇环”形状依次拖至页面中，并与第2层同心圆、第1层同心圆重合，如图9-20所示。

Step 05 选中第3层扇环右下角控制点，将其向下拖动，即可调整该扇环位置，如图9-21所示。

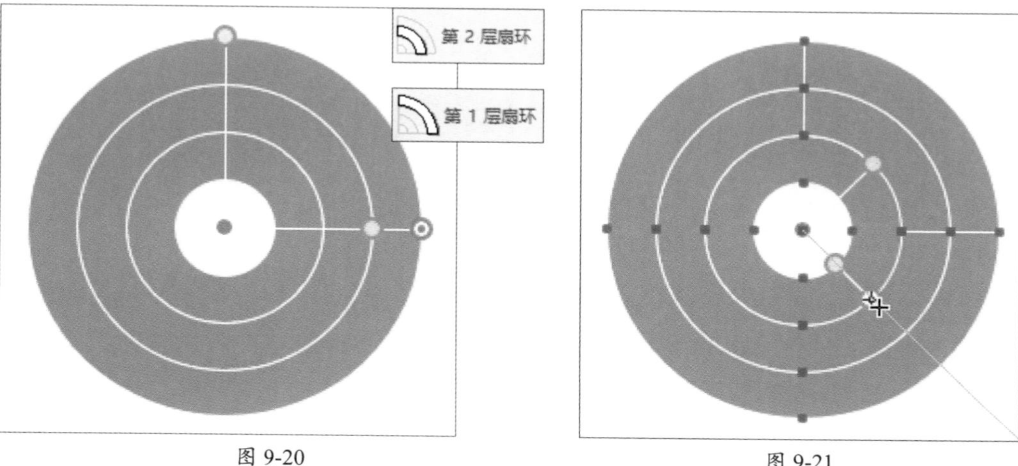

图 9-20

图 9-21

Step 06 同样调整第2层扇环位置。选中第2层扇环左上角黄色控制手柄并拖动，即可调整该扇环长度，如图9-22所示。

Step 07 按照同样的方法调整第1层扇环的长度和位置，如图9-23所示。

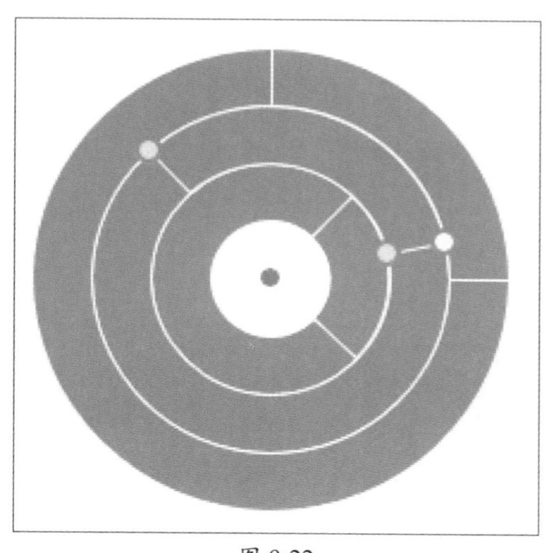

图 9-22

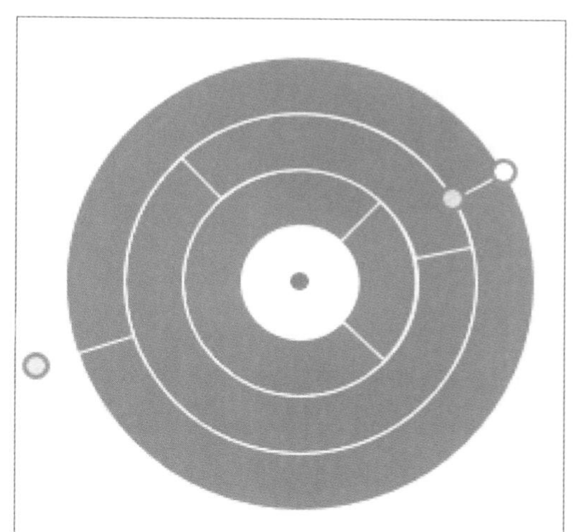

图 9-23

Step 08 右击第1层扇环形状，在弹出的快捷菜单中选择“设置形状格式”选项，在打开的设置窗格中调整该扇环的填充颜色，如图9-24所示。

Step 09 按照同样的操作设置其他两个扇环形状的颜色，如图9-25所示。

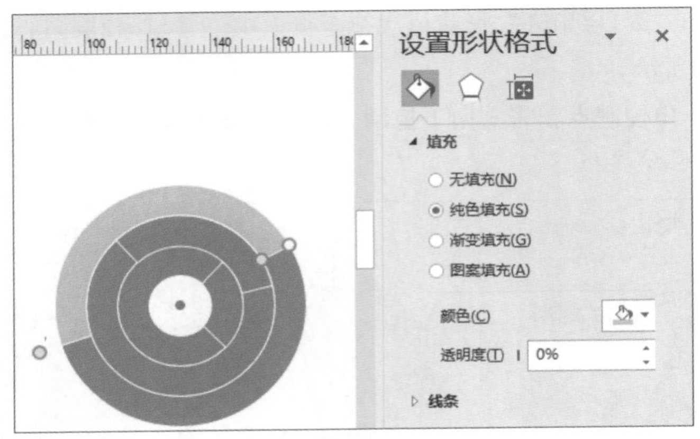

图 9-24

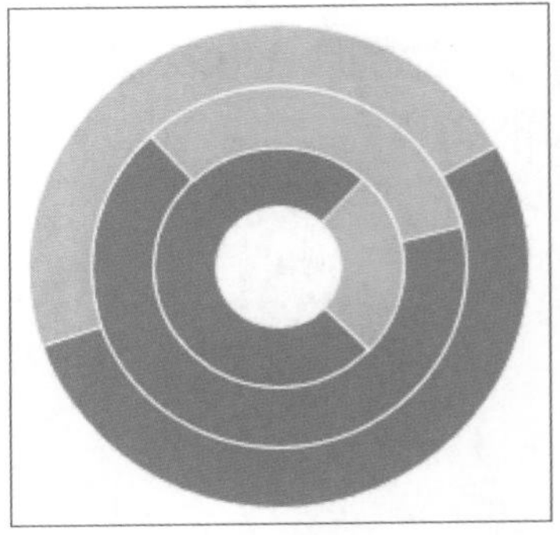

图 9-25

Step 10 同样设置三个同心圆填充颜色，如图9-26所示。

Step 11 在页面中框选所有形状，右击，在弹出的快捷菜单中选择“组合”→“组合”选项，将所有的形状进行组合，如图9-27所示。

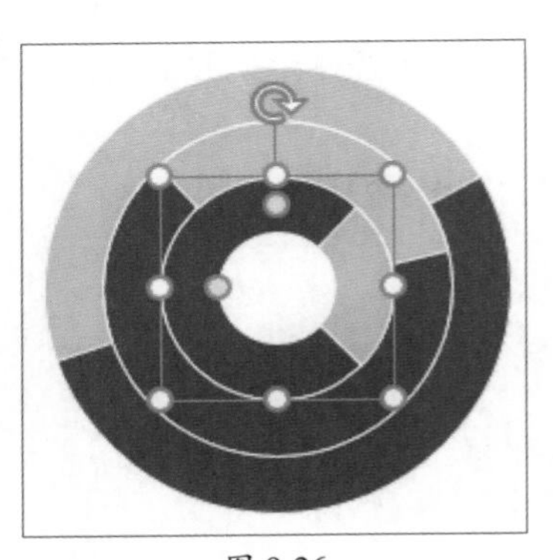

图 9-26

图 9-27

9.2 图表的创建与编辑

在Visio中用户可以根据数据类型与分析需求自行创建图表。利用图表能够帮助用户更好地分析数据统计结果与发展趋势。下面介绍两种常见图表的创建与编辑操作。

9.2.1 条形图表

新建Visio文档，在“类别”界面中选择“商务”选项，并在打开的界面中双击“图表和图形”按钮，调出“绘制图表形状”模具集。在此选择条形图中的一款样式，例如选择“条形图1”形状，将其拖至页面中，如图9-28所示。

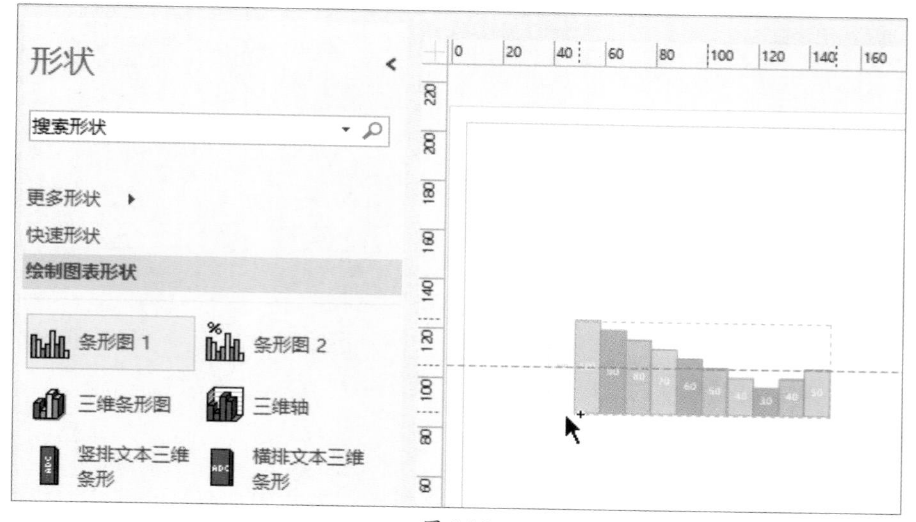

图 9-28

在“形状数据”对话框中可以设置条形的数目，单击“确定”按钮即可完成二维条形图的创建，如图9-29所示。

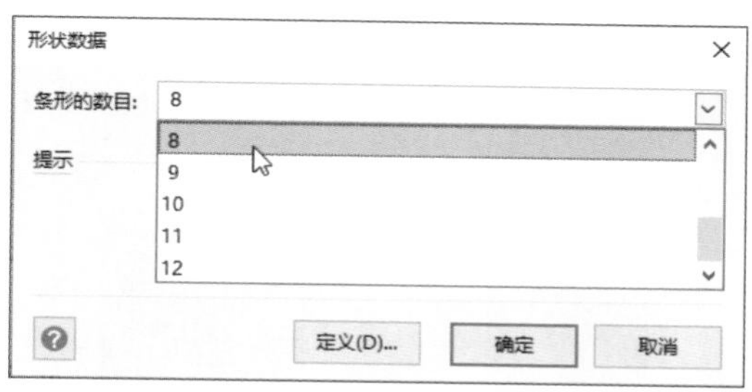

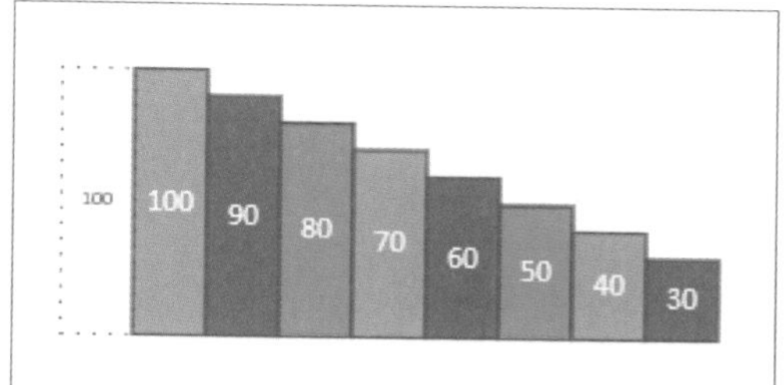

图 9-29

若想对图表中的数据进行修改，只需选中相应的数据条，直接输入相应的数值即可，如图9-30所示。

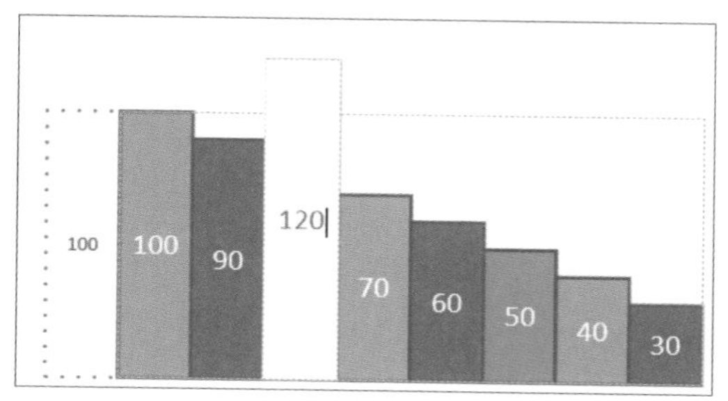

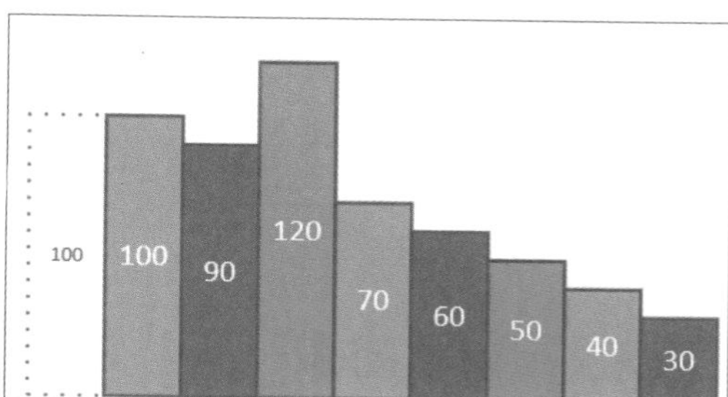

图 9-30

在“绘制图表形状”模具集中选中“三维轴”形状并将其拖至页面中，用户通过控制手柄可调整该形状的网格线、墙体厚度和三维深度，如图9-31所示。

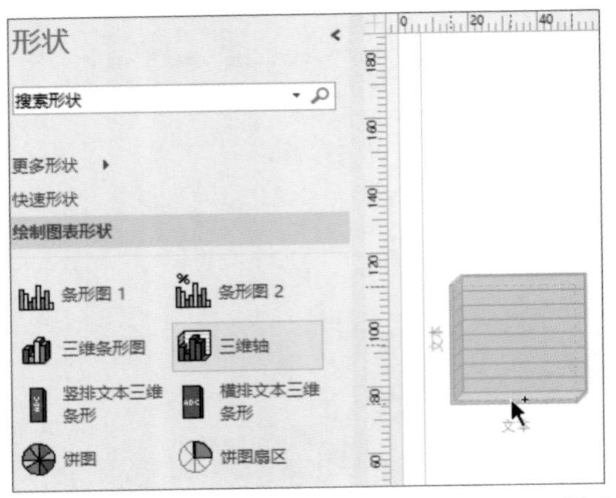

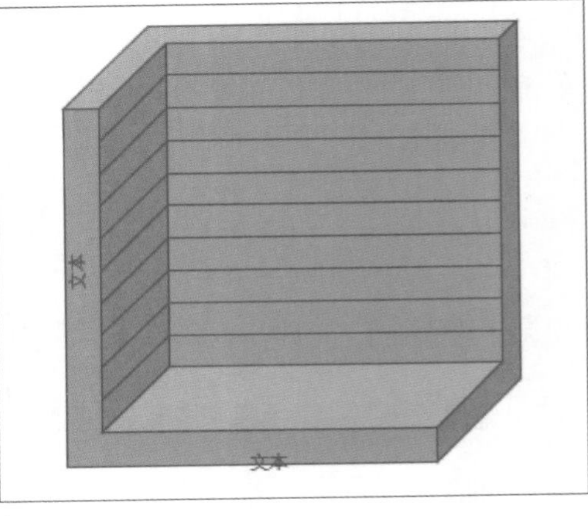

图 9-31

将“三维条形图”形状拖至刚添加的“三维轴”形状中，在打开的“形状数据”对话框中设置条形图的数值和颜色，单击“确定”按钮，完成三维条形图的创建，如图9-32所示。

形状数据

条形计数: 5
范围: 5
条形 1 值: 6
条形 1 颜色: 蓝色
条形 2 值: 10
条形 2 颜色: 绿色
条形 3 值: 7
条形 3 颜色: 橙色
条形 4 值: 9
条形 4 颜色: 紫色
条形 5 值: 8
条形 5 颜色: 红色
提示

定义(D)... 确定 取消

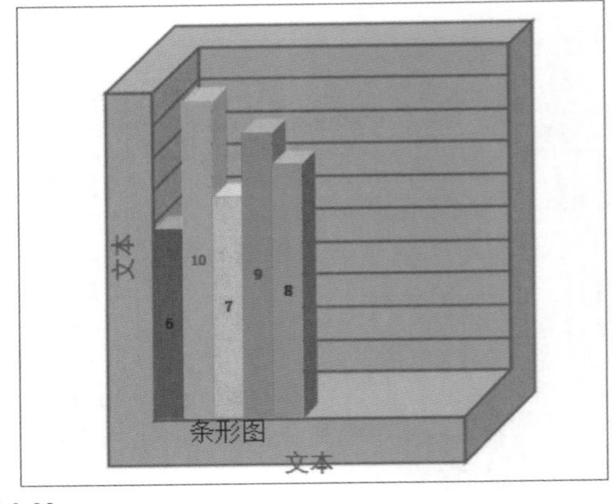

图 9-32

9.2.2 饼状图表

饼状图常用于统计学模型。饼状图用来显示一个数据系列中各项的大小与各项总和的比例。Visio中的饼图可以直接创建，也可以做成组合饼图。

1. 创建饼图

在“绘制图表形状”模具集中选择“饼图”形状，拖至页面中，在弹出的“形状数据”对话框中设置扇区的数量，单击“确定”按钮，完成饼状图的制作，如图9-33所示。

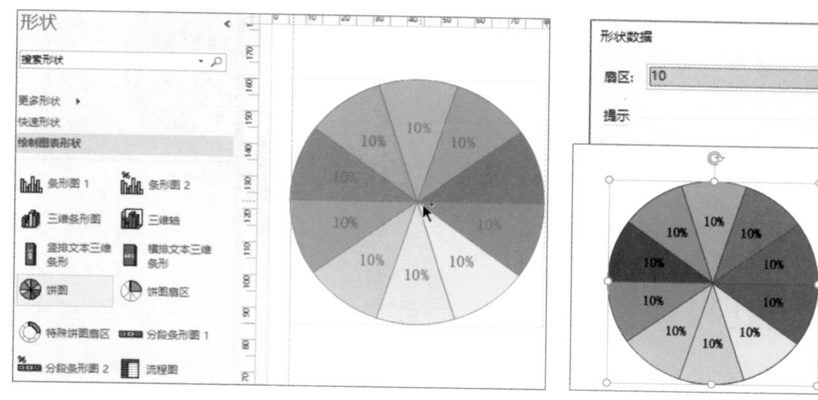
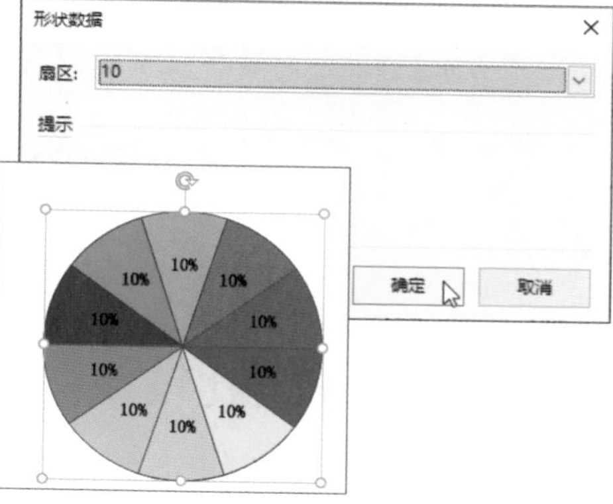

图 9-33

2. 创建组合饼图

默认的饼图最多创建10个扇区，如果要创建更多扇区，可以按照下面的操作步骤进行设置。

在“绘制图表形状”模具集中选择“饼图扇区”形状，将其拖至页面中，通过调整扇区控制手柄调整其大小，如图9-34所示。继续添加“饼图扇区”图形，并通过移动扇形上方的控制柄将其他扇形对齐，如图9-35所示。

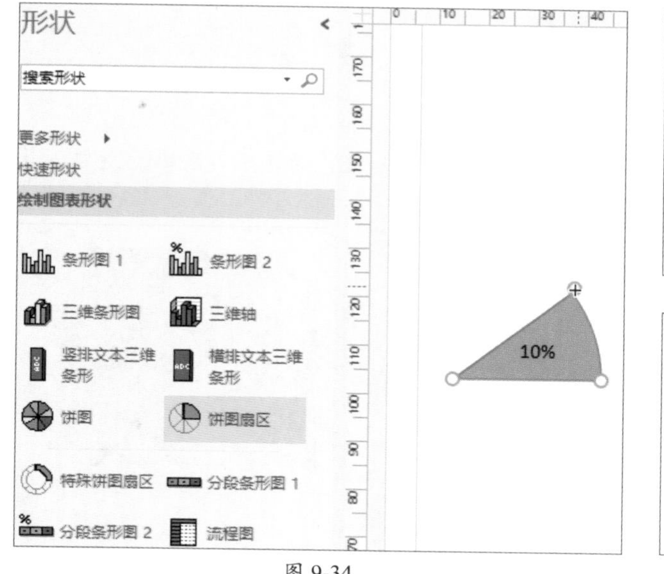

图 9-34

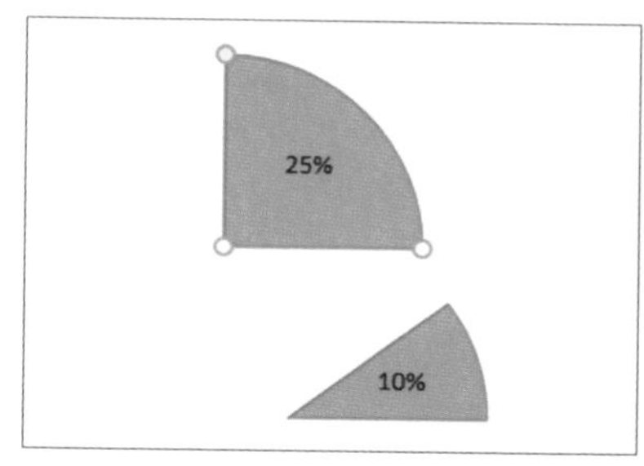

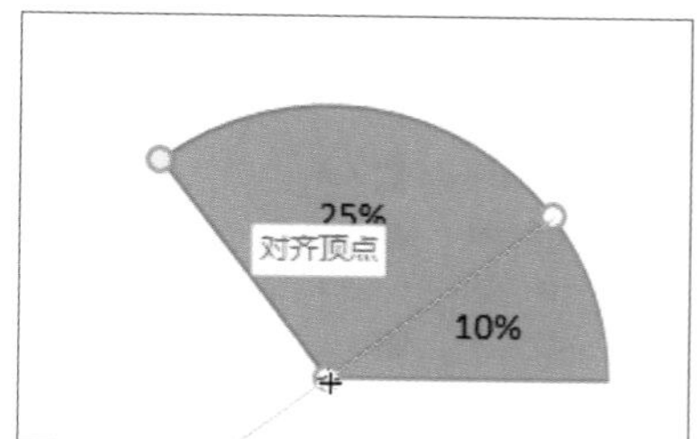

图 9-35

调整新加入的扇区所占的比例，如图9-36所示，按照同样的操作完成其他扇区的绘制，结果如图9-37所示。

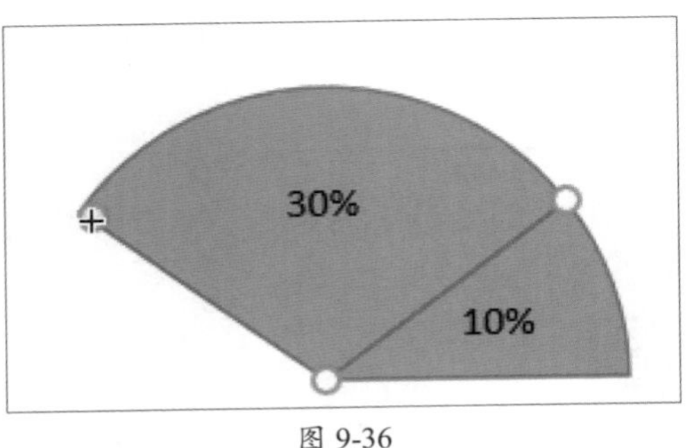

图 9-36

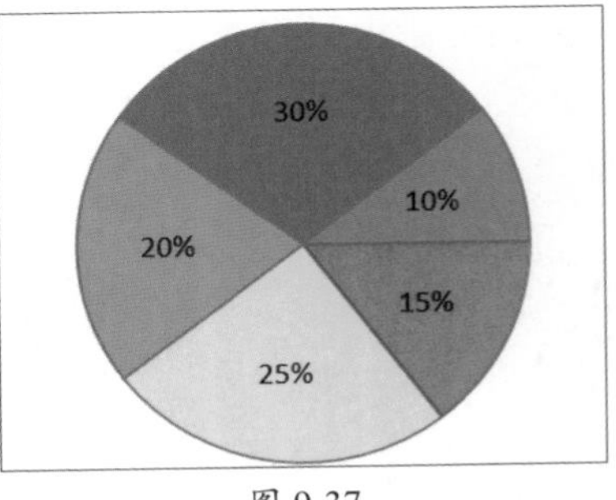

图 9-37

动手练 创建功能比较表

扫码看视频

功能比较表主要用来反映产品的特性比较，下面介绍具体的创建步骤。

Step 01 在“绘制图表形状”模具集中，选择并拖动“功能比较”形状至页面中，在“形状数据”对话框中输入“功能”和“产品”的数量，如图9-38所示。

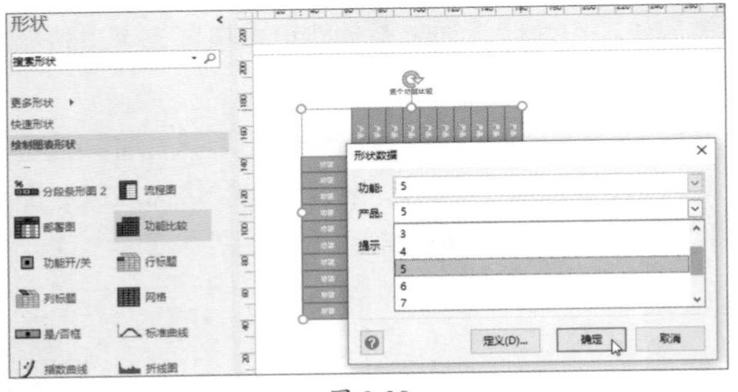

图 9-38

Step 02 在“绘制图表形状”模具集中拖动“功能开/关”形状至表格单元格中，设置“形状数据”的样式即可，如图9-39所示。

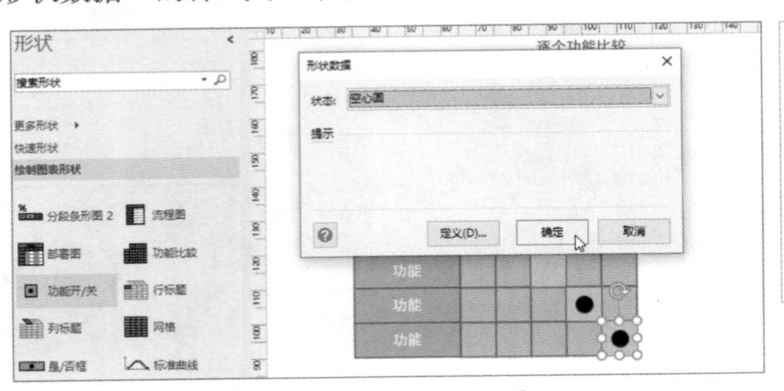

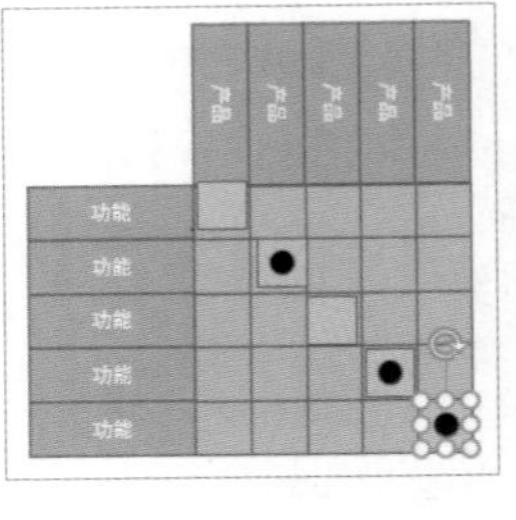

图 9-39

知识点拨

“空白”表示产品不存在特性；“实心圆”表示产品提供特性；“空心圆”表示产品提供受限制的特性。

9.2.3 编辑条形图和饼状图

图表创建好后，用户可以对图表进行一些必要的编辑美化操作，例如设置图表的颜色、数量、高度等。

1. 条形图的编辑

条形图的编辑主要是更改条形图的高度、宽度、条值、数量、颜色等外观样式。可通过拖动条形图左上方的黄色控制手柄来调整条形图的高度，如图9-40所示。拖动首个条形的控制手柄来调整整个条形图的宽度，如图9-41所示。

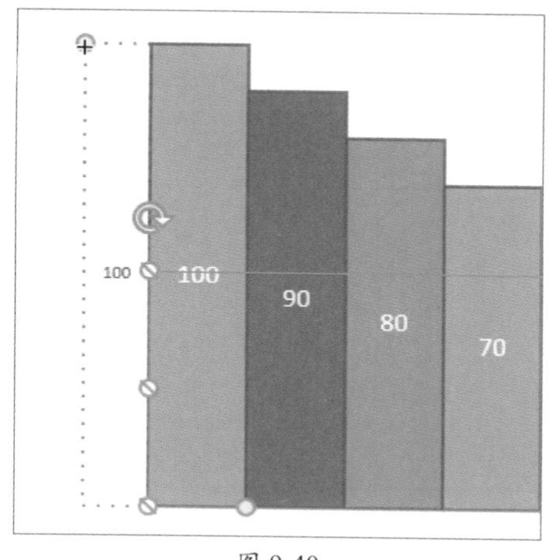

图 9-40

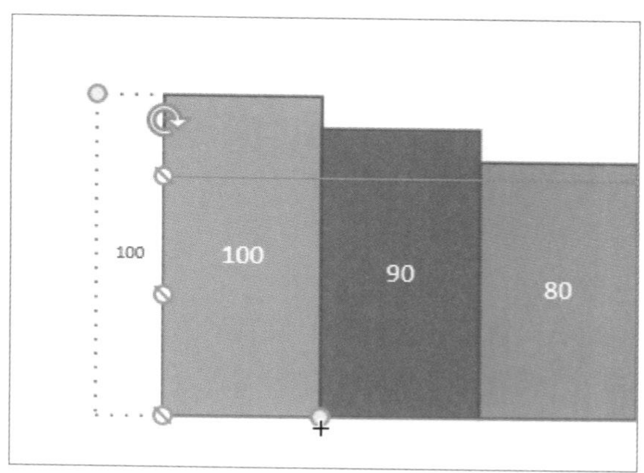

图 9-41

右击条形图，在弹出的快捷菜单中选择“设置条形数目”选项，在弹出的“形状数据”对话框中设置条形数目值。右击“条形图”形状，在弹出的快捷菜单中选择“设置形状格式”选项，在打开的设置窗格中设置条形图的填充线条样式和效果，如图9-42所示。

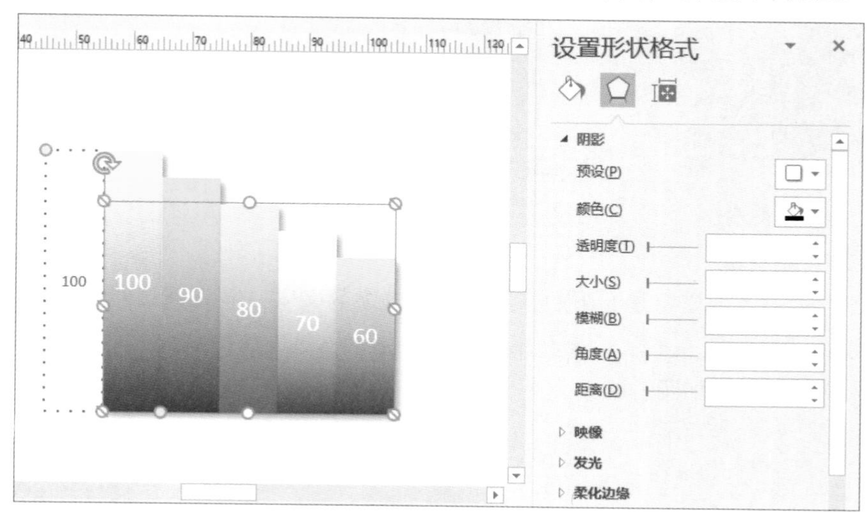

图 9-42

2. 编辑饼状图

饼状图的编辑包括编辑饼图的值、颜色与大小等。右击饼图，在弹出的快捷菜单中选择“设置扇区数目”选项，弹出“形状数据”对话框，在其中调整“扇区”值，如图9-43所示。

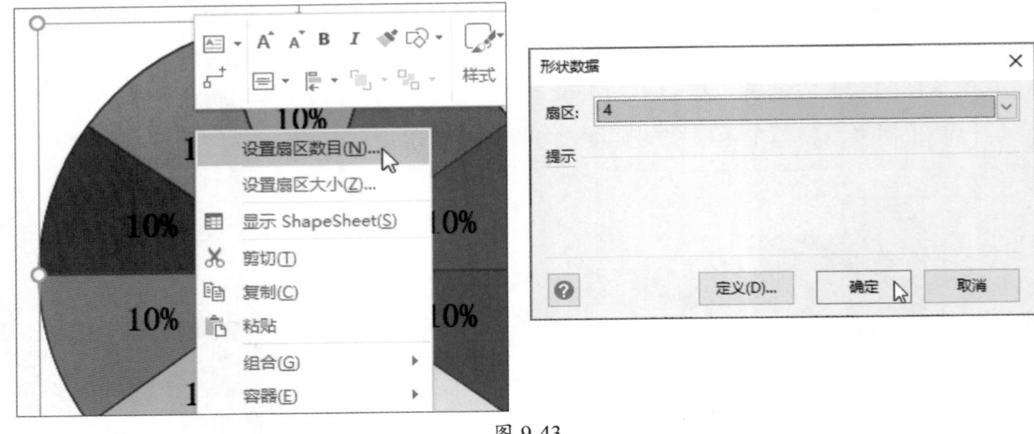

图 9-43

右击饼图，在弹出的快捷菜单中选择“设置扇区大小”选项，弹出“形状数据”对话框，设置每个扇区所占的比例，如图9-44所示。

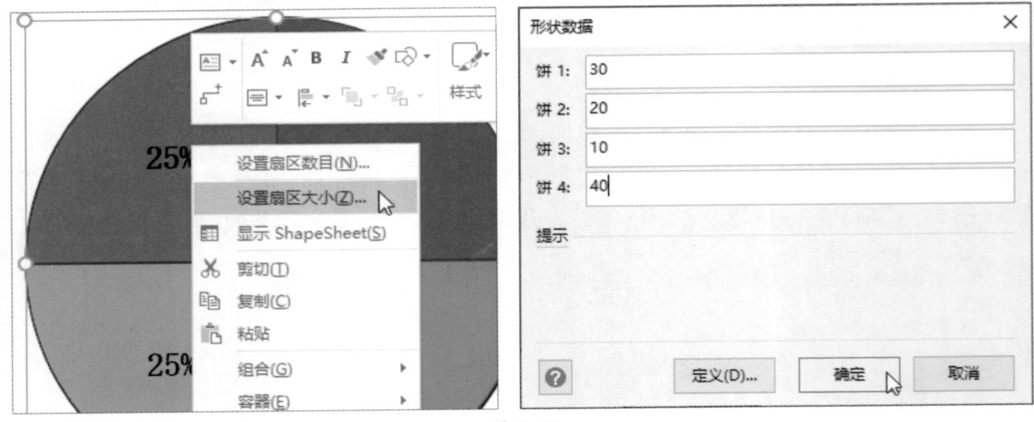

图 9-44

3. 添加文字提示框

在图形中输入的文字是有限的，要输入比较多的文字，需要添加“文字提示框”。用户可以在“绘制图表形状”模具集中选择并拖动“2-D 文字提示框”至页面合适位置，输入文字内容，如图9-45所示。

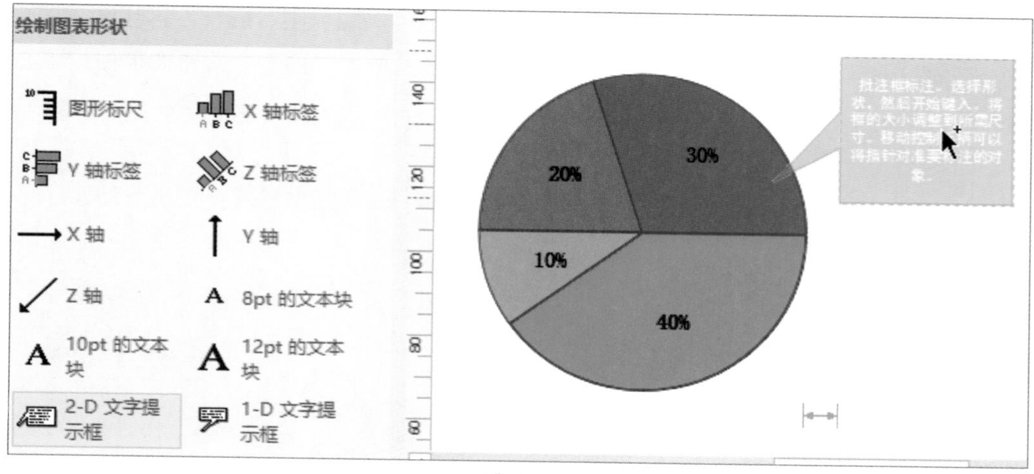

图 9-45

9.3 营销图表的创建与编辑

营销图表用于显示各种销售数据，该类图表可以帮助用户分析数据之间的关系，还能帮助用户分析数据的层次、发展趋势、产品的市场占有率等。在营销图表中主要使用的有中心辐射图表和三角形图表。下面介绍该类图表常见的操作方法。

9.3.1 中心辐射图表

中心辐射图表主要用来显示数据之间的关系，最多可以包含8个数据关系。在“新建”界面中选择“商务”选项，在打开的界面中双击“营销图表”选项，创建绘图，如图9-46所示。

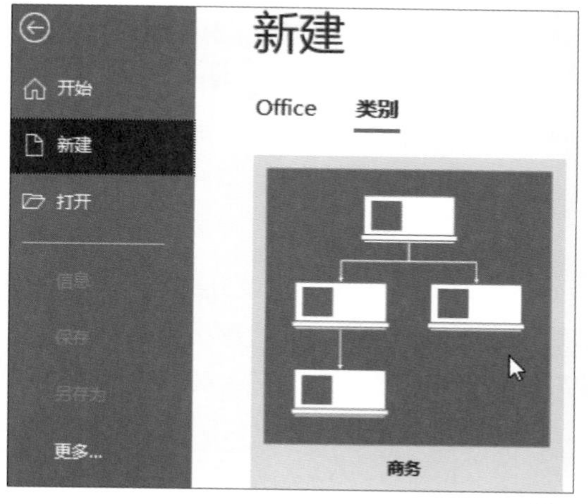

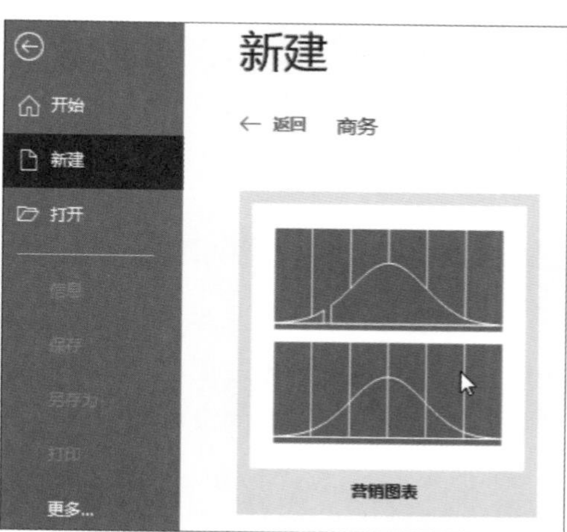

图 9-46

在“形状”窗格的“营销图表”模具集中选择“中心辐射图”形状，将其拖至页面中，在弹出的“形状数据”对话框中设置“圆形数”，单击“确定”按钮即可创建中心辐射图，如图9-47所示。

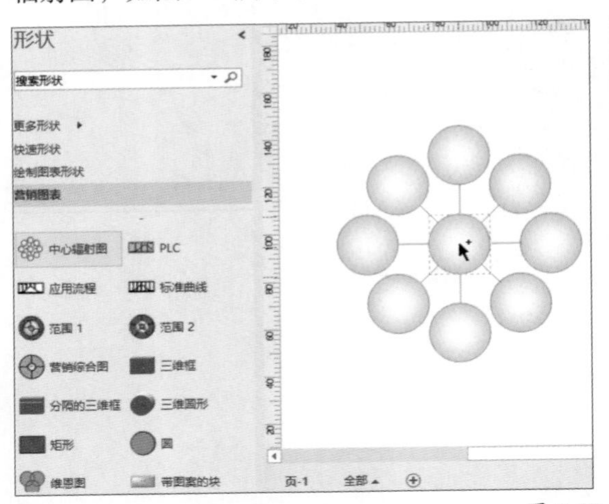

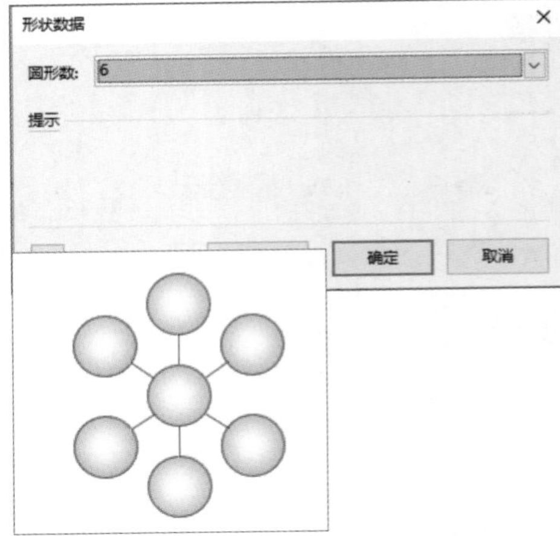

图 9-47

选中图表，将鼠标移至中心圆任意控制点上，拖动该控制点至其他位置，可调整该图表的大小，如图9-48所示。选中外侧圆圈并将其拖动至合适位置，可调整外圈位置，如图9-49所示。如果想对图表格式进行设置，在“设置形状格式”中设置即可，如图9-50所示。

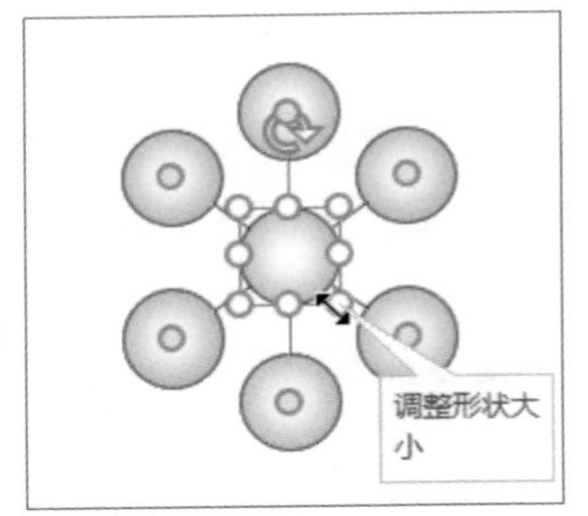

图 9-48

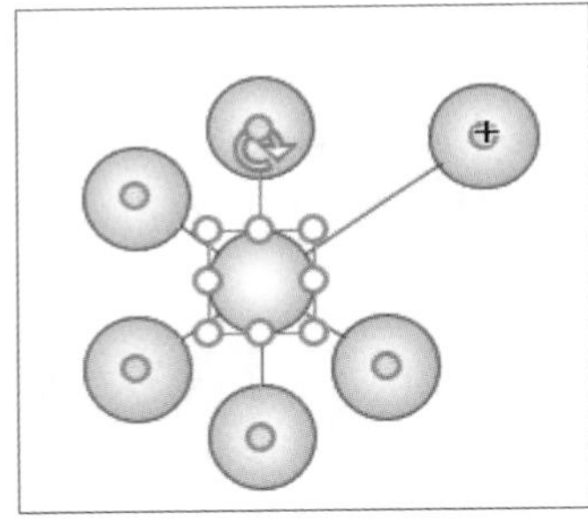

图 9-49

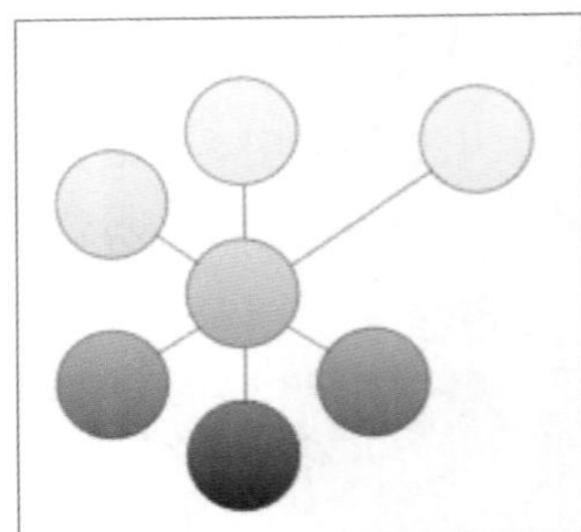

图 9-50

9.3.2 三角形图表

三角形图表主要用来显示数据的层次级别等信息，最多可以设置5层数据。在“营销图表”模具集中选择并拖动“三角形”形状至页面中，在弹出的“形状数据”对话框中设置“三角形”形状的级数，单击“确定”按钮即可完成三角形图表的创建操作，如图9-51所示。

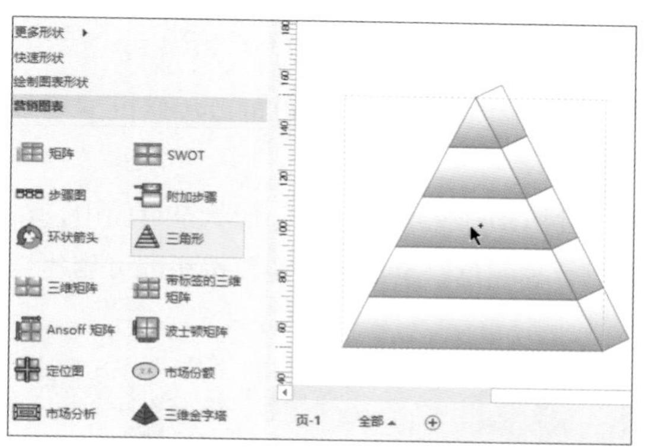

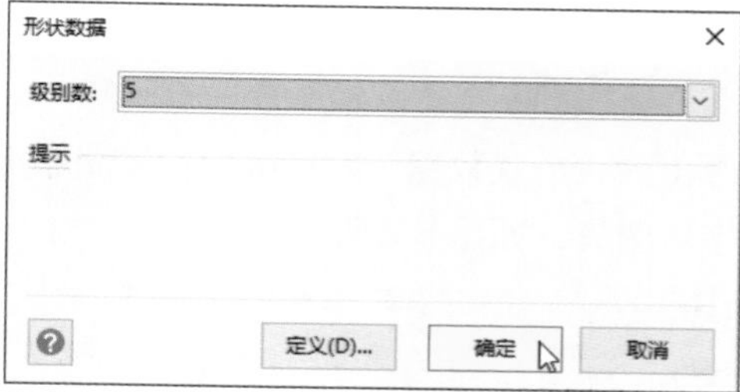

图 9-51

三角形图表的编辑操作与其他图表的编辑方法大致相同。例如调整图表大小、设置图表格式等。对于三角形图表来说，默认是三维形状的，若想将其变为二维，只需右击该图表，在弹出的快捷菜单中选择“二维”选项即可，如图9-52所示。

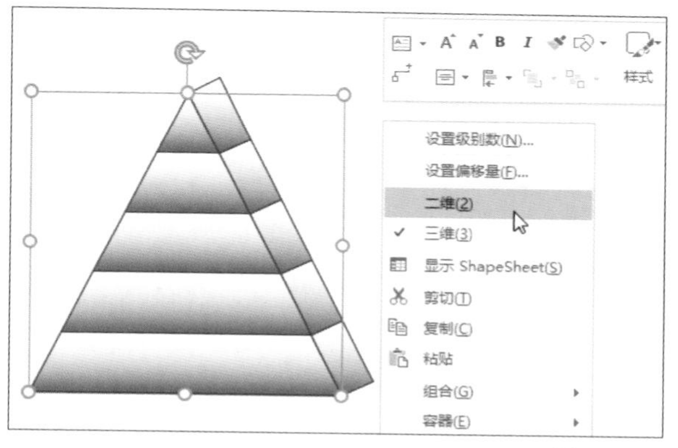

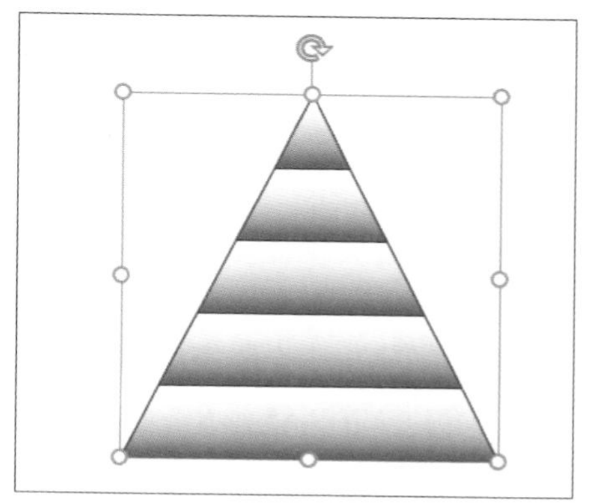

图 9-52

右击图表，在弹出的快捷菜单中选择“设置偏移量”选项，在“形状数据”对话框中设置偏移值后，可以看到图表各层之间已按照设定的值进行了分离，如图9-53所示。

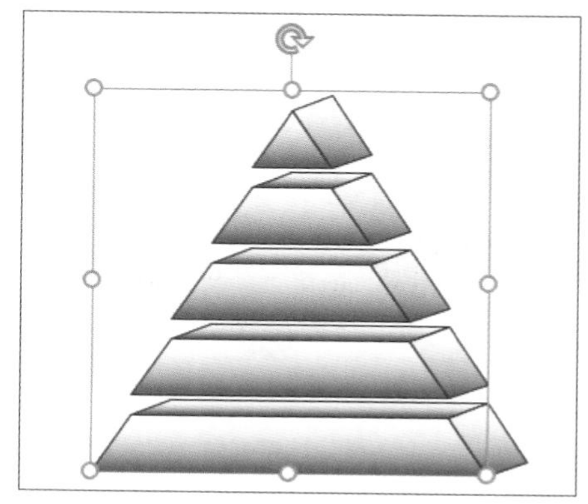

形状数据

偏移量: 5 mm

提示

定义(D)... 确定 取消

图 9-53

动手练 创建金字塔图表

扫码看视频

“金字塔图表”主要用于显示数据的层级关系，用户可以按照以下步骤进行创建。

Step 01 在“营销图表”模具集中，选择并拖动“三维金字塔”形状至页面中，在弹出的“形状数据”对话框中设置金字塔的级数和颜色，单击“确定”按钮即可创建金字塔图表，如图9-54所示。

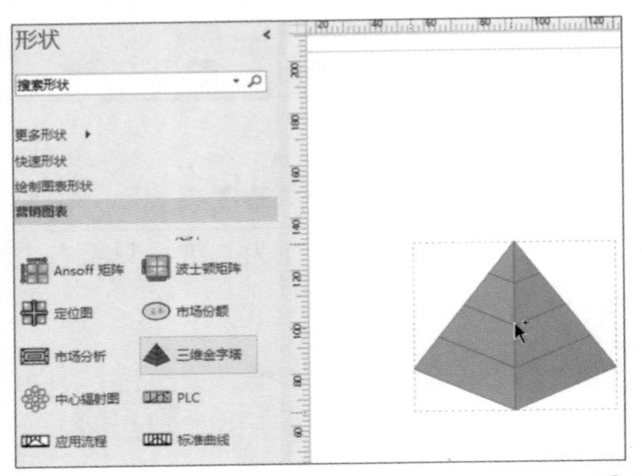

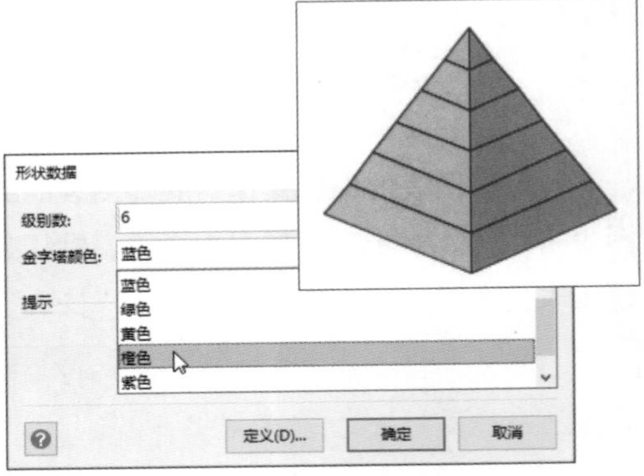

图 9-54

Step 02 将鼠标移至金字塔右下角控制手柄，按住Ctrl键并拖动控制手柄至合适位置，可等比例缩放该图表。

Step 03 选中金字塔最底层的两个形状，打开“设置形状格式”窗格，为其设置一种填充色，如图9-55所示。

Step 04 按照同样的操作，设置金字塔其他几层的填充色。选中金字塔图表，在“设置形状格式”窗格中设置其线条颜色，结果如图9-56所示。

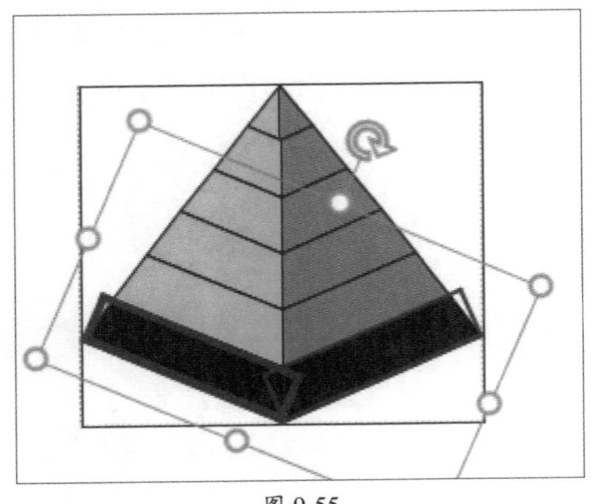

图 9-55

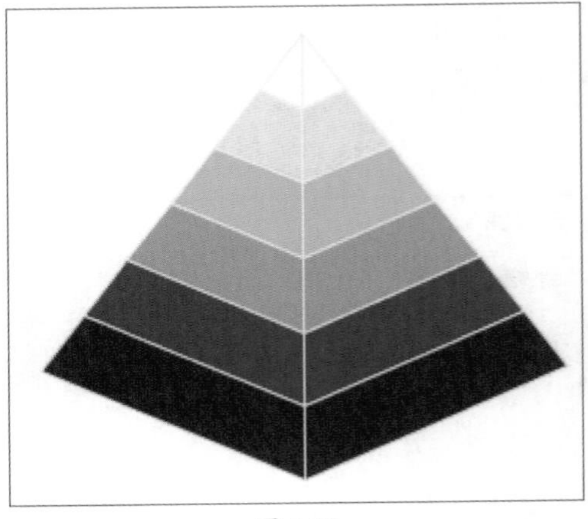

图 9-56

9.4 灵感触发图的创建与编辑

灵感触发图主要用来显示标题、副标题之间的关系和层次。通过灵感触发图可以将杂乱无章的信息流转换为简单明了的易读且清晰的图表。

9.4.1 创建灵感触发图

在“新建”界面中的“类别”选项列表中选择“商务”图表，在打开的界面中双击“灵感触发图”模板，如图9-57所示。

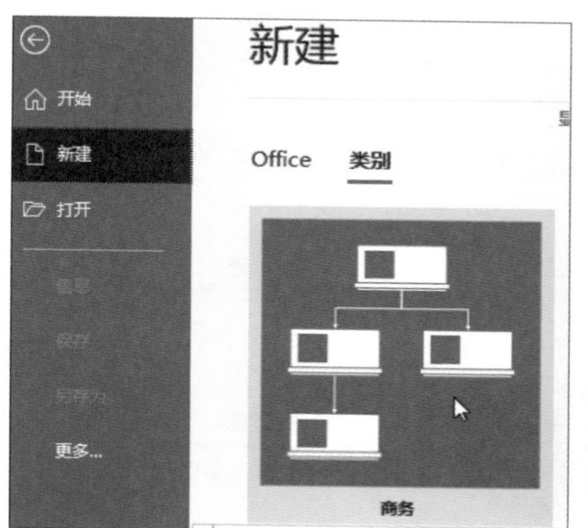

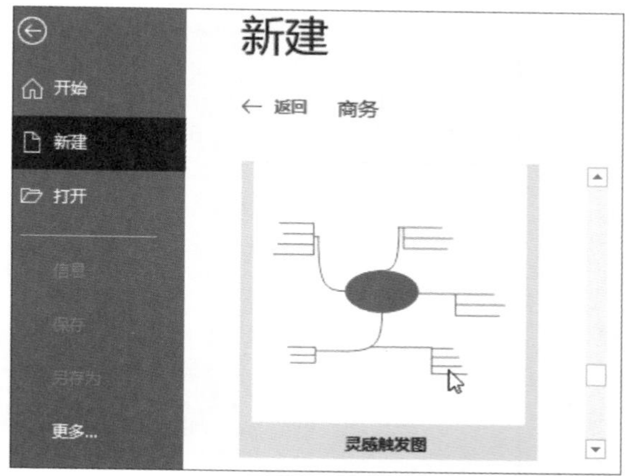

图 9-57

在“形状”窗格中展开“灵感触发形状”模具集，选择并拖曳“主标题”形状至页面中，在“主标题”形状上右击，在弹出的快捷菜单中选择“添加副标题”选项，如图9-58所示。即可添加下一级副标题。

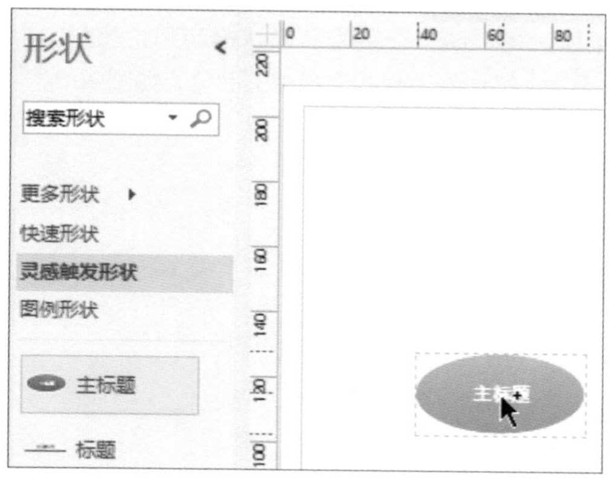

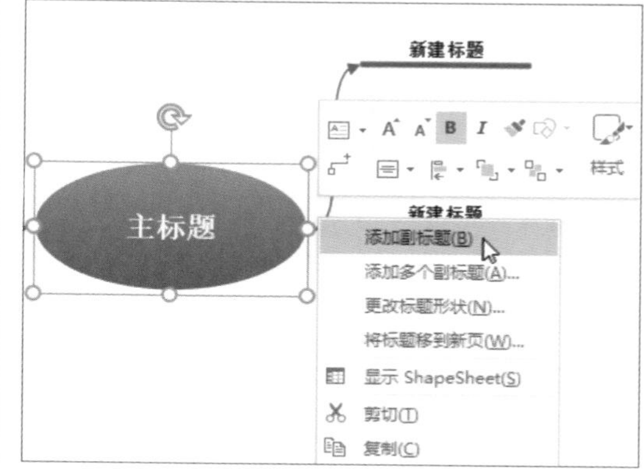

图 9-58

右击主标题，在弹出的快捷菜单中选择“添加多个副标题”选项，在打开的对话框中输入副标题内容，可一次性添加多个副标题，如图9-59所示。

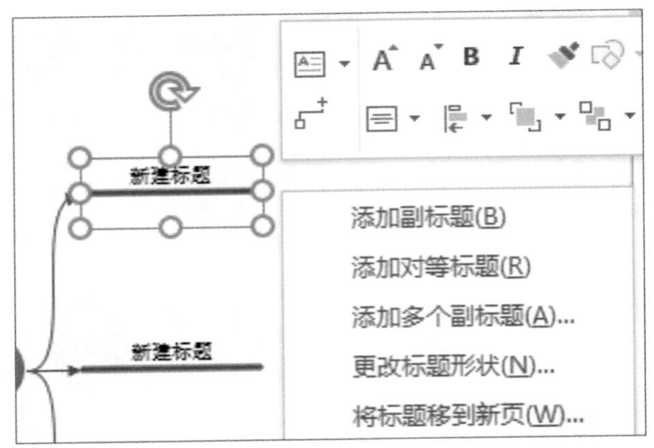

图 9-59

为主标题添加文字内容，即可完成灵感触发图表的绘制，如图9-60所示。

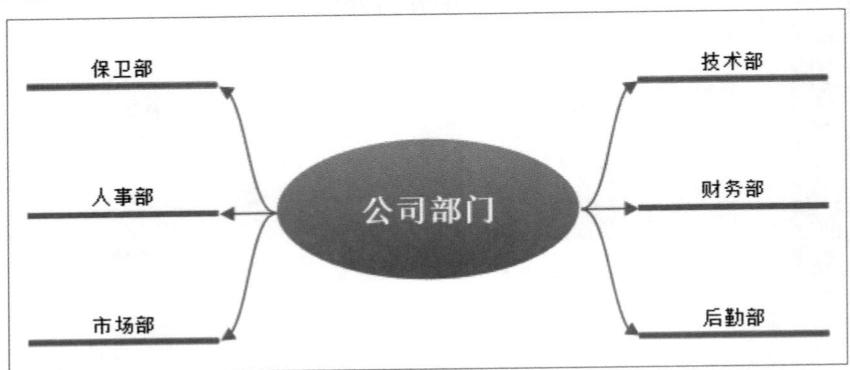

图 9-60

知识点拨

如果是用形状添加的标题，可以手动连接连接线。将“动态连接线”形状拖动到绘图窗口中，如图9-61所示。使用“动态连接线”上的控制手柄，拖动到形状的连接点上即可，如图9-62所示。

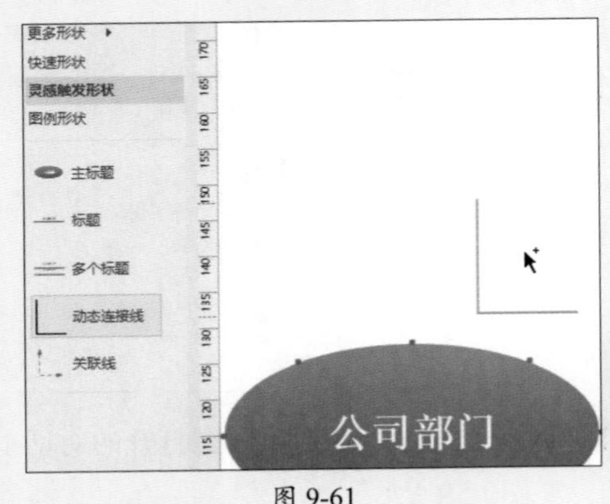

图 9-61

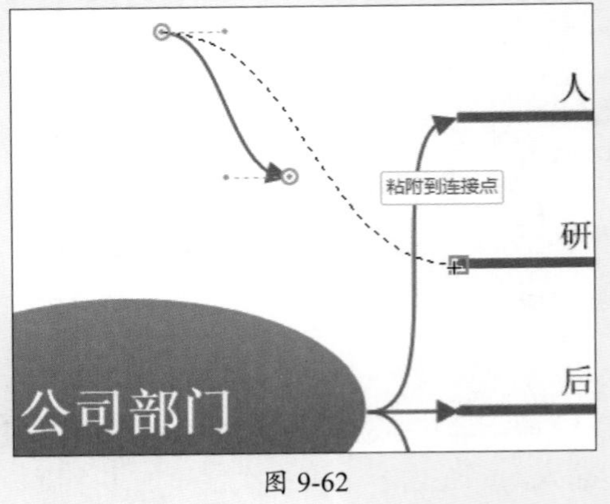

图 9-62

9.4.2 导入与导出标题

灵感触发图绘制完成后，用户可将该图表导出为Word、Excel、XML格式的文件，在"灵感触发"选项卡的"管理"选项组中单击"导出数据"下拉按钮，在弹出的列表中选择"至Microsoft Word"选项，打开"保存文件"对话框，输入保存的文件名，单击"保存"按钮，保存完毕弹出成功提示，单击"确定"按钮，即可完成图表的导出操作，如图9-63所示。

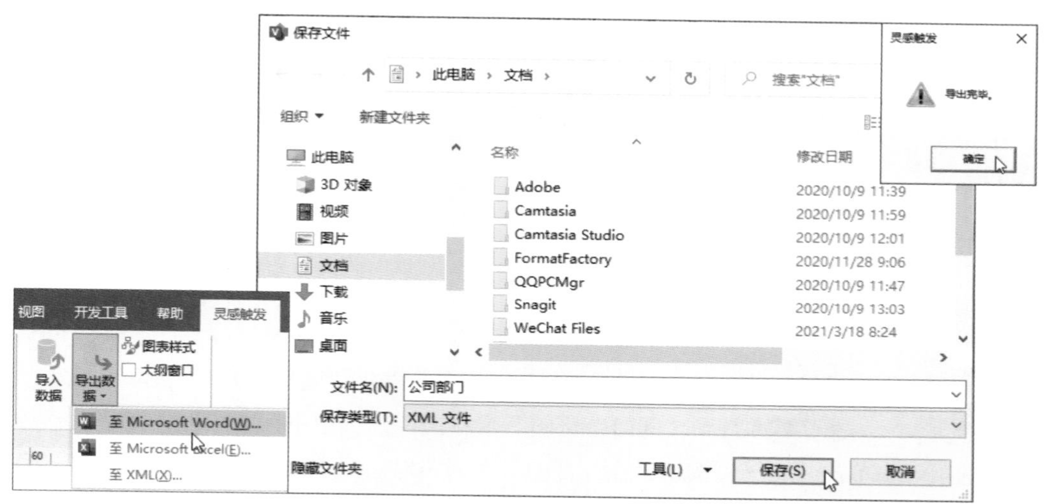

图 9-63

目前，Visio文件只支持XML文件的导入。在"灵感触发"选项卡的"管理"选项组中单击"导入数据"按钮，在打开的对话框中找到并选择"灵感触发图.xml"，单击"打开"按钮，如图9-64所示，即可在Visio中按照XML文件自动生成灵感触发图。

图 9-64

知识点拨

导出的XML文件可以用记事本打开，可以查看里面的内容，如图9-65所示。用户可以按照该格式添加标题或者修改内容，导入后自动按标题生成灵感触发图。

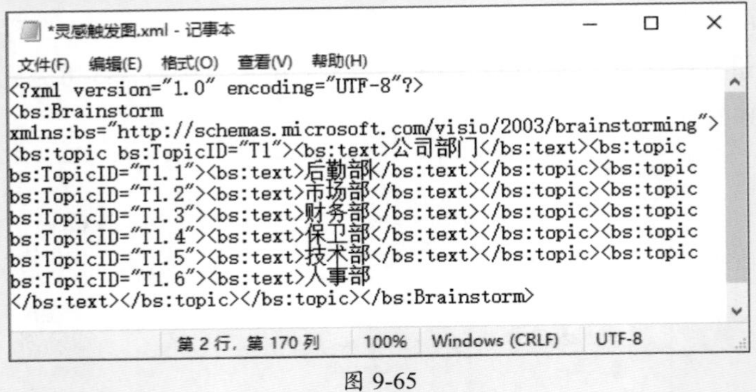

图 9-65

动手练 调整部门一览图布局

灵感触发图创建完成后，用户可对其布局进行调整。下面介绍具体操作。

Step 01 打开“部门一览图”素材文件，选中主标题图形，在“灵感触发”选项卡中单击“布局”按钮，在打开的“布局”对话框中选择一款布局，单击“确定”按钮，如图9-66所示。

Step 02 变化后的图表布局如图9-67所示。

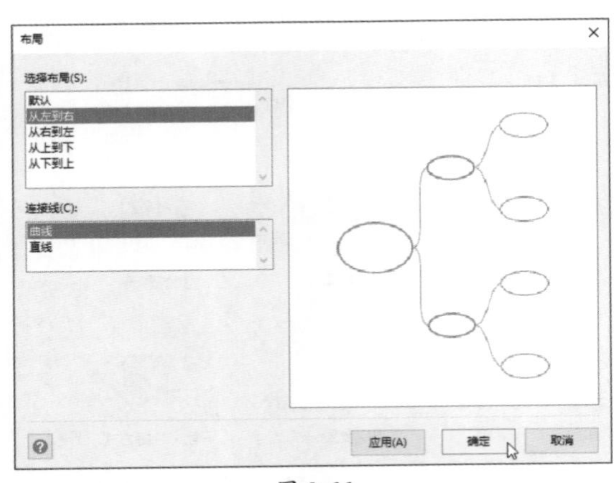

图 9-66

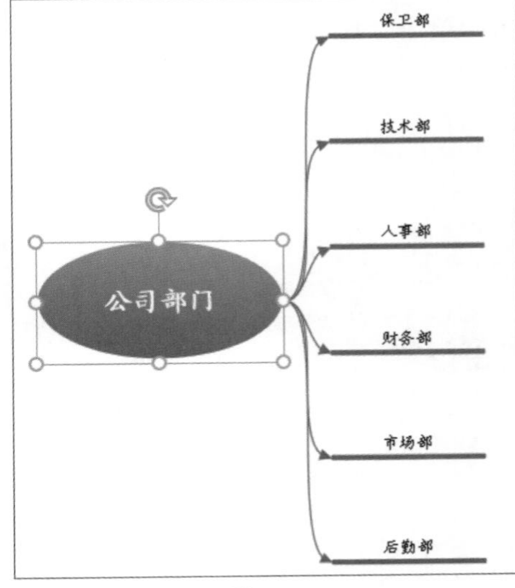

图 9-67

Step 03 在“灵感触发”选项卡中单击“图表样式”按钮，打开“灵感触发样式”对话框，选择一款样式，单击“确定”按钮，图表样式会发生相应的变化，如图9-68所示。

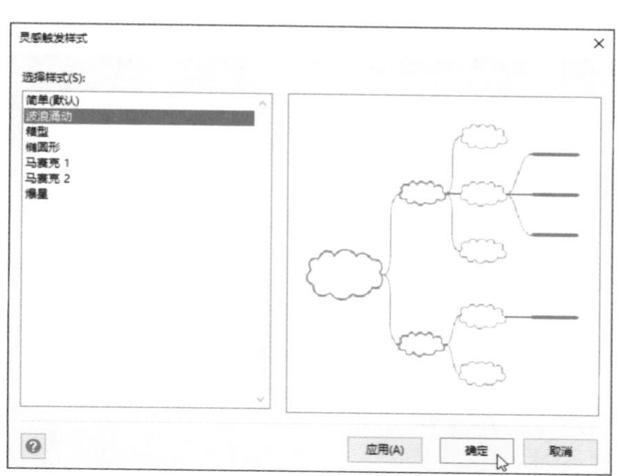

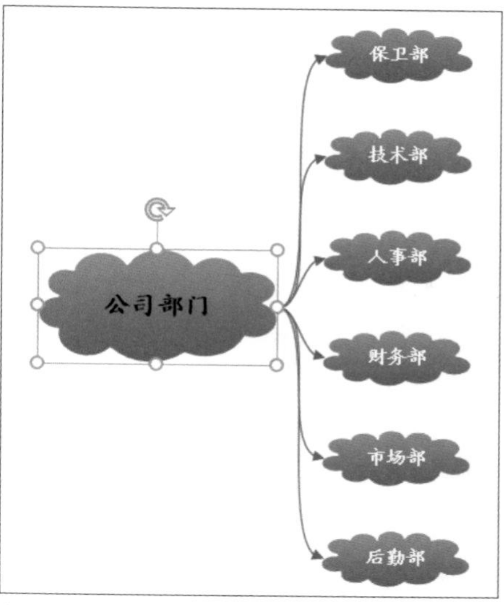

图 9-68

知识点拨

如果有多级副标题，用户可随时调整副标题的级别。在“灵感触发”选项卡的“管理”选项组中勾选“大纲窗口”复选框，在弹出的“大纲窗口”窗格中拖动副标题到其他级别的标题上，就会自动作为其他标题的副标题，如图9-69所示。

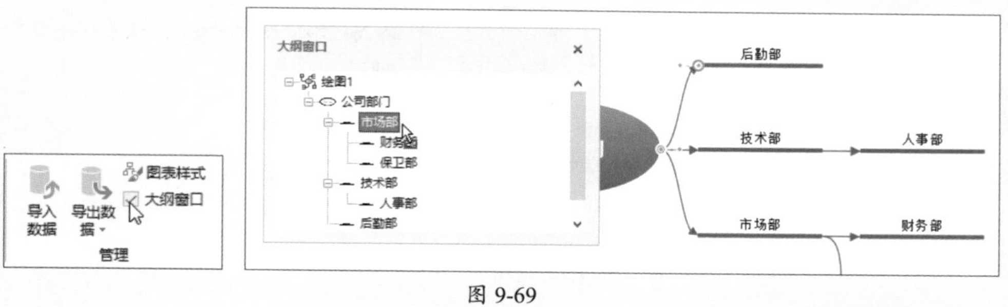

图 9-69

案例实战：制作“电脑系统图”

下面使用Visio软件制作一张电脑系统图，非常简洁明了。

Step 01 新建Visio文档，双击“灵感触发图”模板，如图9-70所示。

Step 02 在“形状”窗格中将“主标题”形状拖入绘图窗口中，如图9-71所示。

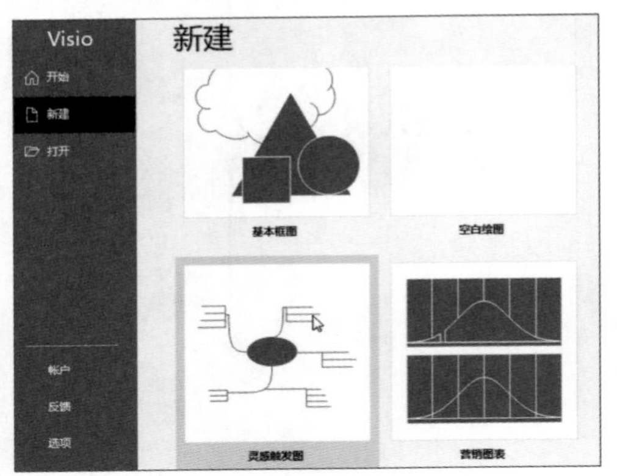

图 9-70

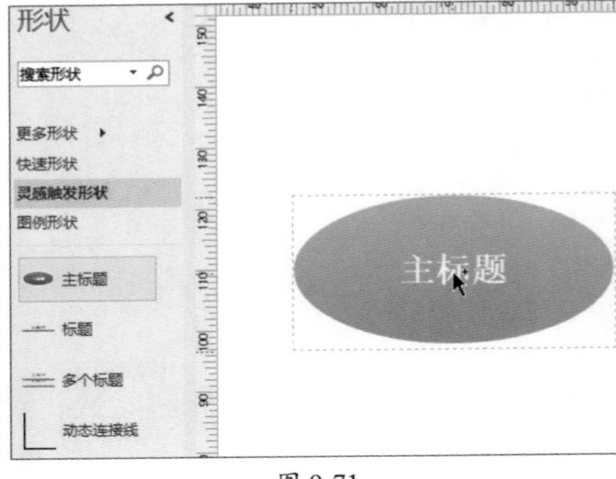

图 9-71

Step 03 在“主标题”上右击，在弹出的快捷菜单中选择“添加多个副标题”选项，如图9-72所示，在弹出的对话框中输入副标题，单击“确定”按钮，如图9-73所示。

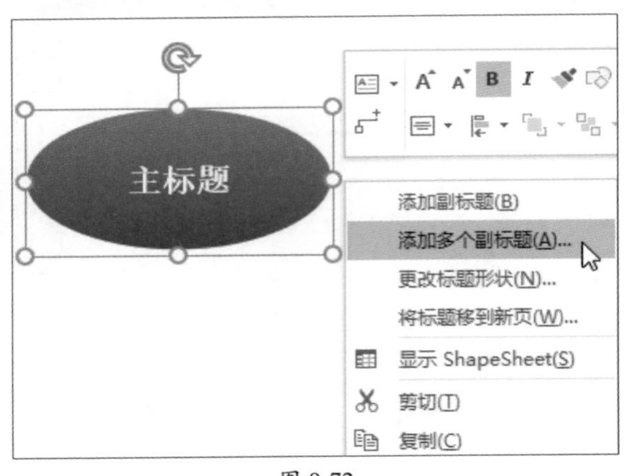

图 9-72

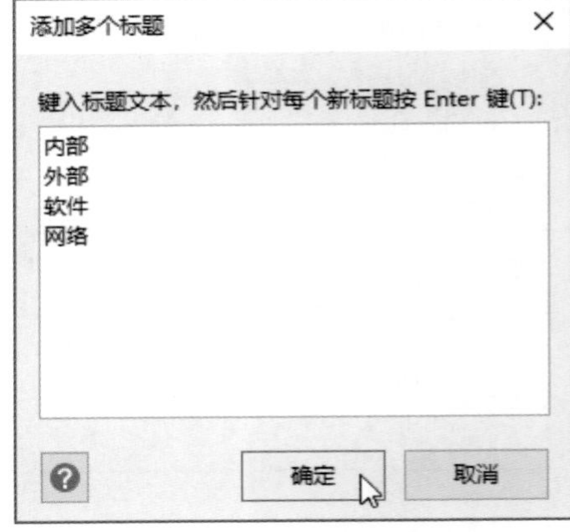

图 9-73

Step 04 按照同样的方法再创建三级标题。在“灵感触发”选项卡的“排列”选项组中单击“自动排列”按钮，如图9-74所示。让标题自动排列对齐，然后全选形状，在“开始”选项卡的“字体”选项组中设置字体和字号，效果如图9-75所示。

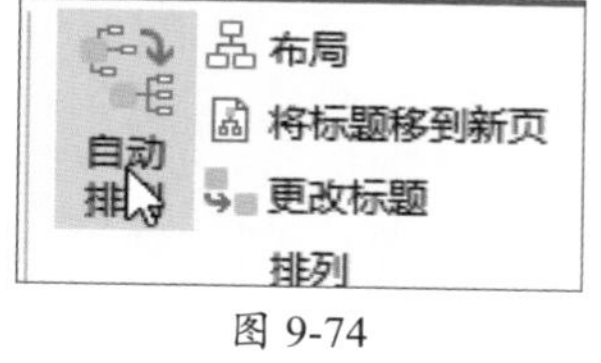

图 9-74

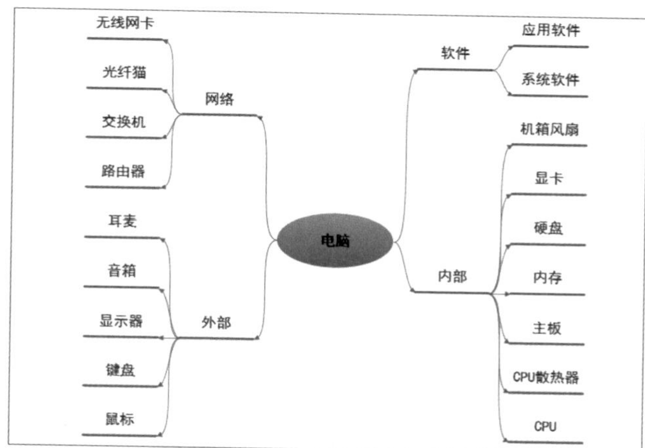

图 9-75

Step 05 在“灵感触发”选项卡的“管理”选项组中单击“图表样式”按钮，在弹出的界面中选择“马赛克1”选项，单击“确定”按钮，如图9-76所示。

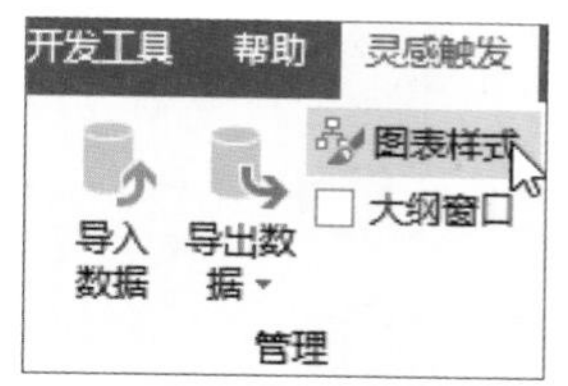

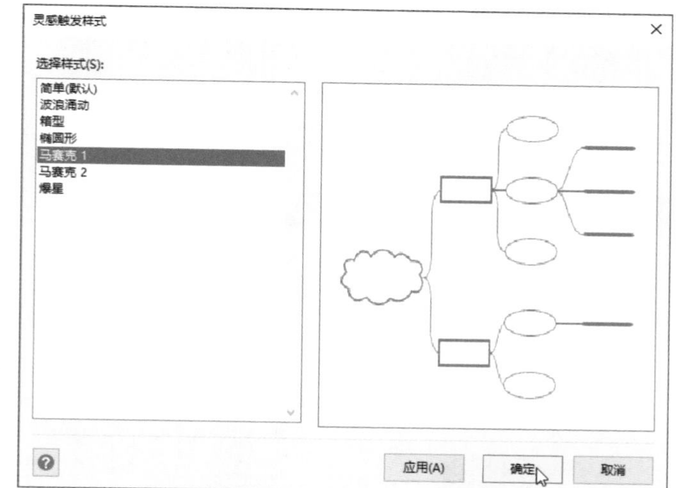

图 9-76

Step 06 在“设计”选项卡的“主题”选项组中单击“其他”下拉按钮，在弹出的列表中选择一款合适的主题，如图9-77所示。

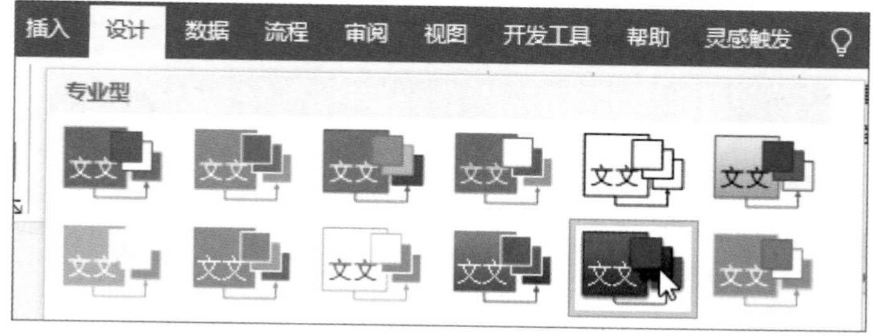

图 9-77

第9章 块图与基本图表功能的应用

Step 07 在“设计”选项卡的“背景”选项组中单击“背景”下拉按钮，在弹出的列表中选择一款满意的背景，如图9-78所示。

Step 08 在“背景”选项组中单击“边框和标题”下拉按钮，在弹出的列表中选择一款合适的边框及标题，如图9-79所示。

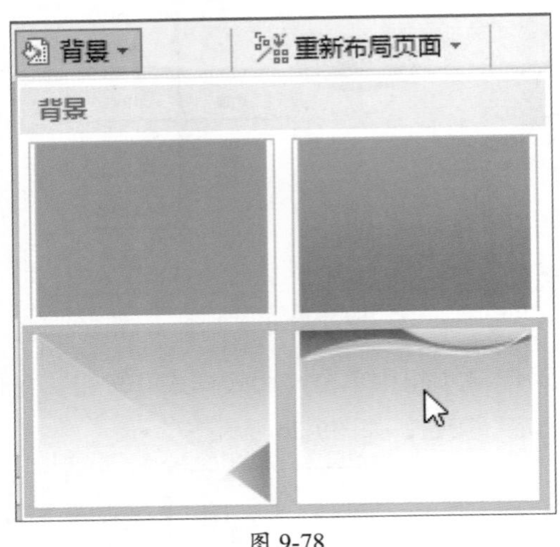

图 9-78

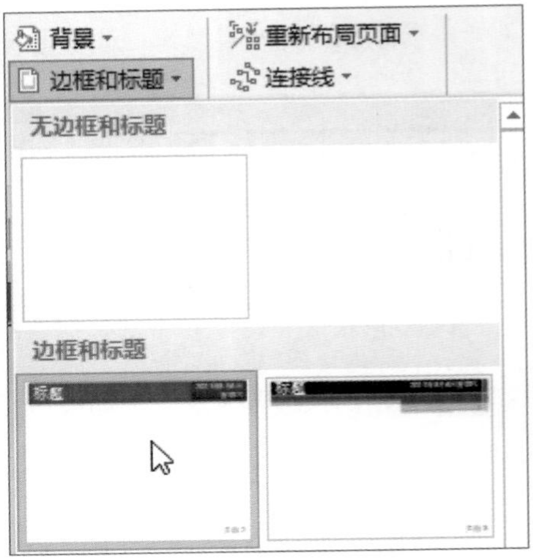

图 9-79

Step 09 修改边框标题后调整界面的大小，效果如图9-80所示。

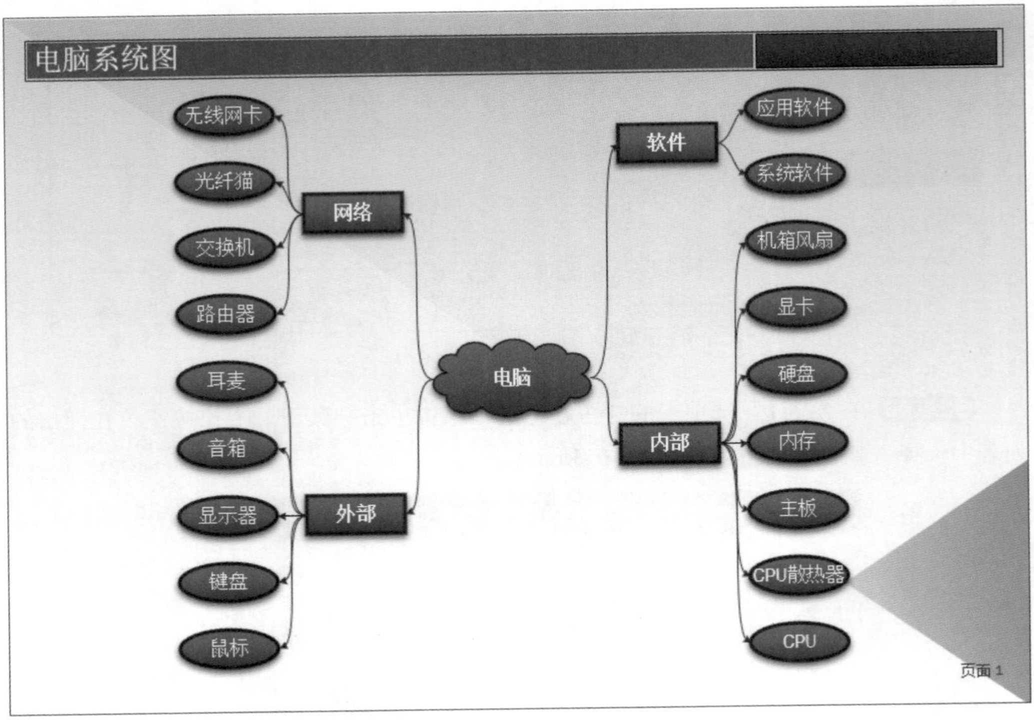

图 9-80

新手答疑

1. Q：在调整图形的方向时，通过控制手柄调整有时很麻烦，有没有简便的方法？

A：使用Ctrl+L组合键可将形状逆时针旋转90°。使用Ctrl+H组合键可以快速将图形翻转。

2. Q：编辑层级图时，树枝只能添加 4 个，一共 6 个，如果需要更多怎么办？

A：如果需要更多的分支，可以为图形添加第2个“多树枝”形状，并移动放置在第一个“多树枝”上面，可以继续添加树枝，如图9-81、图9-82所示。

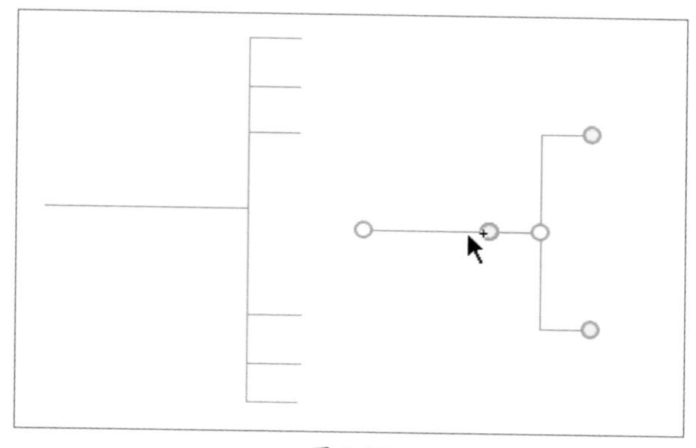

图 9-81

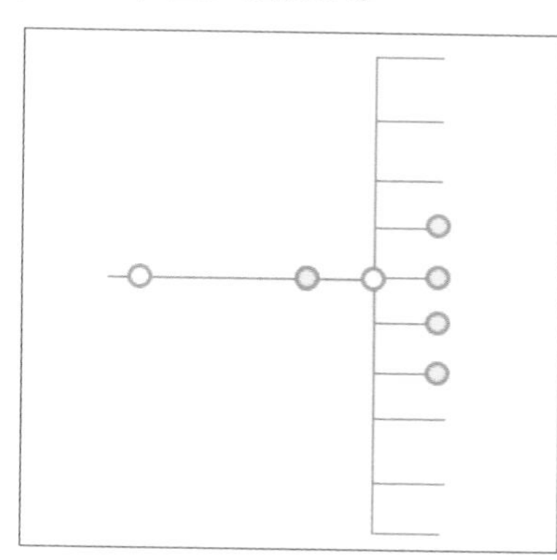

图 9-82

3. Q：形状中只有扇环，如果需要半圆环或者四分之三圆环怎么处理？

A：可以通过形状的变形来调节。选中图形后，通过形状控制角点将扇形进行变换，如图9-83所示，可以完成非常复杂的图形组合，如图9-84所示。

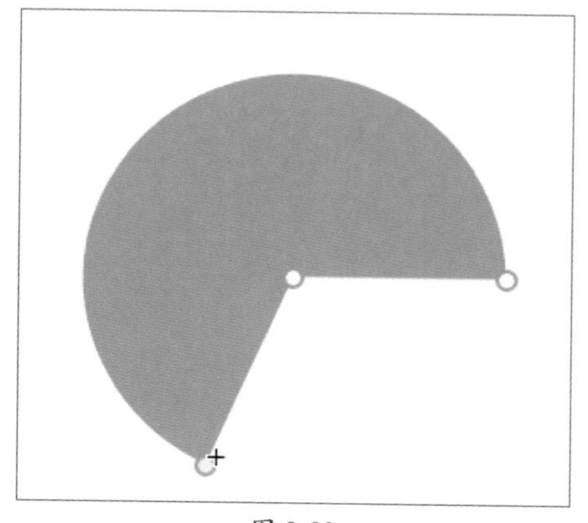

图 9-83

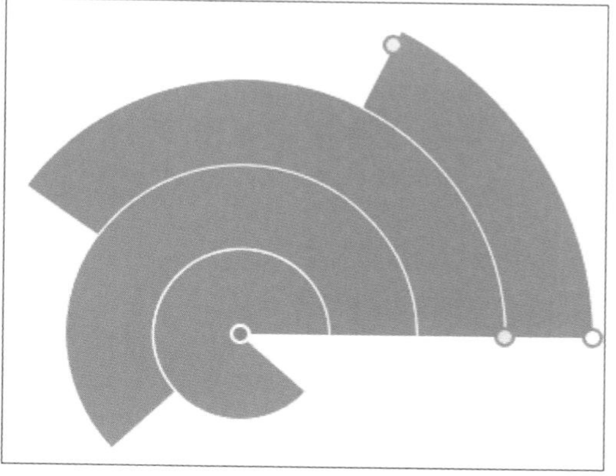

图 9-84

4. Q：大纲窗口非常方便，可以在大纲视图中进行哪些操作？

A：在“大纲”窗口中的标题上右击，在弹出的快捷菜单中可以执行包括添加删除副标题、调整顺序、重命名、定位到形状以及将标题移动到新页面的操作。

读书笔记

第10章 办公协同应用

Visio本身拥有强大的图形绘制以及与多种软件协同工作的能力。作为Office系列软件，除了可以与Word、Excel、PowerPoint等软件进行数据和图形的交换外，还可以与AutoCAD以及Adobe系列软件进行交互。用户可以将Visio文档插入到这些软件中进行编辑，也可将这些软件的文档导入到Visio中，丰富Visio绘图文档的应用。本章将着重介绍Visio与其他软件的协同工作，以及发布、共享数据的操作方法。

10.1 发布到Web

Visio可将绘图文档另存为Web网页，或另存为适合Web网页展示的图片文件等。在不安装Visio的情况下使用Visio文档中的图标与形状数据。

10.1.1 保存为Web网页

创建Visio文档后，在“文件”选项卡中选择“另存为”选项，在窗口右侧单击“浏览”按钮，如图10-1所示。

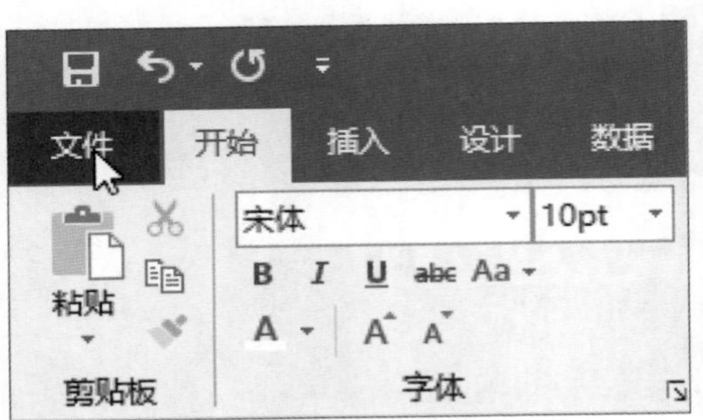

图 10-1

在弹出的“另存为”对话框中设置保存的位置和文件名，在“保存类型”中选择“Web页”选项，单击“保存”按钮，如图10-2所示。

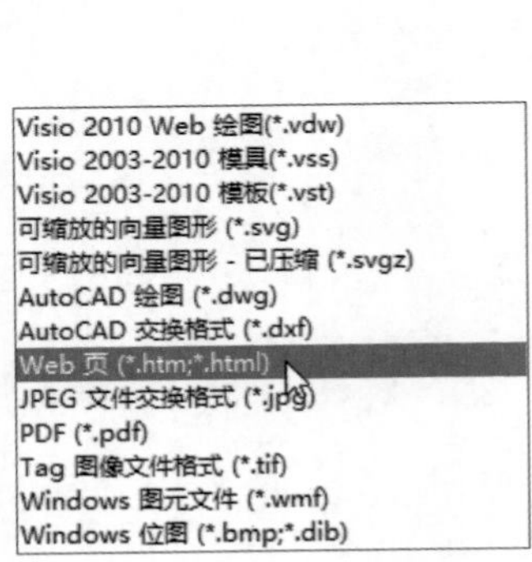

图 10-2

此时可在对应位置看到保存的Web页文件，使用浏览器打开查看文件内容，如图10-3所示。

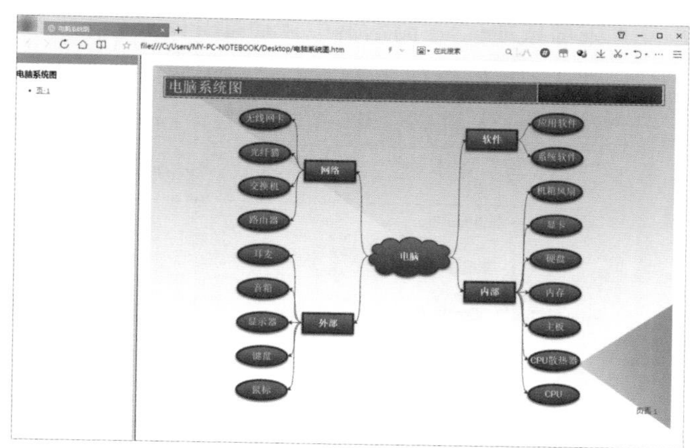

图 10-3

知识点拨

Visio可将形状、数据报告发送到Web网页中，也可以一次性发布多页绘图页中的绘图。

10.1.2 发布选项的设置

对于发布的参数，可在“另存为”对话框中单击“发布”按钮，如图10-4所示，在弹出的“另存为网页”界面中可设置各种参数内容。

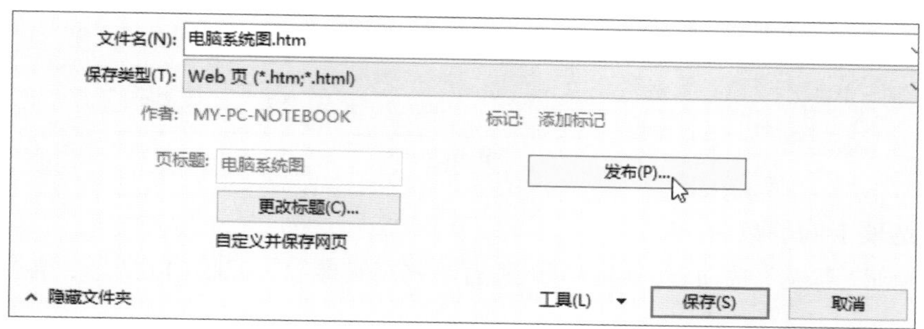

图 10-4

1. “常规”选项卡的参数

如图10-5所示，在“另存为网页”对话框的“常规”选项卡中可以设置以下功能。

- **要发布的页：**“全部”指全部发布。选择“页面范围”后可以设置发布的范围。
- **发布选项：**勾选“详细信息”复选框后可显示形状的数据，用户可以按住Ctrl键并单击网页上的形状查看这些数据；“转到页面”复选框，勾选后可以显示在绘图中的页和报告之间移动的“转到页面”导航空间；“搜索页”复选框，勾选后可显示一个“搜索页”控件，使用该控件可以根据形状名称、形状文本或形状数据来搜索形状；“扫视和缩放”复选框，勾选后可显示“扫视和缩放”窗口，使用该窗口可在浏览器窗口中迅速放大绘图的各个部分。

- **附加选项：**“在浏览器中自动打开网页”复选框，勾选后，保存网页后会立即在默认浏览器中打开该网页；“组织文件夹中的支持文件”复选框，勾选后可以创建一个子文件夹，其名称包含存储网页支持文件的根HTML文件的文件夹名称；“页标题”文本框，指定出现在浏览器标题栏中的网页标题。

图 10-5

2. 高级选项卡的参数

切换到“高级”选项卡，用户可以查看一些高级参数，如图10-6所示，各参数的含义如下。

- **输出格式：**为网页指定SVG、JPG、GIF、PNG或VML输出格式。其中，SVG与VML格式是可缩放的图形格式，当调整浏览器窗口的大小时，也会调整网页输出的大小。
- **提供旧版浏览器的替代格式：**指定在旧版浏览器中显示页面时的替代格式（GIF、JPG或PNG）。
- **目标监视器：**根据用户查看网页时使用的显示器或设备的屏幕分辨率，指定为网页创建的图形的大小，使网页图形的大小适合目标屏幕分辨率的浏览器窗口。
- **网页中的主页面：**指定要在其中嵌入已保存的Visio网页的网页。

- **样式表：**表示为Visio网页文件中的左侧框架和报告页面指定具有配色方案样式（与Visio中可用的配色方案匹配）的样式表。

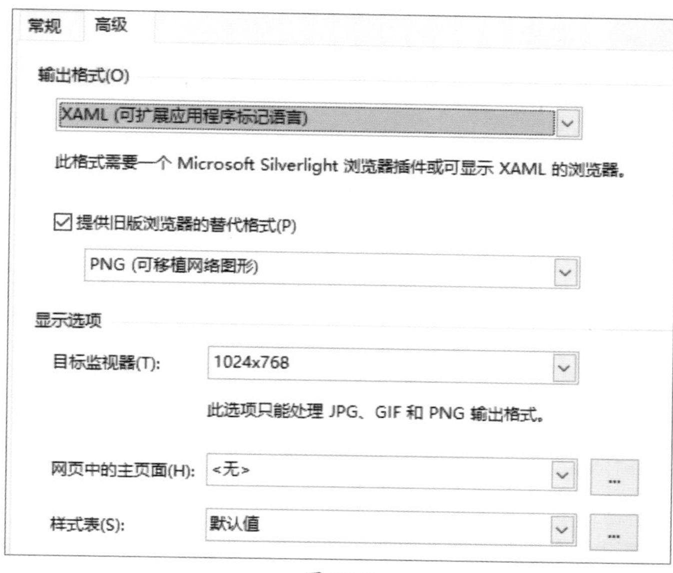

图 10-6

10.2 共享与输出绘图

在协同工作中，电子邮件是很常用的联络方式。可以将Visio中的绘图通过电子邮件发送给其他人，或者使用共享文件夹共享给其他人，还可以将绘图文档导出为PDF等格式文件，与其他人员共享Visio绘图。

10.2.1 作为附件发送文档

通过邮件发送，可以使用第三方邮件系统的网页客户端进行发送，可将绘图文档作为附件发送，如图10-7所示。

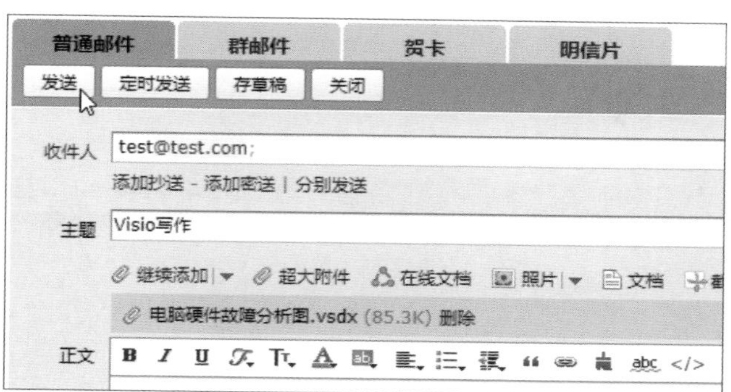

图 10-7

也可以使用Microsoft Outlook进行邮件发送。在“文件”选项卡中选择“共享”选项，选择右侧的“电子邮件”选项，并单击“作为附件发送”按钮，如图10-8所示。

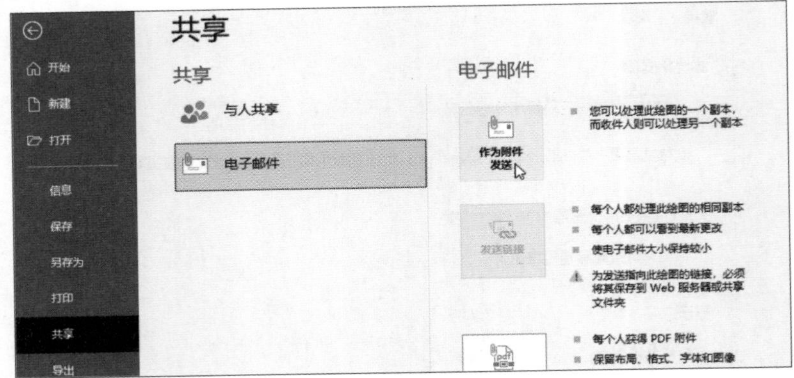

图 10-8

在弹出的“Outlook”界面中设置发送的账号，并输入收件人的地址，单击“发送”按钮，如图10-9所示。

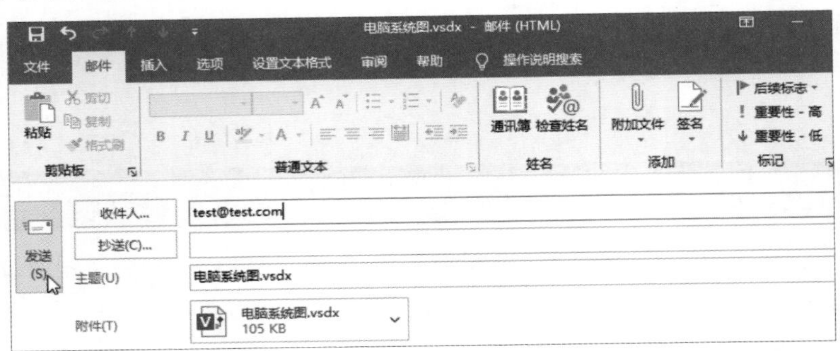

图 10-9

知识点拨

在“共享”中，还可以使用OneDrive进行分享。OneDrive是微软的网盘系统，用户可以在其中存储及分享各种Office文档。

用户可以在“共享”中单击“保存到云”按钮，如图10-10所示。登录微软账号后就可以上传和分享文档。

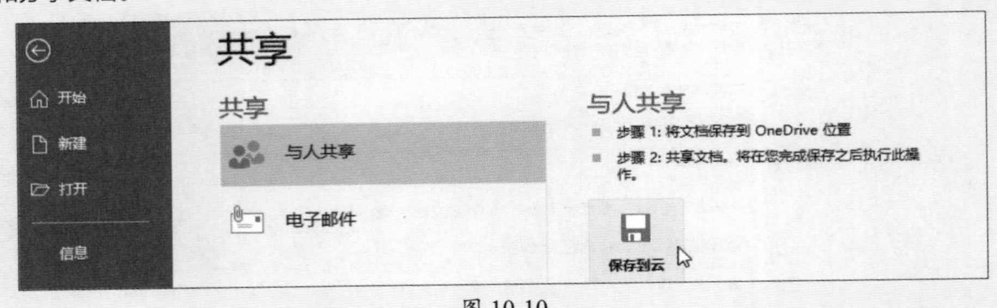

图 10-10

10.2.2 以PDF及XPS形式发送

除了直接将Visio绘图文档作为附件发送给其他协作人员或审阅者外，还可以以PDF和XPS形式发送给其他人。在此过程中，Visio会自动转换格式并启动Outlook，将转换后的文档作为附件直接发送，如图10-11所示。

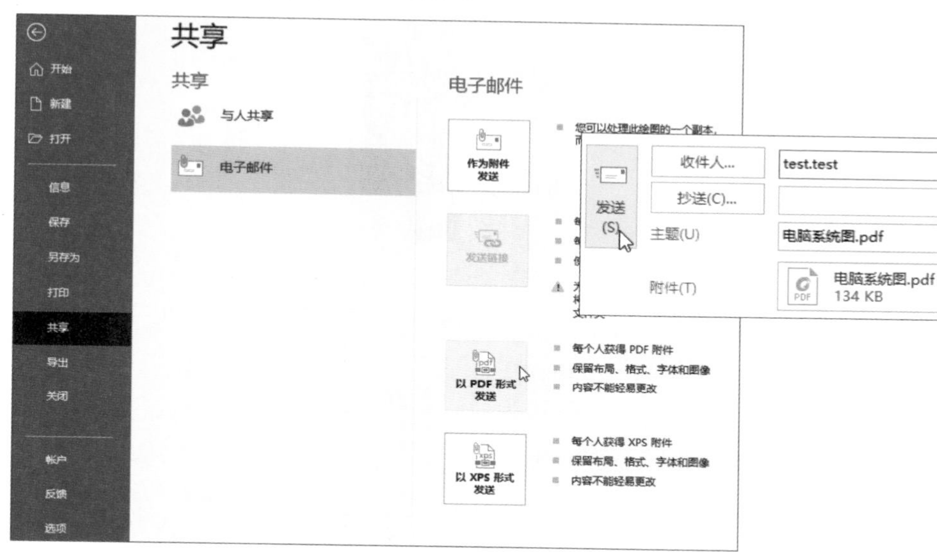

图 10-11

知识点拨

Visio Viewer是一款IE浏览器的插件，在浏览器中搜索并安装Visio Viewer插件后，再安装“Microsoft Silverlight”软件，就可以在使用IE浏览Visio发布的网页文件时，使用“扫视与缩放”“详细信息”“搜索页”等功能项，如图10-12所示。

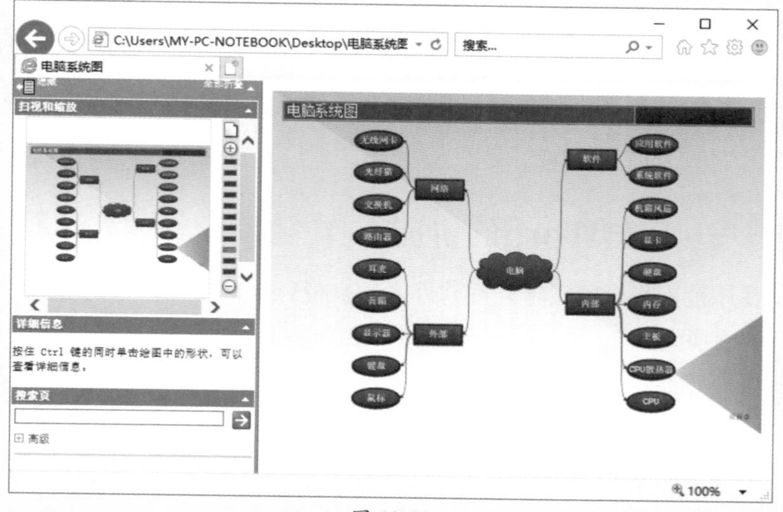

图 10-12

第10章 办公协同应用

动手练 将财务人员结构图输出为网页格式

扫码看视频

下面以财务人员结构图为例，介绍如何将Visio文档导出为网页格式。

Step 01 打开“公司财务人员结构图”素材文件，单击“文件”选项卡，在打开的“开始”界面中选择“导出”选项，在右侧导出界面中选择“更改文件类型”选项，如图10-13所示。

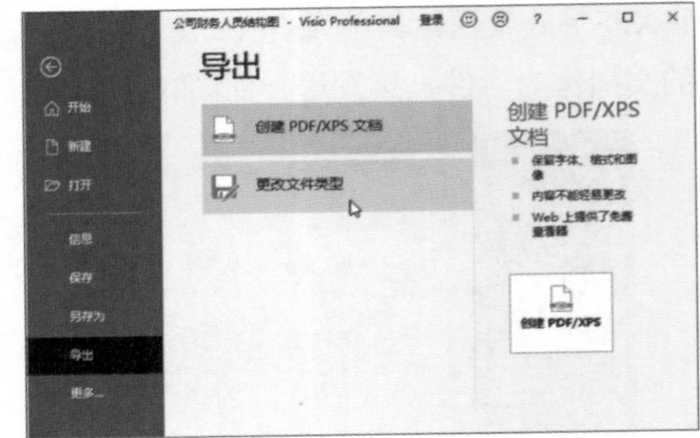

图 10-13

Step 02 在“保存绘图”列表中选择“网页”选项，或单击“另存为”按钮，在打开的对话框中将“保存类型”设置为“Web页”格式，如图10-14所示。单击“保存”按钮即可。

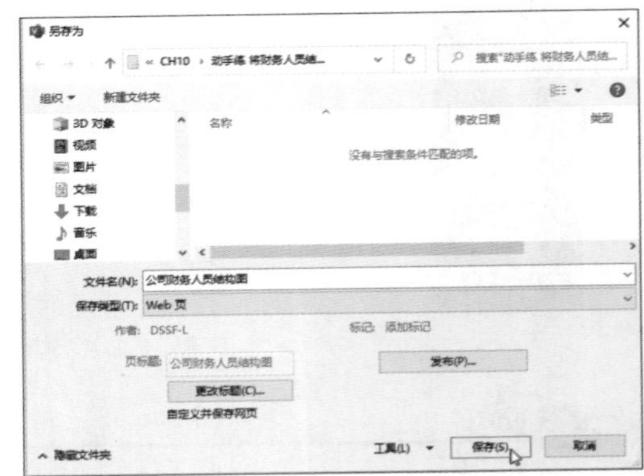

图 10-14

10.3 Visio与其他软件的协同工作

在前面已简单介绍了一些Visio与其他Office文档的链接操作，本节将系统地介绍Visio与Word、Excel、PowerPoint及AutoCAD软件之间的协同操作。

10.3.1 Visio与Word的协同工作

Word是使用范围最广的文字处理软件之一，将Visio的绘图添加到Word中，可以丰富Word文档的表现力。

在Visio中新建绘图，使用Ctrl+A组合键全选图形，使用Ctrl+C组合键复制图形，打开Word文档，在目标位置处使用Ctrl+V组合键粘贴，即可将Visio图形内容粘贴到Word中，如图10-15所示。此时双击Word中的图形，就可以在Word中启动Visio进行编辑操作。

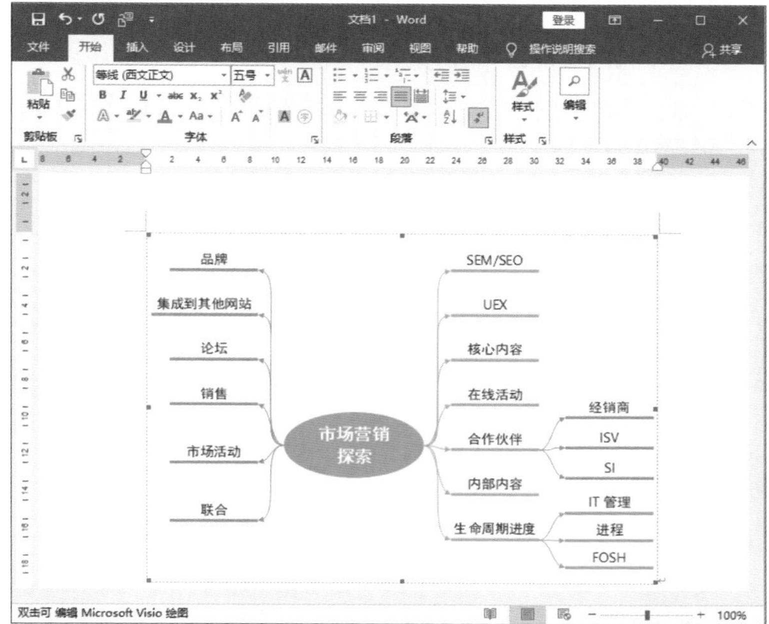

图 10-15

10.3.2 Visio与Excel的协同工作

Excel主要编辑的是表格数据，其图表也是Excel用来展示数据的一种形式。而Visio中的图表也是在Excel编辑窗口中进行操作。

1. 将 Excel 表格嵌入到 Visio 中

在“插入”选项卡的“文本”选项组中单击“对象”按钮，弹出“插入对象”对话框，选中“根据文件创建”单选按钮，选择所需的Excel文档，单击“确定”按钮，即可将Excel表格嵌入到Visio中，如图10-16所示。双击即可启动Excel对表格数据进行编辑操作。

姓名	部门	工号	性别	英语	计算机	抗压能力
王一涵	技术部	JS-19523	男	85	90	85
刘雨涵	市场部	SC-58954	女	90	77	79
常伟	技术部	JS-19569	男	77	82	90
李斌	后勤部	HQ-45852	男	75	88	88
苗倩倩	售后部	SH-74114	女	83	95	82
宋茜	售后部	SH-74189	女	96	78	80

图 10-16

2. 导出组织结构图

Visio中的组织结构图也可以导出为Excel表格的形式。在Visio中新建“商务”类别中的“组织结构图”，如图10-17所示，在打开的界面中选择“团队组织结构图”，单击“创建”按钮，如图10-18所示。

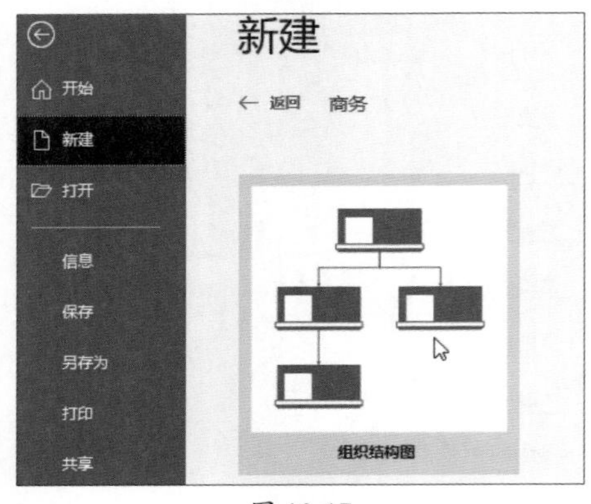

图 10-17

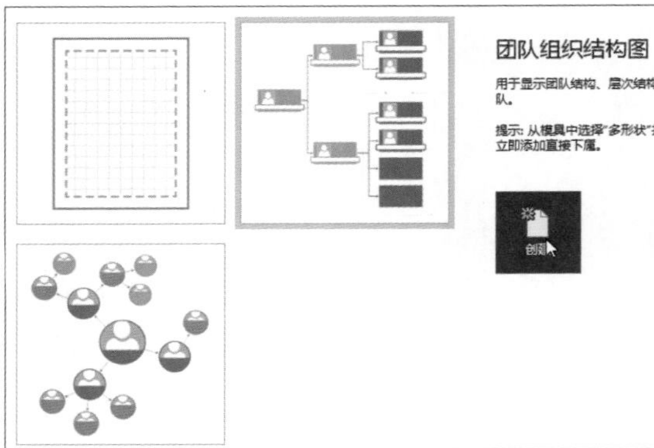

图 10-18

在“组织结构图”选项卡的“组织数据”选项组中单击“导出”按钮，在“导出组织结构数据”对话框中设置保存位置，输入保存的文件名，单击“保存”按钮，如图10-19所示。

图 10-19

3. 网站链接报告

新建Visio绘图文档，在“类别”中选择并新建“网站图”模板，如图10-20所示。在弹出的“生成站点图”对话框的地址框中输入网站的完整路径，单击“设置”按钮，如图10-21所示。

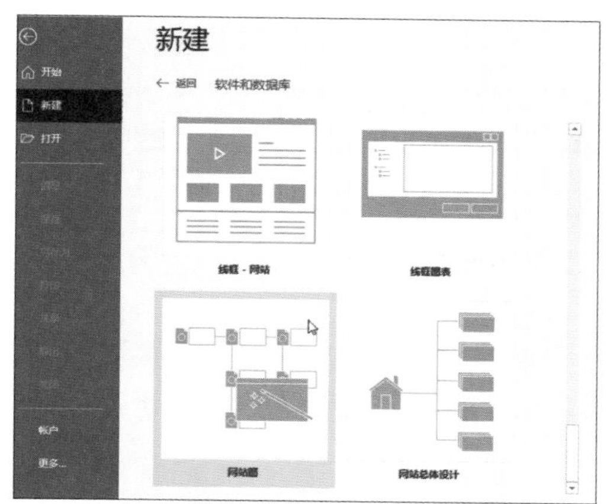

图 10-20

图 10-21

将“最大级别数”设为“2”，将“最大链接数”设为“100”，单击“确定”按钮返回上一级，如图10-22所示。单击“确定”按钮开始扫描，如图10-23所示。

网站图设置

布局　扩展名　协议　属性　高级

搜索

最大级别数(L) 2　最大链接数(K) 100

☑ 搜索到最大链接数后完成当前级别(C)

布局样式

放置: 压缩树

传送: 流程图

修改布局(M)...

形状文本

默认形状文本(T): 相对 URL

形状大小

☑ 形状大小随级别变化(S):

根(R)	第 1 级(1)	第 2 级(2)	更深级别(U)
200%	100%	75%	50%

确定　取消

图 10-22

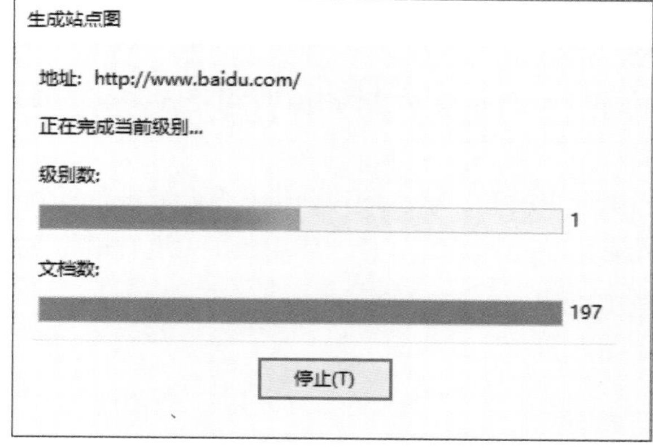

图 10-23

稍等片刻完成网站地图的生成。在“网站图”选项卡的“管理”选项组中单击“创建报告”按钮，在弹出的“报告”对话框中选择“网站图所有链接”选项，单击“运行”按钮，如图10-24所示。在弹出的“运行报告”对话框中选择“Excel”选项，单击“确定”按钮即可生成Excel报告，如图10-25所示，打开后效果如图10-26所示。

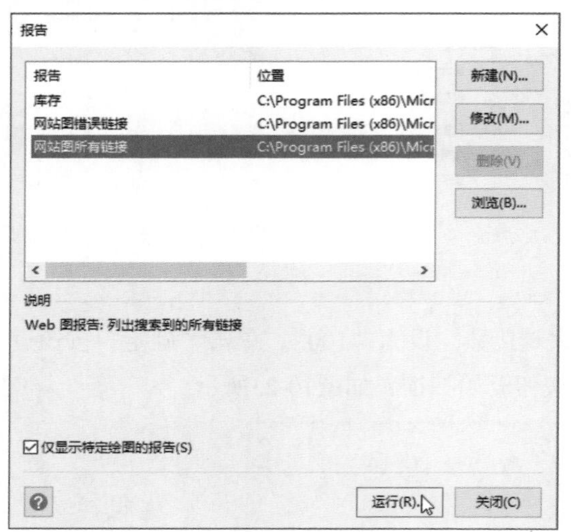

图 10-24

图 10-25

	A	B	C	D	E	F
1	网站图所有链接					
2		形状	链接	标题	链接源的数目	妾目标的
3		HTML	http://home.baidu.com/	尚未提供	0	1
4		HTML	http://image.baidu.com/	尚未提供	0	1
5		HTML	http://image.baidu.com/i?tn=baiduimage&ps=1&ct=201326592&lm=-1&cl=2&nc=1&ie=utf-8	尚未提供	0	1
6		HTML	http://ir.baidu.com/	尚未提供	0	1
7		HTML	http://jianyi.baidu.com/	尚未提供	0	1
8		HTML	http://map.baidu.com/	尚未提供	0	1
9		HTML	http://music.taihe.com/	尚未提供	0	1
10		HTML	http://news.baidu.com/	尚未提供	0	1
11		HTML	http://tieba.baidu.com/	尚未提供	0	1
12		HTML	http://tieba.baidu.com/f?fr=wwwt	尚未提供	0	1
13		HTML	http://top.baidu.com/?fr=mhd_card	尚未提供	0	1
14		HTML	http://v.baidu.com/	尚未提供	0	1
15		HTML	http://v.baidu.com/v?ct=301989888&rn=20&pn=0&db=0&s=25&ie=utf-8	尚未提供	0	1

Sheet1

图 10-26

10.3.3 Visio与PowerPoint的协同工作

将Visio图表应用到PowerPoint演示文稿中，既可增强演示文稿的美观，也可以使文稿更具说服力。

在Visio绘图文档中选中所有形状，使用Ctrl+C组合键进行复制。打开PowerPoint文档，选中需要插入Visio绘图文档的幻灯片，使用Ctrl+V组合键将图表粘贴至PowerPoint软件中，如图10-27所示。

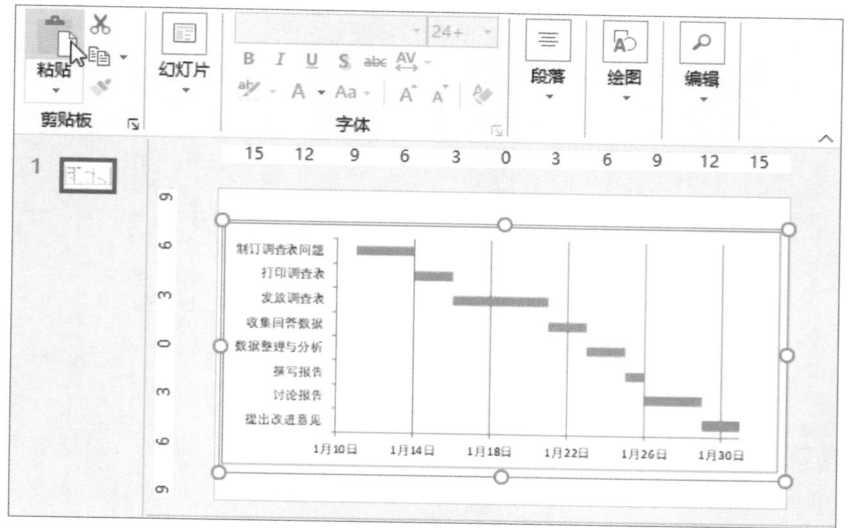

图 10-27

动手练 将平面布置图导入Visio中

将Visio图表与AutoCAD结合，可使用户在两者之间快速地进行数据转换。下面以插入平面布置图为例介绍具体操作。

扫码看视频

Step 01 在Visio软件中单击“插入”选项卡的“CAD绘图”按钮，在弹出的“插入AutoCAD”对话框中选择平面布置图.dwg文件，单击“打开”按钮，如图10-28所示。

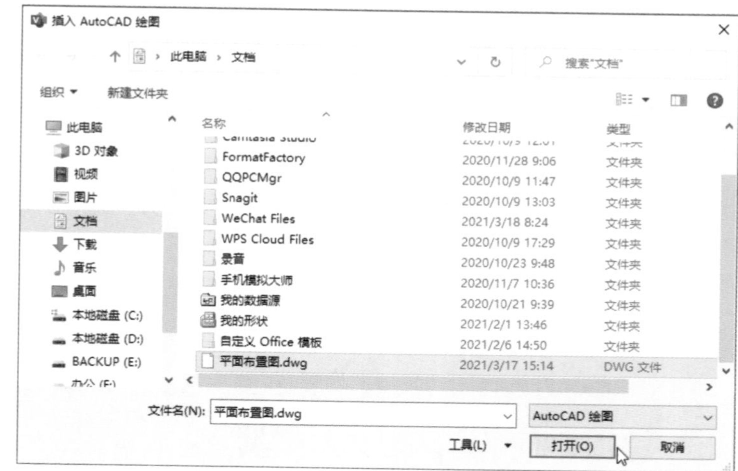

图 10-28

Step 02 在弹出的“CAD绘图属性”界面中，用户可对其中的参数进行调整。这里保持默认状态。单击“确定”按钮即可调入该图纸文件，如图10-29所示。当前的AutoCAD文件是不可更改或移动的。

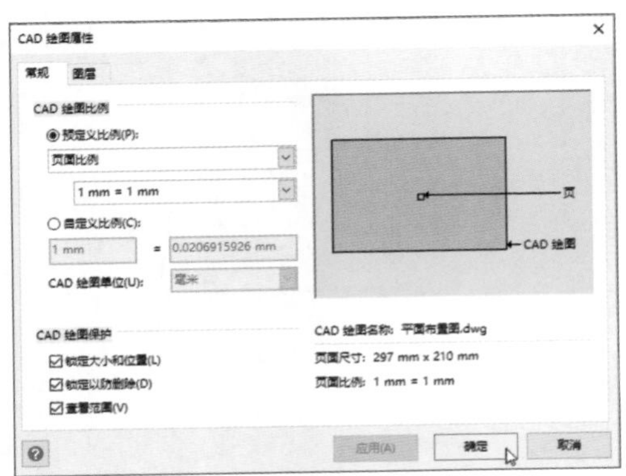

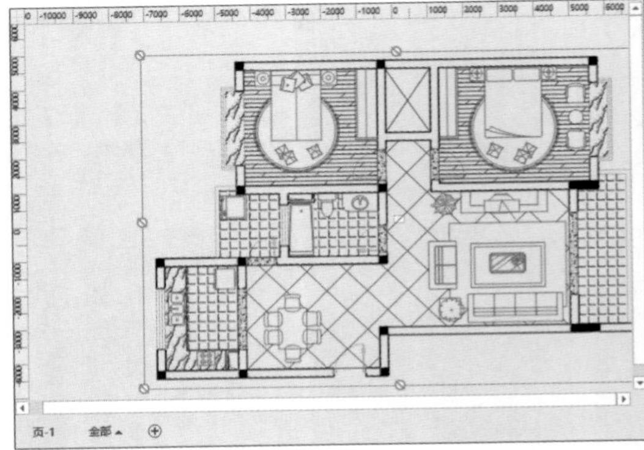

图 10-29

Step 03 在“开发工具”选项卡中单击“保护”按钮，在“保护”对话框中取消所有保护，单击“确定”按钮，如图10-30所示。

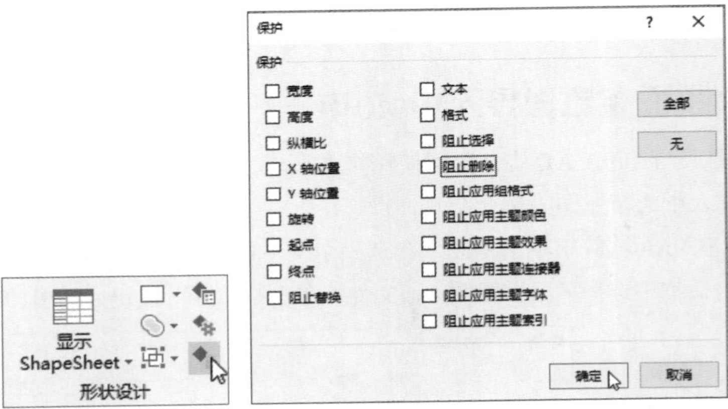

图 10-30

Step 04 调整图形的大小和位置，效果如图10-31所示。

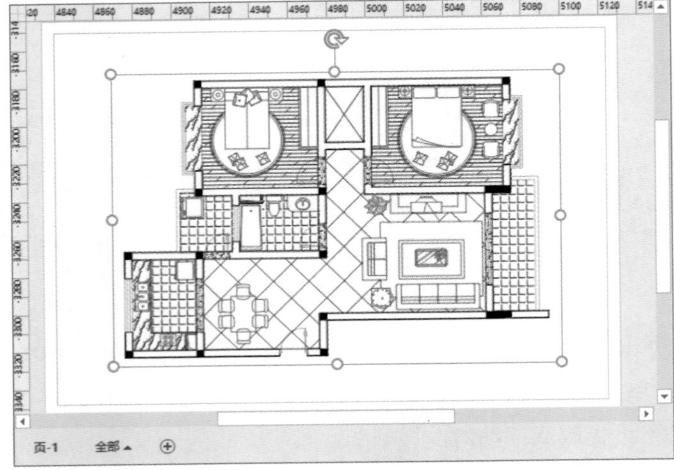

图 10-31

案例实战：制作企业局域网拓扑图

Visio在网络中的主要作用是制作拓扑图，下面以企业局域网拓扑图为例，介绍拓扑图的制作方法。

Step 01 启动Visio软件，新建“详细网络图-3D”模板，如图10-32所示。

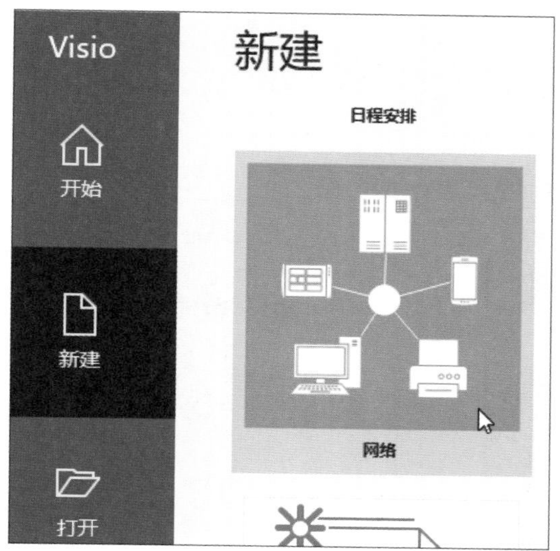

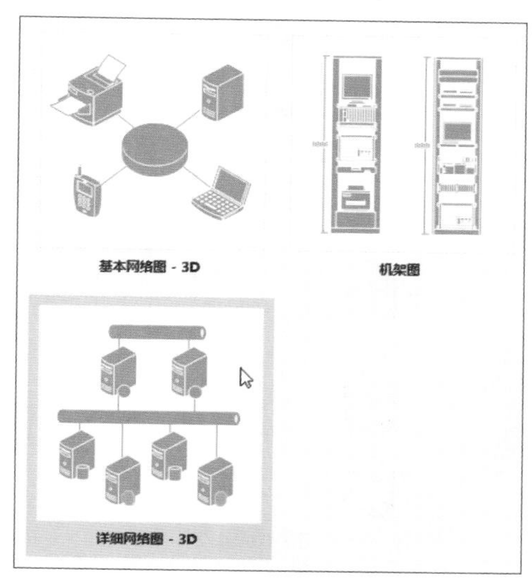

图 10-32

Step 02 在“形状”窗格中的“网络和外设-3D”模具集中，选择所需的网络设备及终端图标，分别将其拖至页面合适位置，结果如图10-33所示。

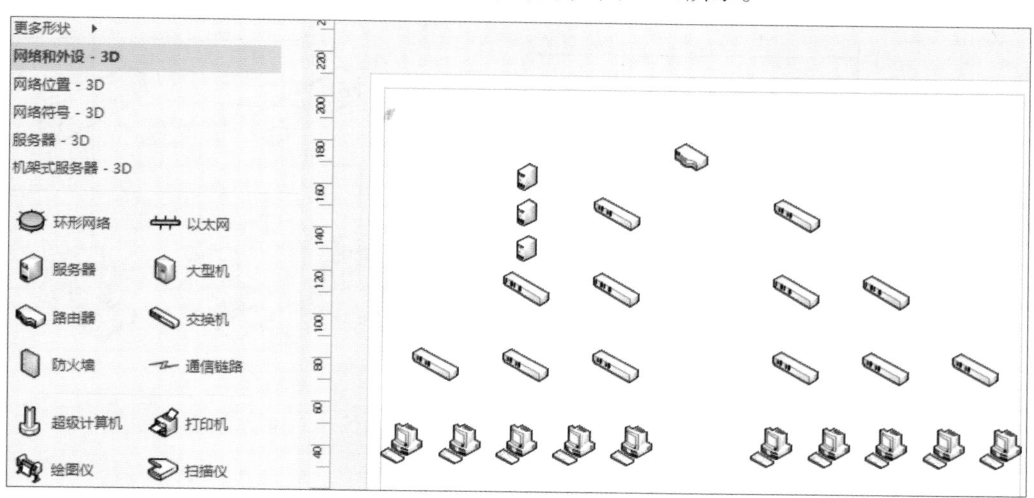

图 10-33

第10章 办公协同应用

知识点拨

在调入形状的过程中，可以根据提示线直接对齐，也可以在置入形状后，选中需要调整的一组形状，在“开始”选项卡中单击“排列”下拉按钮，在弹出的列表中选择“水平居中”选项，如图10-34所示。在“位置”下拉列表中选择“纵向分布”选项，如图10-35所示，以使图形能够对齐和平均分布。在实际设置中，可以根据需要选择对应的选项来对齐各种形状。

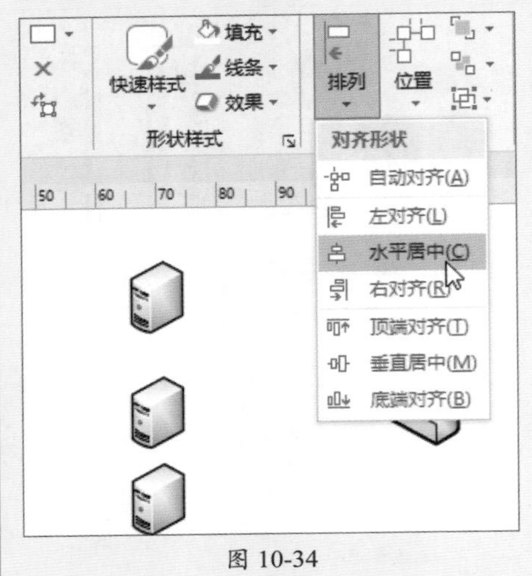

图 10-34

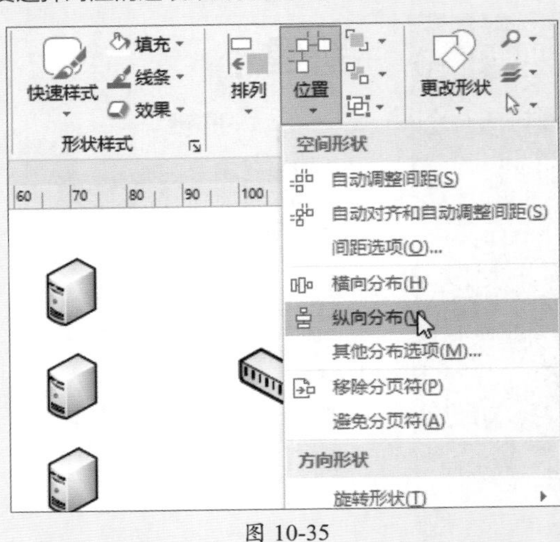

图 10-35

Step 03 在“开始”选项卡中单击“连接线”按钮，在图中连接图形的连接点，如图10-36所示。连接后使用鼠标调节控制点，以改变线的路径，使图形更加美观，如图10-37所示。

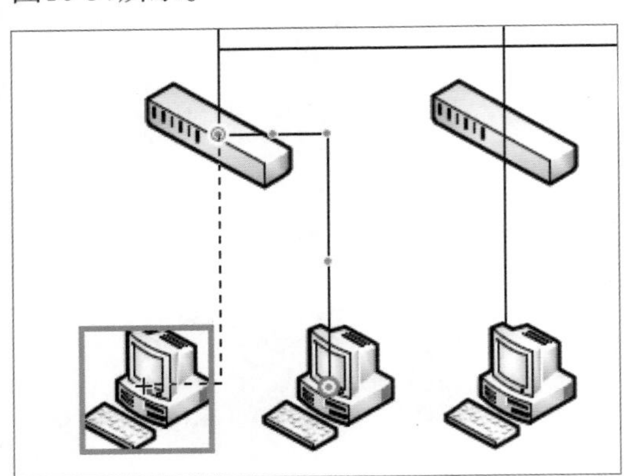

图 10-36

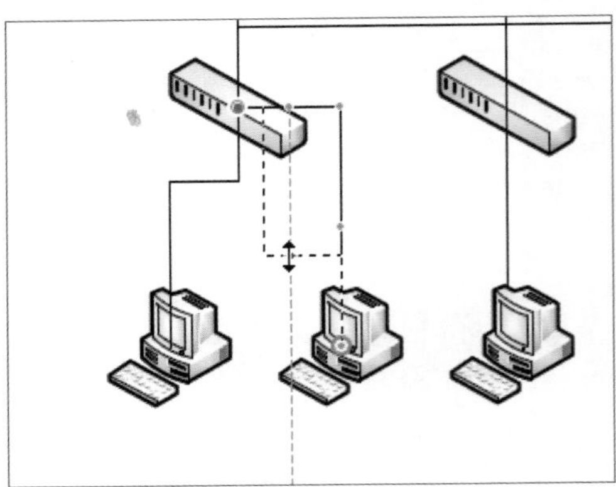

图 10-37

注意事项

在Visio绘图过程中，需要看清连接线的连接位置，是图形的中心点还是周围的连接点，在绘图时需要对准或者将图形放大后连接。另外在调整连接线时，有时会无法完整地移动线的位置，如图10-38所示，这时需要使用Shift键，按住Shift键后拖动鼠标调整，此时会有虚线提示更改后的状态，如图10-39所示。

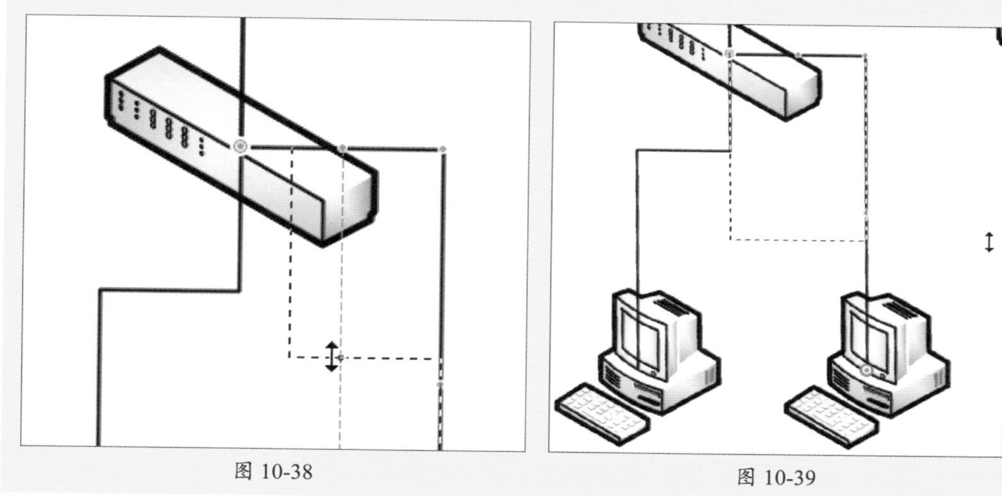

图 10-38　　　　图 10-39

Step 04 完成所有形状的连接后，双击形状，为形状添加文字提示信息，如图10-40所示。

Step 05 在“插入”选项卡中单击“文本框”下拉按钮，在弹出的列表中选择“绘制横排文本框”选项，在需要的位置拖曳出文本框，输入内容，如图10-41所示。

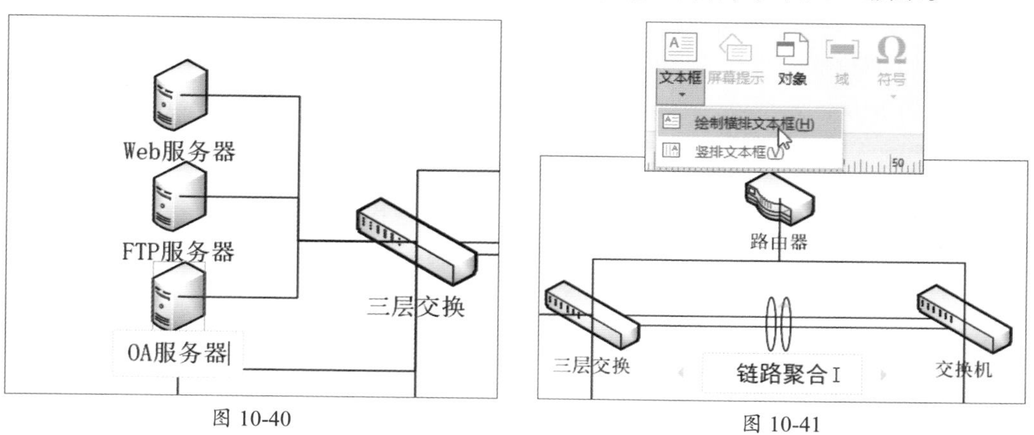

图 10-40　　　　图 10-41

Step 06 在“设计”选项卡中单击“其他”下拉按钮，从内置主题中选择一款满意的主题，效果如图10-42、图10-43所示。

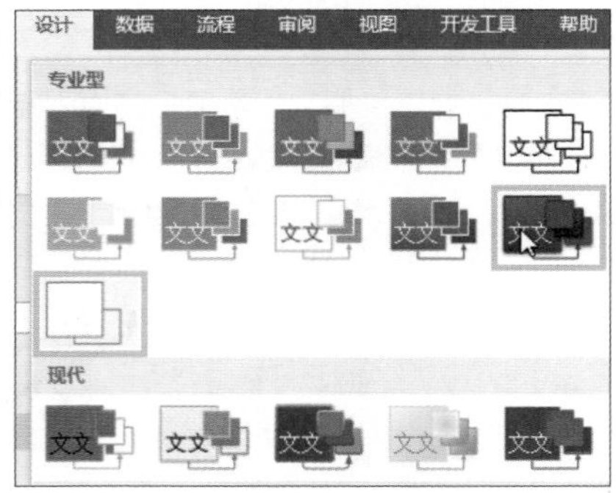

图 10-42

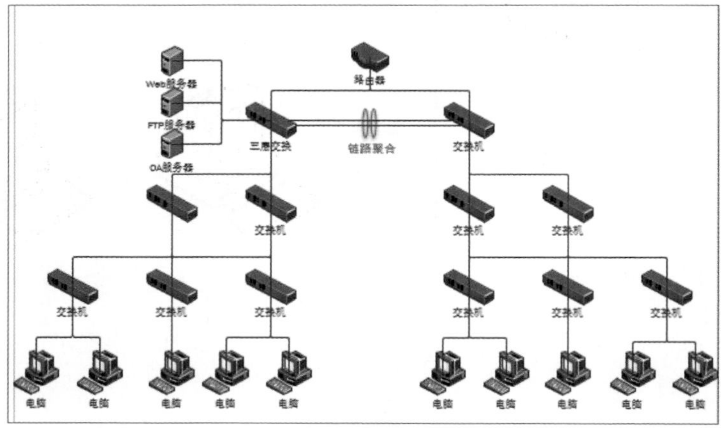

图 10-43

Step 07 在“设计”选项卡中单击“背景”下拉按钮，在弹出的列表中选择一款背景，如图10-44所示。单击“边框和标题”下拉按钮，在弹出的列表中选择一款边框和标题样式，如图10-45所示。

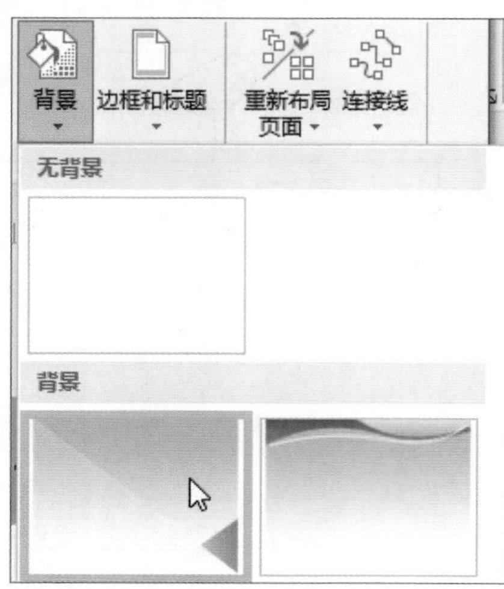

图 10-44

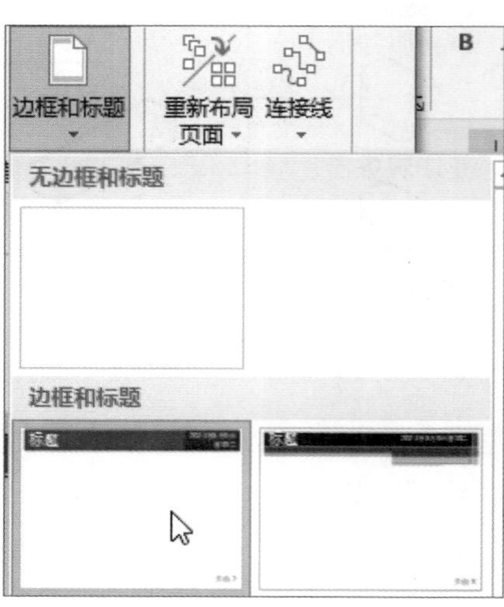

图 10-45

Step 08 修改标题，调整图形后保存文档，最终效果如图10-46所示。

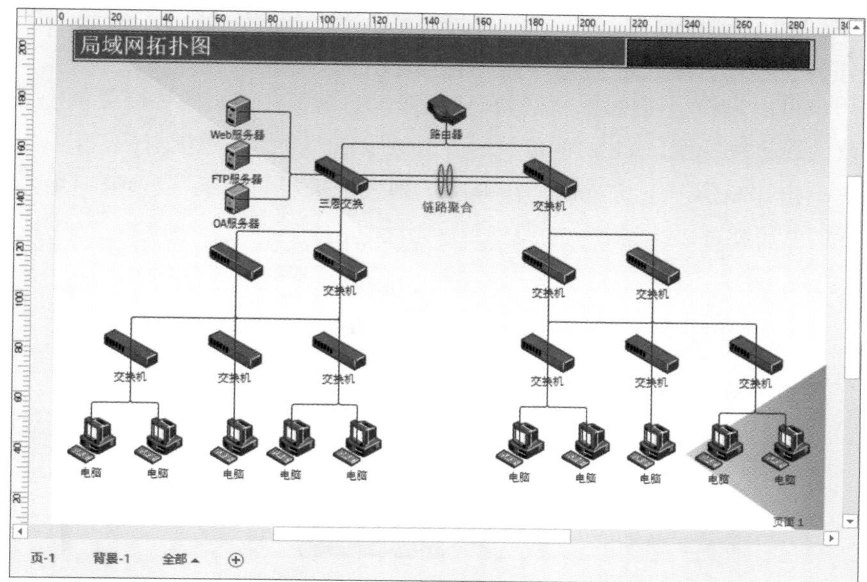

图 10-46

新手答疑

1. Q：在使用连接线时，怎么用直线连接？

A： 用户可以先绘制连接线，然后在连接线上右击，在弹出的快捷菜单中选择要更改的连接线线型，如图10-47所示。也可以在“开始”选项卡的“工具”选项组中单击“矩形”下拉按钮，在弹出的列表中选择“线条”选项，如图10-48所示，然后就可以绘制对应的线型了。

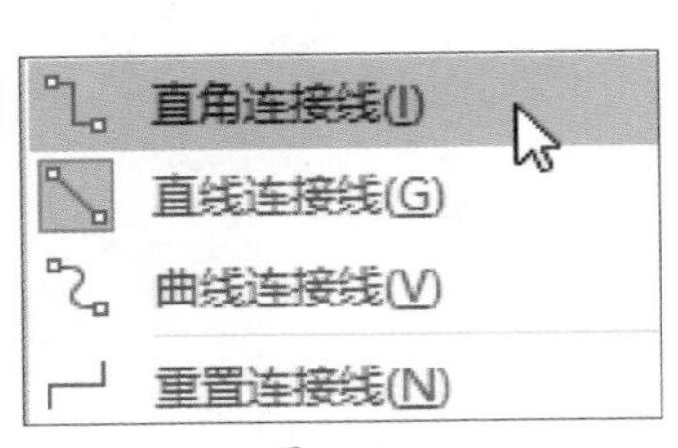

图 10-47

图 10-48

注意事项

使用线条绘制连接线时，可以绘制任意形状的连接线，连续绘制也会成为一个整体。

2. Q：Visio 中的个人常用的形状能不能搜集整理，放到别的电脑中使用？

A： 可以的，用户可以将需要的形状添加到收藏夹中，对于本电脑处理其他Visio文档来说，可以一直使用。也可以放到其他电脑上使用。

在经常使用的形状上右击，在弹出的快捷菜单中选择“添加到我的形状”→“收藏夹”选项，如图10-49所示，然后从“更多形状”→“我的形状”中选择“收藏夹”选项，就可以在收藏夹中使用该形状了，如图10-50所示。在“收藏夹”上右击，可以另存为文件，并可在其他电脑上使用。

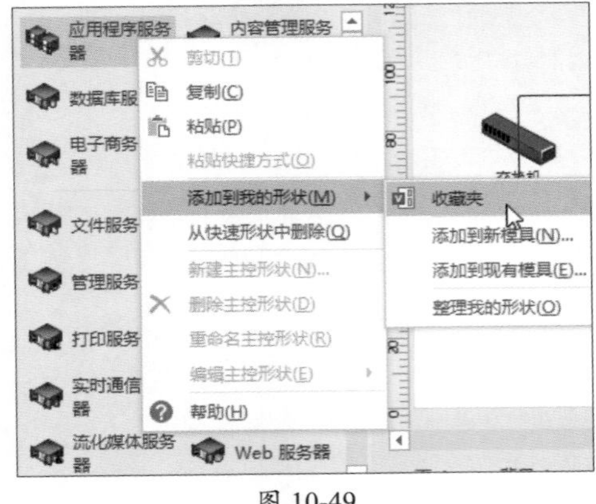

图 10-49

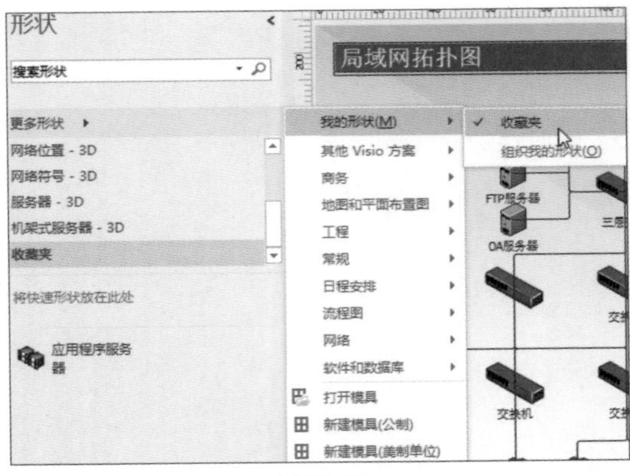

图 10-50